土木工程类专业应用型人才培养系列教材

土木工程图学

主　编　张　威　刘继海

参　编　魏　丽　张津涛　张裕媛
　　　　曹立辉

主　审　王桂梅

U0234412

北京理工大学出版社
BEIJING INSTITUTE OF TECHNOLOGY PRESS

内 容 简 介

本书主要内容包括绪论，制图基础，投影的基本知识，点、直线、平面的投影，直线与平面、平面与平面的相对位置，投影变换，平面立体，曲线、曲面与曲面立体，两立体相贯，轴测投影，标高投影，阴影，组合体，工程形体的表达方法，建筑施工图，结构施工图，设备施工图，道桥施工图，透视投影等内容。与之配套的有《土木工程图学习题集》。

本书可作为高等院校土木工程类相关专业的教材，也可供土木工程相关技术人员工作时参考使用。

图书在版编目（CIP）数据

土木工程图学/张威，刘继海主编 . —北京：北京理工大学出版社，2020.8（2022.7重印）

ISBN 978－7－5682－8915－3

Ⅰ.①土…　Ⅱ.①张…　②刘…　Ⅲ.①土木工程－建筑制图　Ⅳ.①TU204

中国版本图书馆 CIP 数据核字（2020）第 153811 号

出版发行 / 北京理工大学出版社有限责任公司		
社　　址 / 北京市海淀区中关村南大街 5 号		
邮　　编 / 100081		
电　　话 / （010）68914775（总编室）		
（010）82562903（教材售后服务热线）		
（010）68944723（其他图书服务热线）		
网　　址 / http：//www.bitpress.com.cn		
经　　销 / 全国各地新华书店		
印　　刷 / 北京紫瑞利印刷有限公司		
开　　本 / 787 毫米×1092 毫米　1/16		
印　　张 / 22		责任编辑 / 江　立
字　　数 / 570 千字		文案编辑 / 赵　轩
版　　次 / 2020 年 8 月第 1 版　2022 年 7 月第 2 次印刷		责任校对 / 刘亚男
定　　价 / 59.00 元		责任印制 / 李志强

为了适应我国国民经济建设和社会发展对普通高等教育土木建筑工程类专业培养人才提出的新要求，满足土木建筑工程类专业本科教学的需要，北京理工大学出版社组织了普通高等学校土木工程类专业应用型人才培养系列教材建设工程，组织全国数十所高校教师，编写了土木工程类专业本科使用的系列教材。本书是其中之一。

本书是按照 2020 年 5 月北京理工大学出版社普通高等院校土木工程类专业应用型人才培养系列教材建设研讨会的精神，结合工程图学 10 年来的课程教学改革与实践，依据教育部高等教育司 2015 年颁布的"普通高等学校工程图学课程教学基本要求"编写的。在编写中注意考虑了以下几个方面：

（1）注意适应专业面的需要。我国高等学校经过合理调整系科和专业设置、拓宽专业面、优化课程结构和专业培养方案，形成了新的土木工程专业群。作为工程图学教学内容载体的教材，必须适应这种新的变化，满足土木工程类各专业图学课程的教学需要。为此，本书中包括了建筑、结构、给水排水、采暖、建筑电气照明、道路工程等专业的工程图，供各专业或专门工程图学课程教学选用。

（2）保证足够的基本理论内容。工程图学课程的教学任务之一，是培养学生的图学素质、空间思维能力和二维与三维空间的双向转换思维能力。为此，本书中画法几何内容占有较大篇幅。选材时掌握的原则：在满足工程图学课程教学基本要求的前提下，照顾到不同学校和不同专业的需求，注意适应面，适当控制难度和深度。各校可以根据自己的教学特色从中选择画法几何的教学内容。

（3）注意贯彻国家现行的制图标准。教材专业图的内容按照下列标准编写：《房屋建筑制图统一标准》（GB/T 50001—2017）、《总图制图标准》（GB/T 50103—2010）、《建筑制图标准》（GB/T 50104—2010）、《建筑结构制图标准》（GB/T 50105—2010）、《建筑给水排水制图标准》（GB/T 50106—2010）、《暖通空调制图标准》（GB/T 50114—2010）、《建筑电气制图标准》（GB/T 50786—2012）、《道路工程制图标准》（GB 50162—1992）。

（4）密切结合工程实践。本书各专业工程图都是从近几年来的实际工程中选用的，并结合教学的需要做了进一步的修改，使教材密切结合工程实际，反映工程技术的发展现状。

（5）将透视投影和阴影知识分为两章编入教材。目前，许多建筑类院校都设置了建筑学、城市规划、建筑装饰设计等专业，为满足建筑类院校这些专业图学课程教学的需要，编入了这两章的内容。

（6）为了方便教师的教学和学生学习，配有电子教案和教辅材料。

（7）工程图学课程既有较强的理论性，又有较强的实践性。为此，编写了与教材配套的习题集，除绪论外各章都编写了相应习题或作业，供教师在教学中选用。

本书由天津城建大学 CAD 与工程图学教学部组织编写，张威、刘继海担任主编，编写分工如下：刘继海编写绪论、第 1 章、第 5 章、第 13.2 节、第 14 章、第 16 章；魏丽编写第 2 章、第 3 章、第 4 章、第 9 章；张威编写第 6 章、第 11 章、第 17 章、第 18 章；张津涛编写第 7 章、第 8 章、第 12 章；张裕媛编写第 10 章、第 15 章；曹立辉编写第 13.1、13.3、13.4 节。本书经王桂梅教授审阅，并提出了许多宝贵意见，在此表示衷心感谢。

限于编者的水平，书中难免有错误和疏漏之处，热忱欢迎同人和读者批评指正。

编　者

目　录

绪　　论

0.1　课程的性质和任务

工程图学是一门研究图示、图解空间几何问题，阐述工程图样表达与绘制的理论、方法与技术的学科。工程图样是指导生产、施工管理等必不可少的技术文件，被喻为工程界的语言。为此，工程图学课程历来是高等院校各工科专业的一门经典的专业核心基础课，在高等院校土建类各专业的培养计划中都设置了土木工程图学这门主干基础课。

本课程主要学习如何绘制和阅读工程图样的理论和方法，培养空间想象能力和绘制工程图样的技能，并为学习后续专业课程打下一定的基础，为生产实习、课程设计、毕业设计、学习实践做好准备。

本课程的主要内容包括画法几何、制图基础和专业图三部分。其中以正投影原理为主要内容的画法几何是工程制图的主要理论基础，以介绍、贯彻国家有关制图标准为主要内容的制图基础是学习工程制图基本知识和技能的重要一环；专业图部分是投影原理和国家制图标准在各专业的具体运用，介绍各专业图样的表达方法和规定，培养阅读和绘制专业工程图样的基本能力。

本课程的主要任务如下：

（1）学习投影法的基本理论及其应用。

（2）培养空间想象能力、空间逻辑思维能力和图解分析能力。

（3）学习、贯彻工程制图的有关国家标准，培养绘制和阅读本专业工程图样的基本能力。

（4）培养从事工程技术工作所必需的重要素质：自学能力、分析问题和解决问题的能力，认真负责的工作态度和严谨细致的工作作风。

0.2　课程的特点和学习方法

（1）画法几何研究的是图示、图解空间几何问题理论和方法，讨论空间形体与平面图形之间的对应关系，所以学习时要下功夫培养空间思维能力，根据实物、模型或立体图画出该物体的一组二维的平面图形（投影图），并且学会由该物体的投影图想象它的空间形状，由浅入深，逐步理解三维空间物体和二维平面图形（投影图）之间的对应关系，并要坚持反复练习。

（2）本课程是一门实践性较强的课程。学习中除了认真听课，用心理解课堂内容并及时复习、巩固外，认真独立地完成作业是很重要的一环。在解空间几何问题时，应首先对问题做空间分析，找出解决空间问题的方法。本课程的作业量比较大，并且基本上是动手画图或图解的作业。完成每个作业都必须认真理解，认真地用三角板、圆规、铅笔来进行。对于计算机绘图，更要加强实践，要有足够的上机操作时间。在做作业的过程中遇到困难，应独立思考，独自完成作业。实在解决不了时可以求助于同学、老师，或 CAI 课件，但绝不能抄袭。

（3）本课程又是一门培养"遵纪守法"的课程，要逐步培养自己遵守国家制图标准来绘制图样的习惯，小到一条线、一个尺寸，大到图样的表达，都要严格按制图标准中所规定的"法"来绘制，绝对不能随心所欲，自己想怎样画就怎样画。只有按制图标准来绘制图样，图样才有可能成为工程界技术交流的语言。

（4）本课程也是一门培养严谨、细致学风的课程。工程图纸是施工的依据，往往图纸上一条线的疏忽或一个数字的差错，都会造成严重的返工、浪费，甚至导致重大工程事故。所以，从初学制图开始，就应严格要求自己，培养自己认真负责的工作态度和严谨细致的良好学风，一丝不苟，力求所绘制的图样投影正确无误，尺寸齐全合理，表达完善清晰，符合国家标准和施工要求。

0.3　工程制图发展概述

有史以来，人类就试图用图形来表达和交流思想，从远古洞穴中的石刻可以看出，在语言、文字出现前，图形就是一种有效的交流思想的工具。考古发现，早在公元前 2600 年就出现了可以称为工程图样的图，那是一幅刻在泥板上的神庙地图。直到 16 世纪文艺复兴时期，才出现将平面图和其他多面图画在同一幅画面上的设计图。1795 年，法国著名科学家加斯帕·蒙日将各种表达方法归纳，发表了《画法几何》，蒙日所说明的画法是以互相垂直的两个平面作为投影面的正投影法。该方法对世界各国科学技术的发展产生了巨大影响，并在科技界，尤其在工程界得到了广泛的应用和发展。

我国在 2000 年前就有了用正投影法表达的工程图样，1977 年冬在河北省平山县出土的公元前 323—前 309 年的战国中山王墓中，发现了在青铜板上用金银线条和文字制成的建筑平面图，这也是世界上最早的工程图样。该图用 1∶500 的正投影绘制并标注有尺寸。中国古代传统的工程制图技术，与造纸术一起，于唐代同一时期（751 年后）传到西方。1100 年宋代李诫所著的雕版印刷书《营造法式》中有以各种方法绘制的约 570 幅图，是当时的一部关于建筑制图的国家标准、施工规范和培训教材。

此外，宋代天文学家、药物学家苏颂所著的《新仪象法要》，元代农学家王桢撰写的《农书》，明代科学家宋应星所著的《天工开物》等书中都有大量为制造仪器和工农业生产所需要的器具和设备的插图。清代和民国时期，我国在工程制图方面有了进一步的发展。

中华人民共和国成立后，随着社会主义建设的蓬勃发展和对外交流的日益增长，工程制图学科得到飞速发展，学术活动频繁，画法几何、射影几何、透视投影等理论的研究得到进一步深入，并广泛与生产、科研相结合。与此同时，由于生产建设的迫切需要，由国家相关职能部门批准颁布了一系列制图标准，如技术制图标准、机械制图标准、建筑制图标准、道路工程制图标准、水利水电工程制图标准等。

20 世纪 70 年代，计算机图形学、计算机辅助设计（CAD）绘图在我国得到迅猛发展，除了国外一批先进的图形、图像软件得到广泛应用外，我国自主开发的一批国产绘图软件，如天正建筑 CAD、高华 CAD、开目 CAD、凯图 CAD 等也在设计、教学、科研生产单位得到广泛应用。随着计算机科学技术的发展，计算机技术将进一步与工程制图结合，计算机绘图和智能 CAD 将进一步得到深入发展。近 10 年来，建设领域建筑信息模型（BIM）技术的发展和应用，使工程图学在工程建设方面的重要作用更加凸显。有志于从事工程建设的青年学子，一定要学好工程图学课程，为工程建设的其他学科学习打下良好的基础。

第1章

制图基础

本章主要介绍国家制图标准的一些基本规定，制图工具及使用方法，平面图形的画法。本章的学习，为学习后续内容打下基本知识及技能基础。

1.1 制图的基本规定

国家有关行政主管部门于 2017 年颁布了重新修订的国家标准《房屋建筑制图统一标准》（GB/T 50001—2017），其内容包括图幅、图线、字体、比例、符号、定位轴线、常用建筑图例、图样画法、尺寸标注等。为了做到工程图样的基本统一，便于交流技术思想，满足设计、施工、管理等要求，工程制图必须遵守国家标准。

1.1.1 图幅、图框及会签栏

1. 图幅、图框

图幅即图纸幅面，它是指图纸本身的大小规格。为了满足图纸现代化管理的要求，方便图纸的装订、查阅和保存，土木工程图纸的幅面和图框尺寸应该符合表 1-1 的规定，表中数据是裁边以后的尺寸，尺寸代号的意义如图 1-1 所示。

表 1-1 幅面及图框尺寸　　　　　　　　　　　　　　　　mm

幅面代号 尺寸代号	A0	A1	A2	A3	A4
$b \times l$	841 × 1 189	594 × 841	420 × 594	297 × 420	210 × 297
c	10			5	
a	25				

从表 1-1 中可以看出，A1 幅面是 A0 幅面的对裁，A2 幅面是 A1 幅面的对裁，以此类推。幅面的 $l:b=\sqrt{2}$，上一号幅面的短边是下一号幅面的长边。

一项工程一个专业所用的图纸，选用图幅时宜以一种规格为主，不宜多于两种幅面，应尽量避免大小图幅掺杂使用，一般目录及表格所采用的 A4 幅面，可不在此限。

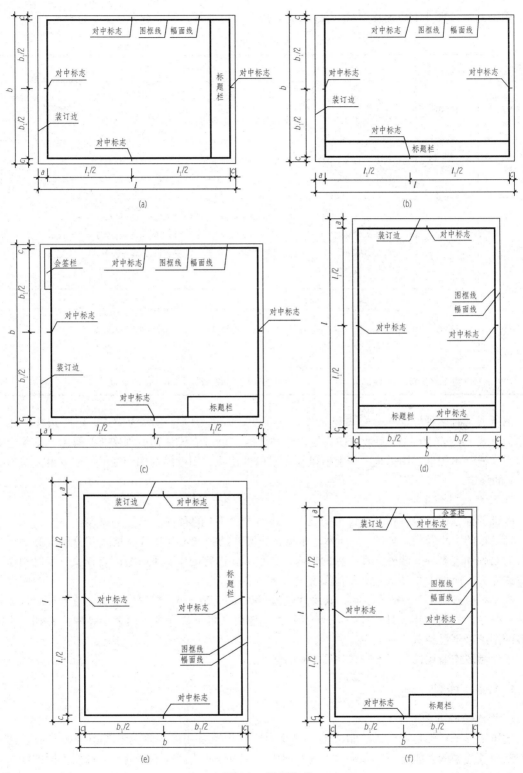

图 1-1　图幅格式

（a）A0 ~ A3 横式图幅（一）；（b）A0 ~ A3 横式图幅（二）；（c）A0 ~ A1 横式图幅（三）；
（d）A0 ~ A4 立式图幅（一）；（e）A0 ~ A4 立式图幅（二）；（f）A0 ~ A2 立式图幅（三）

图纸的短边尺寸不应加长，A0～A3 幅面长边尺寸可加长，但应符合表1-2 的规定。

表1-2　图纸长边加长尺寸　　　　　　　　　　　　　　　　mm

幅面代号	长边尺寸	长边加长后的尺寸		
A0	1 189	1 486 （A0 +1/4l）　　　1 783 （A0 +1/2l） 2 080 （A0 +3/4l）　　　2 378 （A0 +l）		
A1	841	1 051 （A1 +1/4l）　　1 261 （A1 +1/2l）　　1 471 （A1 +3/4l） 1 682 （A1 +l）　　　1 892 （A1 +5/4l）　　2 102 （A1 +3/2l）		
A2	594	743 （A2 +1/4l）　　　891 （A2 +1/2l）　　　1 041 （A2 +3/4l） 1 189 （A2 +l）　　　1 338 （A2 +5/4l）　　1 486 （A2 +3/2l） 1 635 （A2 +7/4l）　　1 783 （A2 +2l）　　　1 932 （A2 +9/4l） 2 080 （A2 +5/2l）		
A3	420	630 （A3 +1/2l）　　　841 （A3 +l）　　　1 051 （A3 +3/2l） 1 261 （A3 +2l）　　　1 471 （A3 +5/2l）　　1 682 （A3 +3l） 1 892 （A3 +7/2l）		

注：有特殊需要的图纸，可采用 $b×l$ 为 841 mm×891 mm 与 1 189 mm×1 261 mm 的幅面。

图纸通常有两种形式——横式和立式。图纸以短边作为垂直边称为横式，以短边作为水平边称为立式。一般 A0～A3 图纸宜横式使用，必要时，也可立式使用。如图 1-1 所示，图纸上必须用粗实线画出图框，图框是图纸上所供绘图范围的边线，图框线与图幅线的间隔 a 和 c 应符合表 1-1 的规定。

2. **标题栏与会签栏**

图纸的标题栏、会签栏及装订边的位置，应符合图 1-1 的布置。

标题栏的大小及格式如图 1-2 所示。根据工程需要选择确定其尺寸、格式及分区。签字区应包含实名列和签名列。涉外工程的标题栏内，各项主要内容的中文下方应附有译文，设计单位的上方或左方，应加"中华人民共和国"字样。

会签栏应按图 1-3 的格式绘制，其尺寸应为 100 mm×20 mm，栏内应填写会签人员所代表的专业、姓名、日期（年、月、日）；一个会签栏不够时，可另加一个，两个会签栏应并列；不需会签的图纸可不设会签栏。

学生制图作业用标题栏推荐采用图 1-4 的格式。

1.1.2　线型

1. **图线的种类和用途**

建筑工程图样都是用图线绘制成的，熟悉图线的类型及用途，掌握各类图线的画法是建筑工程制图最基本的技能之一。在土木工程制图中，应根据所绘制的不同内容，选用不同的线型和不同宽度的图线。土木工程图样使用的线型有实线、虚线、单点长画线、双点长画线、折断线、波浪线等。除了折断线、波浪线外，其他每种线型又有粗、中粗、中、细 4 种或粗、中、细 3 种不同的宽度，见表 1-3。

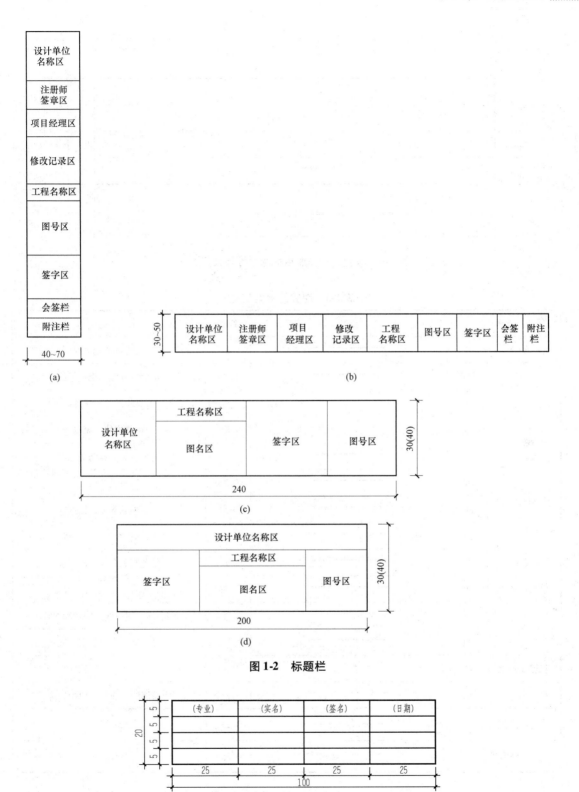

图 1-2　标题栏

图 1-3　会签栏

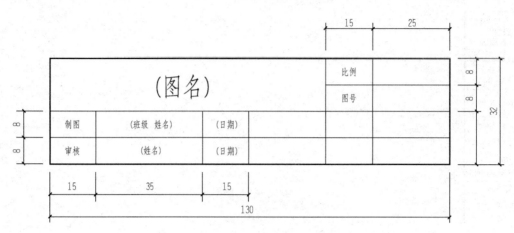

图1-4 学生制图作业用标题栏推荐采用的格式

表1-3 图线的种类及用途

名称		线型	线宽	用途
实线	粗		b	主要可见轮廓线
	中粗		$0.7b$	可见轮廓线、变更云线
	中		$0.5b$	可见轮廓线、尺寸线
	细		$0.25b$	图例填充线、家具线
虚线	粗		b	见各有关专业制图标准
	中粗		$0.7b$	不可见轮廓线
	中		$0.5b$	不可见轮廓线、图例线
	细		$0.25b$	图例填充线、家具线
单点长画线	粗		b	见各有关专业制图标准
	中		$0.5b$	见各有关专业制图标准
	细		$0.25b$	中心线、对称线、定位轴线等
双点长画线	粗		b	见各有关专业制图标准
	中		$0.5b$	见各有关专业制图标准
	细		$0.25b$	假想轮廓线、成型前原始轮廓线
折断线			$0.25b$	断开界线
波浪线			$0.25b$	断开界线

绘图时，应根据所绘图样的复杂程度与比例大小，先选定基本线宽 b，再选用表1-4中相应的线宽组。

当粗线的宽度 b 确定以后，则和 b 相关连的中线、细线也随之确定。同一张图纸内，相同比例的各图样，应选用相同的线宽组。虚线、单点长画线及双点长画线的线段长度和间隔，应根据图样的复杂程度和图线的长短来确定，宜各自均匀一致。当图样较小，用单点长画线和双点长画线绘制有困难时，可用实线代替。

表 1-4　线宽组

线宽比	线宽组/mm			
b	1.4	1.0	0.7	0.5
$0.7b$	1.0	0.7	0.5	0.35
$0.5b$	0.7	0.5	0.35	0.25
$0.25b$	0.35	0.25	0.18	0.13

注：1. 需要缩微的图纸，不宜采用 0.18 mm 及更细的线宽。
　　2. 同一张图纸内，各不同线宽组中的细线，可统一采用较细的线宽组的细线。

图纸的图框和标题栏线，可采用表 1-5 中的线宽。

表 1-5　图框和标题栏线的宽度

幅面代号	图框线	标题栏外框线对中标志	标题栏分格线、幅面线
A0、A1	b	$0.5b$	$0.25b$
A2、A3、A4	b	$0.7b$	$0.35b$

2. 图线的画法及注意事项

（1）各种图线的画法见表 1-3。

（2）相互平行的图线，其间隙不宜小于其中粗线的宽度，且不宜小于 0.2 mm。

（3）一般虚线线段长宜为 3 ~ 8 mm，间距宜为 1 ~ 2 mm；单点长画线或双点长画线的每一线段长度应相等，长画线宜为 10 ~ 25 mm，长画线与点、点与点的间距约宜为 1 ~ 2 mm。

（4）单点长画线或双点长画线，当在较小图形中绘制有困难时，可用实线代替。

（5）单点长画线或双点长画线的两端，不应是点；点画线与点画线交接或点画线与其他图线交接时，应是线段交接；虚线与虚线交接或虚线与其他图线交接时，应是线段交接；虚线是实线的延长线时，不得与实线连接，如图 1-5 所示。

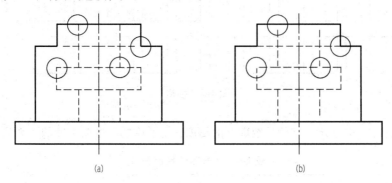

（a）　　　　　　　　　　　　（b）

图 1-5　虚线交接的画法
（a）正确；（b）错误

（6）图线不得与文字、数字或符号重叠、混淆，不可避免时，应首先保证文字的清晰。

1.1.3　字体

对于建筑工程图，图形要画得正确、标准，同时要用文字进行各种说明和标注。制图中常用的字体有汉字、阿拉伯数字和拉丁字母等。有时也用罗马数字、希腊字母等。国家制图标准规定：图纸上所需书写的文字、数字或符号等，均应笔画清晰、字体端正、排列整齐；标点符号应清楚正确。如果字迹潦草，难于辨认，则容易发生误解，甚至酿成工程事故。

图样及说明中的汉字，宜优先采用 True type 字体中的宋体字型，采用矢量字体时应为长仿宋体字型。同一图纸字体种类不应超过两种。大标题、图册封面、地形图等的汉字，也可以写成其他字体，但应易于辨认。汉字的简化书写，必须符合国务院公布的《汉字简化方案》和有关规定。

1. 长仿宋体字

工程制图的汉字应用长仿宋体。写仿宋字（长仿宋体）的基本要求，可概括为"横平竖直、注意起落、结构匀称、填满方格"。

长仿宋体字样如下：

制图国家标准字体工整笔画清楚结构均匀填满方格工业民用厂房建筑建筑设计结构施工水暖电设备平立剖详图说明比例尺寸长宽高厚标准年月日说明砖瓦木石土砂浆水泥钢筋混凝土梁板柱楼梯门窗墙基础地层散水编号道桥截面校核侧浴标号轴材料节点东南西北审核日期一二三四五六七八九十走廊过道盥洗室层数壁橱踢脚阳台水沟窗格强度办宅宿舍公寓卧室厨房厕所贮藏浴室食堂饭厅冷饮公从餐馆百货店菜场邮局旅客站

（1）字体格式。若使字写得大小一致、排列整齐，书写之前应事先用铅笔淡淡地打好字格，然后进行书写。字格的高宽比例通常为 3：2。行距应大于字距，一般字距约为字高的 $\frac{1}{4}$，行距约为字高的 $\frac{1}{3}$，如图 1-6 所示。

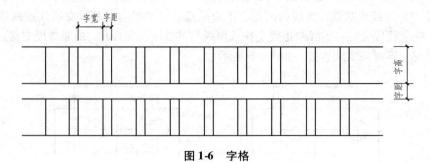

图 1-6　字格

字的大小用字号来表示，字的号数即字的高度，各号字的高度与宽度的关系见表 1-6。

表 1-6　各号字的高宽关系　　　　　　　　mm

字号	20	14	10	7	5	3.5
字高	20	14	10	7	5	3.5
字宽	14	10	7	5	3.5	2.5

图纸中常用的字号为 10 号、7 号、5 号。如需书写比 20 号更大的字，其高度应按 $\sqrt{2}$ 的比值递增。汉字的字高应不小于 3.5 mm。

（2）字体的笔画。长仿宋体字的笔画要横平竖直，注意起落，现介绍常用笔画的写法及特征（见表 1-7）。

表 1-7 长仿宋体字的基本笔画

名称	横	竖	撇	捺	钩	挑	点
形状	一	丨	 丿	 ㇏	 几	 丷	 八
笔法	一	 丨	 丿	 ㇏	 几	 丷	 八

1）横画基本要平，可略向上自然倾斜，运笔起落略顿一下笔，使尽端形成小三角，但应一笔完成。

2）竖画要铅直，笔画要刚劲有力，运笔同横画。

3）撇的起笔同竖画，但是随斜向逐渐变细，运笔由重到轻。

4）捺的运笔与撇笔相反，起笔轻而落笔重，终端稍顿笔再向右尖挑。

5）挑画是起笔重，落笔尖细如针。

6）点的位置不同，其写法也不同，多数的点是起笔轻而落笔重，形成上尖下圆的光滑形象。

7）竖钩的竖同竖画，但要挺直，稍顿后向左上尖挑。

8）横钩由两笔组成，横同横画，末笔应起重轻落，钩尖如针。

9）弯钩有竖弯钩、斜弯钩和包钩，竖弯钩起笔同竖画，由直转弯过渡要圆滑，斜弯钩的运笔由轻到重再到轻，转变要圆滑，包钩由横画和竖钩组成，转折要勾棱，竖钩的竖画有时可向左略斜。

（3）字体结构。形成一个完善字体结构的关键是各个笔画的相互位置要正确，各部分的大小、长短、间隔要符合比例，上下左右要匀称，笔画疏密要合适。为此，书写时应注意如下几点：

1）撑格、满格和缩格。每个字最长笔画的棱角要顶到字格的边线。绝大多数的字，都应写满字格，这样，可使单个字显得大方，使成行字显得均匀整齐。然而，有一些字写满字格，就会感到肥硕，它们置身于均匀整齐的字列当中，将有损于行文的美观，这些字就必须缩格。如"口、日"两字四周都要缩格，"工、四"两字上下要缩格，"目、月"两字左右要略为缩格等。同时，须注意"口、日、内、同、曲、图"等带框的字下方应略为收分。

2）长短和间隔。字的笔画有繁简，如"翻"字和"山"字。字的笔画又有长短，像"非、曲、作、业"等字的两竖画左短右长，"土、于、夫"等字的两横画上短下长。又如"三"字、"川"字第一笔长，第二笔短，第三笔最长。因此，我们必须熟悉其长短变化，匀称地安排其间隔，字态才能清秀。

3）缀合比例。缀合字在汉字中所占比重很大，对其缀合比例的分析研究，也是写好长仿宋体字的重要一环。缀合部分有对称或三等分的，如横向缀合的"明、林、辨、衍"等字，如纵向缀合的"辈、昌、意、器"等字；偏旁、部首与其缀合部分约为1∶2的如"制、程、筑、堡"等字。

横、竖是长仿宋体字中的骨干笔画，书写时必须挺直不弯。否则，就失去长仿宋体字挺拔刚劲的特征。横画要平直，但并非完全水平，而是沿运笔方向稍许上斜，这样字型不显死板，而且也适于手写的笔势。

长仿宋体字横、竖粗细一致，字型爽目。它区别于宋体的横画细、竖画粗，与楷体字笔画的粗细变化有致亦不同。

横画与竖画的起笔和收笔、撇的起笔、钩的转角等都要顿一下笔，形成小三角形，给人以锋颖挺劲的感觉。

2. 字母、数字

图样及说明中的字母、数字，宜优先采用 True type 字体中的 Roman 字型，书写规则应符合表1-8 的规定。常用的字母及数字有拉丁字母、阿拉伯数字和罗马数字，其分一般字体和窄体字。

表1-8 字母及数字的书写规则

书写格式	一般字体	窄字体
大写字母高度	h	h
小写字母高度（上下均无延伸）	$7/10h$	$10/14h$
小写字母伸出的头部和尾部	$3/10h$	$4/14h$
笔画宽度	$1/10h$	$1/14h$
字母间距	$2/10h$	$2/14h$
上下行基准线的最小间距	$15/10h$	$21/14h$
词间距	$6/10h$	$6/14h$

注：1. 小写拉丁字母 a、c、m、n 等上下均无延伸，j 上下均有延伸。

2. 字母的间隔，如需排列紧凑，可按表中字母的最小间隔减少一半。

字母及数字都可以根据需要写成直体或斜体。如需写成斜体字，其倾斜度应是从字的底线逆时针向上倾斜75°，斜体字的宽度和高度应与相应的直体字相等。当数字与汉字同行书写时，其大小应比汉字小一号，并宜写直体。字母及数字的字高不应小于 2.5 mm。

拉丁字母书写示例如下：

斜体　　　　　　　　　　　　直体

ABCDEFGHIJKLMN　　ABCDEFGHIJKLMN

OPQRSTUVWXYZ　　OPQRSTUVWXYZ

阿拉伯数字书写示例如下：

斜体 　　　　　　　　　　　　　　　　 直体

0123456789 0123456789

罗马数字书写示例如下：

斜体 　　　　　　　　　　　　　　　　 直体

I II III IV V VI VII VIII IX X 　　　 I II III IV V VI VII VIII IX X

字母及数字运笔顺序和字例如下：

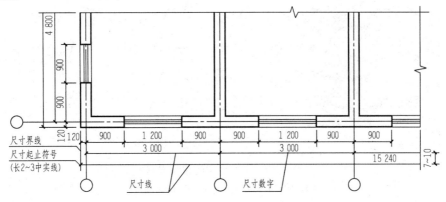

字体书写练习要持之以恒，多看、多练、多写，严格认真、反复刻苦地练习，自然熟能生巧。

1.1.4　尺寸标注

在建筑工程施工图中，图样除了画出建筑物及其各部分的形状外，建筑物各部分的大小和构成部分的相互位置关系还必须通过尺寸标注来表达，以此确定其大小，作为施工的依据。下面介绍建筑制图国家标准中常用的尺寸标注方法。注写尺寸时，应力求做到正确、完整、清晰、合理。

1. 尺寸的组成

建筑图样上的尺寸一般应由尺寸界线、尺寸线、尺寸起止符号和尺寸数字四个部分组成，如图 1-7 所示。

图 1-7　尺寸的组成

（1）尺寸界线。尺寸界线是控制所注尺寸范围的线，应用细实线绘制，一般应与被注长度垂直；其一端应离开图样轮廓线不小于2 mm，另一端宜超出尺寸线2～3 mm。必要时，图样的轮廓线、轴线或中心线可用作尺寸界线（图1-8）。

（2）尺寸线。尺寸线是用来注写尺寸的，应用细实线绘制，应与所标注的线段平行，与尺寸界线垂直相交，相交处尺寸线不宜超过尺寸界线，图样本身的任何图线或其延长线均不得用作尺寸线。

（3）尺寸起止符号。尺寸起止符号一般应用中粗斜短线绘制，其倾斜方向应与尺寸界线呈顺时针45°，长度宜为2～3 mm。半径、直径、角度和弧长的尺寸起止符号，宜用箭头表示，箭头宽度不宜小于1 mm（图1-9）。

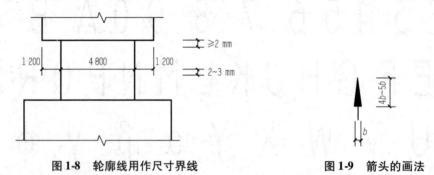

图1-8　轮廓线用作尺寸界线　　　　　图1-9　箭头的画法

（4）尺寸数字。图样上的尺寸数字是建筑施工的主要依据。建筑物各部分的真实大小应以图样上所注写的尺寸数字为准，不得从图上直接量取。尺寸数字是形体的实际尺寸，与画图比例无关。尺寸数字一律用阿拉伯数字书写。国家标准规定，图样上的尺寸，除标高及总平面图以"m"为单位外，其余一律以"mm"为单位。因此，图样上的尺寸都不用注写单位。本书后面文字及插图中表示尺寸的数字，如无特殊说明，均遵守上述规定。

尺寸数字一般应依据其方向注写在靠近尺寸线的中部上方1 mm的位置上。水平方向的尺寸，尺寸数字要写在尺寸线的上面，字头朝上；竖直方向的尺寸，尺寸数字要写在尺寸线的左侧，字头朝左；倾斜方向的尺寸，尺寸数字的方向应按图1-10（a）的规定注写。若尺寸数字在30°斜线区内，宜按图1-10（b）的形式注写。

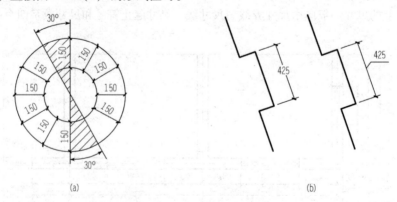

（a）　　　　　　　　　　　　　　（b）

图1-10　尺寸数字的注写方向
（a）倾斜方向数字；（b）30°斜线区数字

尺寸数字应依据其读数方向注写在靠近尺寸线的上方中部，如没有足够的注写位置，最外

边的尺寸数字可注写在尺寸界线的外侧，中间相邻的尺寸数字可错开注写，也可引出注写，如图
1-11 所示。

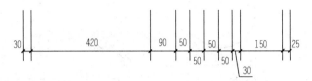

图 1-11　尺寸数字的注写位置

2. 常用尺寸的排列、布置及注写方法

尺寸宜标注在图样轮廓线以外，不宜与图线、文字
及符号等相交，若图线穿过尺寸数字时，应将图线断开，
如图 1-12 所示。互相平行的尺寸线，应从被注写的图样
轮廓线由近向远整齐排列，较小尺寸应离轮廓线较近，
较大尺寸应离轮廓线较远。图样轮廓线以外的尺寸线，

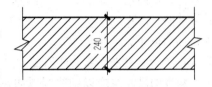

图 1-12　尺寸数字处图线应断开

距图样最外轮廓线之间的距离，不宜小于 10 mm。平行尺寸线的间距，宜为 7 ~ 10 mm，并应
保持一致。总尺寸的尺寸界线，应靠近所指部位，中间的分尺寸的尺寸界线可稍短，但其长
度应相等。

3. 半径、直径、球的尺寸标注

一般情况下，对于半圆和小于半圆的圆弧应标注其半径。半径的尺寸线应从一端圆心开始，
另一端画箭头指向圆弧。半径数字前应加注半径符号"*R*"，如图 1-13 所示。

较小圆弧的半径，可按图 1-14 的形式标注。

较大圆弧的半径，可按图 1-15 的形式标注。

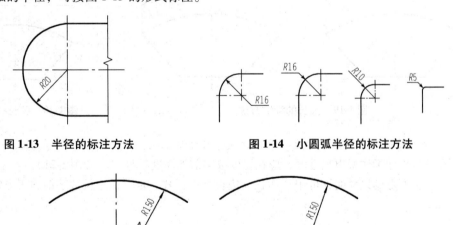

图 1-13　半径的标注方法　　　　　**图 1-14　小圆弧半径的标注方法**

图 1-15　大圆弧半径的标注方法

一般大于半圆的圆弧或圆应标注直径。标注圆的直径尺寸时，直径数字前应加直径符号
"*ϕ*"。在圆内标注的尺寸线应通过圆心，两端画箭头指至圆弧（图 1-16）。

较小圆的直径尺寸，可标注在圆外（图 1-17）。

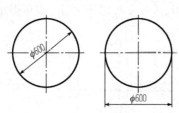

图 1-16　直径的标注方法

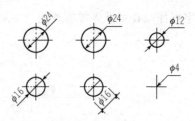

图 1-17　小圆直径的标注方法

标注球的半径尺寸时，应在尺寸前加注符号"SR"。标注球的直径尺寸时，应在尺寸数字前加注符号"Sφ"。注写方法与圆弧半径和圆直径的尺寸标注方法相同。

4. 角度、弧长、弦长的标注

角度的尺寸线应以细线圆弧表示。该圆弧的圆心应是该角的顶点，角的两条边为尺寸界线。起止符号应以箭头表示，如没有足够位置画箭头，可用圆点代替，角度数字应按水平方向注写（图 1-18）。

标注圆弧的弧长时，尺寸线应以与该圆弧同心的细线圆弧线表示，尺寸界线应垂直于该圆弧的弦，起止符号用箭头表示，弧长数字上方或前方应加注圆弧符号"⌒"（图 1-19）。

标注圆弧的弦长时，尺寸线应以平行于该弦的细直线表示，尺寸界线应垂直于该弦，起止符号用中粗斜短线表示（图 1-20）。

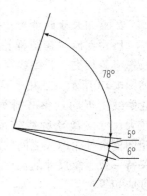

图 1-18　角度的标注方法

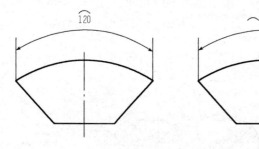

图 1-19　弧长的标注方法

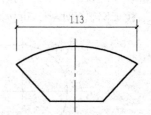

图 1-20　弦长的标注方法

5. 薄板厚度、正方形、坡度、非圆曲线等尺寸标注

在薄板板面标注板厚尺寸时，应在厚度数字前加厚度符号"t"（图 1-21）。

标注正方形的尺寸时，可用"边长×边长"的形式，也可在边长数字前加正方形符号"□"（图 1-22）。

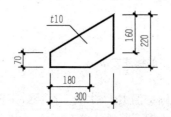

图 1-21　薄板厚度的标注方法

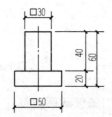

图 1-22　标注正方形尺寸

标注坡度时，应加注坡度符号"←"或"←"［图 1-23（a）、（b）］，箭头应指向下坡方向［图 1-23（c）、（d）］。

坡度也可用直角三角形形式标注［图 1-23（e）（f）］。

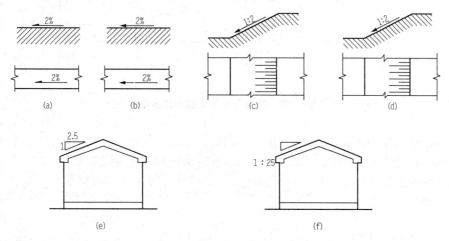

图 1-23　坡度的标注方法

外形为非圆曲线的构件，可用坐标形式标注尺寸（图 1-24）。

复杂的图形，可用网格形式标注尺寸（图 1-25）。

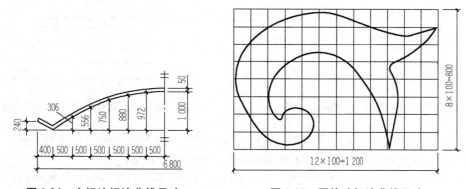

图 1-24　坐标法标注曲线尺寸　　　　**图 1-25　网格法标注曲线尺寸**

6. 尺寸的简化标注

（1）杆件或管线的长度，在单线图（桁架简图、钢筋简图、管线简图）上，可直接将尺寸数字沿杆件或管线的一侧注写（图 1-26）。

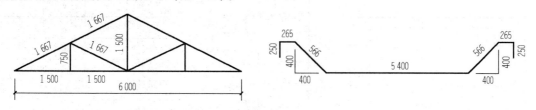

图 1-26　单线图尺寸的标注方法

（2）连续排列的等长尺寸，可用"等长尺寸×个数＝总长"或"总长（等分个数）"的形式标注（图1-27）。

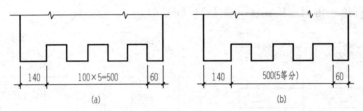

(a)　　　　　　　　　(b)

图1-27　等长尺寸简化的标注方法

（3）构配件内的构造要素（如孔、槽等）如相同，可仅标注其中一个要素的尺寸（图1-28）。

（4）对称构配件采用对称省略画法时，该对称构配件的尺寸线应略超过对称符号，仅在尺寸线的一端画尺寸起止符号，尺寸数字应按整体全尺寸注写，其注写位置宜与对称符号对齐（图1-29）。

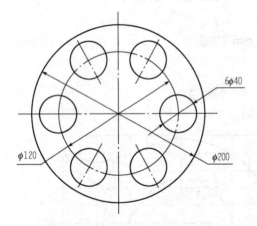

图1-28　相同要素尺寸的标注方法

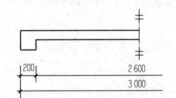

图1-29　对称构件尺寸的标注方法

（5）两个构配件如个别尺寸数字不同，可在同一图样中将其中一个构配件的不同尺寸数字注写在括号内，该构配件的名称也应注写在相应的括号内（图1-30）。

（6）数个构配件如仅某些尺寸不同，这些有变化的尺寸数字，可用拉丁字母注写在同一图样中，另列表格写明其具体尺寸（图1-31）。

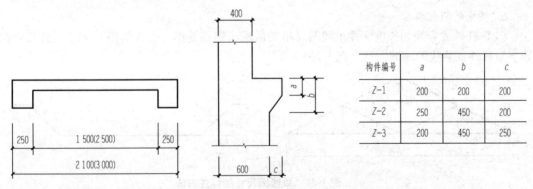

构件编号	a	b	c
Z-1	200	200	200
Z-2	250	450	200
Z-3	200	450	250

图1-30　相似构件尺寸的标注方法　　　　**图1-31　数个构配件尺寸的标注方法**

1.2　制图工具及使用方法

为了保证绘图质量，提高绘图的准确度和效率，必须了解各种绘图工具和仪器的特点，掌握其使用方法。常用的绘图工具有绘图板、丁字尺、三角板、圆规、分规、曲线板和铅笔等。本节主要介绍常用的绘图工具和仪器的使用方法。

1.2.1　绘图板、丁字尺、三角板

1. 绘图板

绘图板是绘图时用来铺放图纸的长方形案板，板面一般用平整的胶合板制作，四边镶有木制边框。绘图板的板面要求光滑平整，四周工作边要平直，如图 1-32 所示。绘图板的规格一般有 0 号（900 mm×1 200 mm）、1 号（600 mm×900 mm）和 2 号（400 mm×600 mm）三种，可根据需要选定。0 号绘图板适用于画 A0 号图纸，1 号绘图板适用于画 A1 号图纸，四周还略有宽余。绘图板放在桌面上，板身宜与水平桌面成 10°~15°倾角。绘图板不可用水刷洗和在日光下曝晒。制图作业通常选用 1 号绘图板。绘图板的导边要求平直，从而使丁字尺的工作边在任何位置保持平直。

2. 丁字尺

丁字尺由尺头和尺身两部分构成。尺头与尺身互相垂直，尺身带有刻度，如图 1-33 所示。尺身与尺头应连接牢固，尺头的内侧面必须平直，用时应紧靠绘图板左侧的导边。在画同一张图纸时，尺头不可以在绘图板的其他边滑动，以避免绘图板各边不成直角时，画出的线不准确。丁字尺的尺身工作边必须平直光滑，不可用丁字尺击物和用刀片沿尺身工作边裁纸。丁字尺用完后，宜竖直挂起来，以避免尺身弯曲变形或折断。

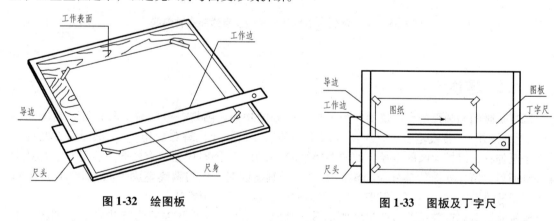

图 1-32　绘图板　　　　　　　　　图 1-33　图板及丁字尺

丁字尺主要用于画水平线，使用时左手握住尺头，使尺头内侧紧靠绘图板的左侧边，上下移动到位后，用左手按住尺身，即可沿丁字尺的工作边自左向右画出一系列水平线。画较长的水平线时，可把左手滑过来按住尺身，以防止尺尾翘起和尺身摆动（图 1-34）。

3. 三角板

三角板由两块组成一副，其中一块是两锐角都等于 45°的直角三角形，另一块是两锐角分别为 30°和 60°的直角三角形。前者的斜边等于后者的长直角边。三角板画铅垂直线时，先将丁字尺移动到所绘图线的下方，把三角板放在应画线的右方，并使一直角边紧靠丁字尺的工作边，然

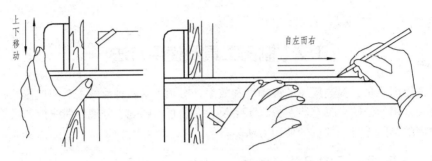

图1-34 上下移动丁字尺及画水平线的手势

后移动三角板，直到另一直角边对准要画线的地方，再用左手按住丁字尺和三角板，自下而上画线，如图1-35（a）所示。三角板除了直接用来画直线外，可与丁字尺配合使用，画出垂直线及15°、30°、45°、60°、75 等斜线及它们的平行线，如图1-35（b）所示。

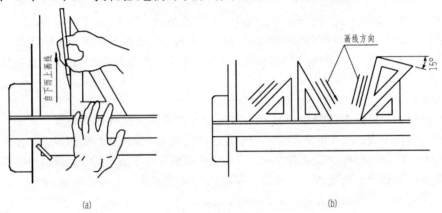

图1-35 用三角板和丁字尺配合画垂直线和各种斜线

（a）画垂直线；（b）画斜线

1. 2. 2 圆规

圆规是画圆和圆弧的专用仪器。为了扩大圆规的功能，圆规一般配有三种插腿：铅笔插腿（画铅笔线圆用）、直线笔插腿（画墨线圆用）和钢针插腿（代替分规用）。画圆时可在圆规上接一个延伸杆，以扩大圆的半径，如图1-36（a）所示。画图时应先检查两脚是否等长，当针尖插入纸面后，留在外面的部分应与铅芯尖端平（画墨线时，应与鸭嘴笔脚平），如图1-36（b）所示。铅芯可磨成约65°的斜截圆柱状，斜面向外，也可磨成圆锥状。

画圆时，首先调整铅芯与针尖的距离等于所画圆的半径，再用左手食指将针尖送到圆心上轻轻插住，尽量不使圆心扩大，并使笔尖与纸面的角度接近垂直；然后右手转动圆规手柄，转动时，圆规应向画线方向略为倾斜，速度要均匀，沿顺时针方向画圆，整个圆一笔画完。在绘制较大的圆时，可将圆规两插杆弯曲，使它们仍然保持与纸面垂直［图1-36（c）］。直径在 10 mm 以下的圆，一般用点圆规来画。使用时，右手食指按顶部，大拇指和中指按顺时针方向迅速地旋动套管手柄，画出小圆，如图1-36（d）所示。需要注意的是，画圆时必须保持针尖垂直于纸面，圆画出后，要先提起套管，然后拿开圆规。画实线圆、圆弧或多个同心圆时，要使圆规针腿的有平面端的大头向下，以防止圆心扩大，从而保证画圆的准确度。

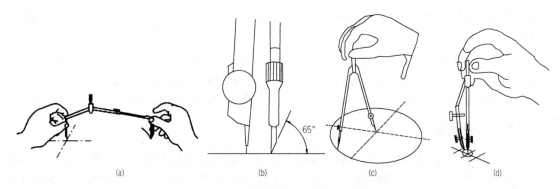

图 1-36 圆规的针尖和画圆的姿势

（a）画图时加延伸杆；（b）针尖外留部分与铅芯尖端平；（c）画大圆；（d）画小圆

画铅笔线圆或圆弧时，所用铅芯的型号要比画同类直线的铅笔软一号。例如，画直线时用 B 号铅笔，而画圆时则用 2B 号铅笔。使用圆规时需要注意，圆规的两条腿应该垂直于纸面。画虚线圆或圆弧的动作要领如图 1-37 所示。

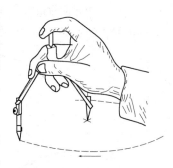

图 1-37 虚线圆的画法

1.2.3 分规

分规是用来量取线段的长度和分割线段、圆弧的工具。它的两条腿必须等长，两针尖合拢时应会合成一点 [图 1-38（a）]。用分规等分线段的方法如图 1-38（b）所示。例如，四分线段，先凭目测估计，将两针尖张开大致等于 $\frac{1}{4}AB$ 的距离，然后交替两针尖画弧，在该线段上截取 1、

2、3、4 等分点；假设点 4 落在 B 点以内，距差为 e，这时可将分规再开 $\frac{1}{4}e$，再行试分，若仍有差额（也可能超出 AB 线外），则照样再调整两针尖距离（或加或减），直到恰好等分为止。等分圆弧的方法类似等分线段的方法。

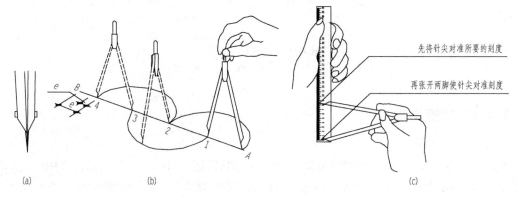

图 1-38 分规的用法

（a）针尖应对齐；（b）用分规等分线段；（c）用分规截取长度

1.2.4 比例尺

比例尺是绘图时用于放大或缩小实际尺寸的一种常用尺子，在尺身上刻有不同的比例刻度。

常用的百分比例尺有 1∶100、1∶200、1∶500，常用的千分比例尺有 1∶1 000、1∶2 000、1∶5 000。

比例尺 1∶100 就是指比例尺上的尺寸比实际尺寸缩小了 100 倍。例如，从该比例尺的刻度 0 mm 量到刻度 1 m，就表示实际尺寸是 1 m。但是，这段长度在比例尺上只有 0.01 m（10 mm），即缩小了 100 倍。因此，用 1∶100 的比例尺画出来的图，它的大小只有物体实际大小的 1%。

1.2.5 曲线板

曲线板是描绘各种曲线的专用工具，如图 1-39 所示。曲线板的轮廓线是以各种平面数学曲线（椭圆、抛物线、双曲线、螺旋线等）相互连接而成的光滑曲线。描绘曲线时，先徒手用铅笔把曲线上一系列的点依次连接起来，然后选择曲线板上曲率合适的部分与徒手连接的曲线贴合。每次连接应通过曲线上 3 个点，并注意每画一段线，都要比曲线板边与曲线贴合的部分稍短一些，这样才能使所画的曲线光滑地过渡。图 1-39（a）为被绘曲线，图 1-39（b）为描绘前几个点的曲线，图 1-39（c）为描绘中间几个点的曲线。

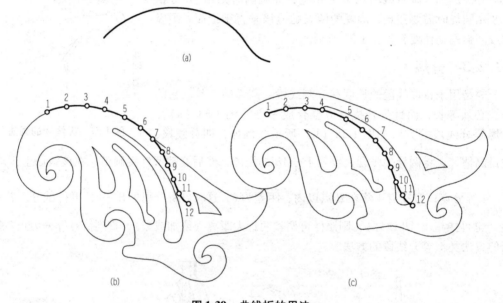

图 1-39　曲线板的用法
（a）被绘曲线；（b）描绘前几个点的曲线；（c）描绘中间几个点的曲线

1.2.6 绘图用笔

1. 铅笔

绘图所用铅笔以铅芯的软硬程度分类，"B" 表示软铅笔，"H" 表示硬铅笔，"HB" 表示软硬适中。"B" 或 "H" 各有六种型号铅笔，其前面的数字越大则表示该铅笔的铅芯越软或越硬。画铅笔图时，图线的粗细不同，所用的铅笔型号及铅芯削磨的形状也不同。通常用 2H~3H 铅笔画底稿；用 H 铅笔写字、画箭头以及加黑细实线；用 HB 铅笔加粗实线；砂纸板用来磨铅笔。

加深圆弧用的铅芯，一般比粗实线的铅芯软一些。

加深图线时，用于加深粗实线的铅芯磨成铲形，其余线型的铅芯磨成圆锥形，如图 1-40 所示。

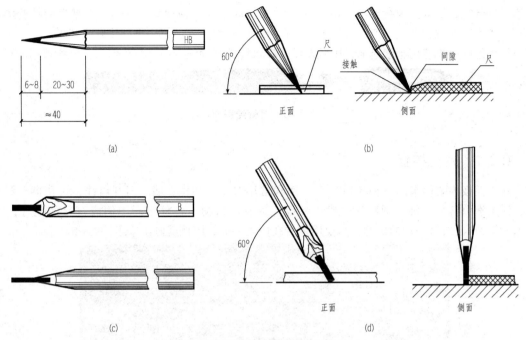

图1-40 绘图铅笔及其使用方法
（a）画细线铅笔削磨形状；（b）画细线时铅笔使用方法；
（c）画粗线铅笔削磨形状；（d）画粗线时铅笔使用方法

2. 直线笔

直线笔又称为鸭嘴笔，是传统的上墨、描图仪器，如图1-41所示。

画线前，根据所画线条的粗细，旋转螺钉调好两叶片的间距，用吸墨管把墨汁吸入两叶片之间，墨汁高度以5～6 mm为宜。画线时，执笔不能内外倾斜，上墨不能过多，入笔不要太重，行笔流畅、匀速，不能停顿、偏转和晃动，否则会影响图线质量。直线笔装在圆规上可画出墨线圆或圆弧。

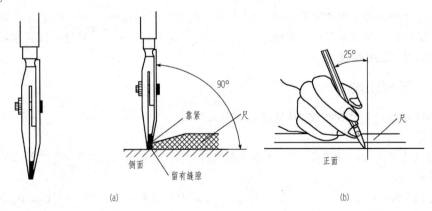

图1-41 直线笔及使用方法
（a）直线笔；（b）直线笔的使用方法

3. 针管绘图笔

针管绘图笔是上墨、描图所用的新型绘图笔，如图1-42所示。针管绘图笔的头装有带通针的不锈钢针管，针管的内孔直径从 0.1 mm 至 1.2 mm 分成多种型号，选用不同型号的针管绘图笔可画出不同线宽的墨线。把针管绘图笔装在专用的圆规夹上还可画出墨线圆或圆弧。

针管绘图笔需使用碳素墨水，用后要反复吸水把针管冲洗干净，防止堵塞，以备再用。

图 1-42　针管绘图笔

1.2.7　建筑模板

建筑模板主要用来画各种建筑标准图例和常用符号，如柱、墙、门开启线、大便器、污水盆、详图索引符号、轴线圆圈等。建筑模板上刻有可以画出各种不同图例或符号的孔（图 1-43），其大小已符合一定的比例，只要用笔沿孔内画一周，图例就画出来了。

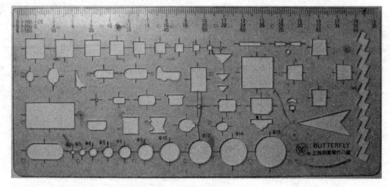

图 1-43　建筑模板

1.3　几何作图

工程图样上的图形是由各种几何图形组成的。正确地使用绘图工具，快速而准确地作出各种平面几何图形，是学习本课程的基础之一。本节的主要内容有斜度、锥度、圆弧连接和平面图形的作图方法及其尺寸标注等。

1.3.1　等分线段

如图 1-44 所示，将已知线段 AB 分成五等份。

作图步骤：

（1）过点 A 任意作一条线段 AC，从点 A 起在线段 AC 上截取（任取）$A1 = 12 = 23 = 34 = 45$，得到等分点 1，2，3，4，5；

（2）连接 $5B$，并从 1，2，3，4 各等分点作直线 $5B$ 的平行线，这些平行线与 AB 直线的交点 Ⅰ、Ⅱ、Ⅲ、Ⅳ 即所求的等分点。

1.3.2　等分两平行线间的距离

如图 1-45 所示，将两平行线 AB 与 CD 之间的距离分成四等份。

作图步骤：

（1）将直尺放在直线 *AB* 与 *CD* 之间进行调整，让直尺的刻度 0 与 4 恰好位于直线 *AB* 与 *CD* 的位置上；

（2）过直尺的刻度点 1，2，3 分别作直线 *AB* 或者 *CD* 的平行线，即可完成四等分。

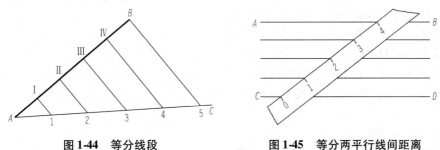

图 1-44　等分线段　　　　　　　　图 1-45　等分两平行线间距离

1.3.3　作圆的切线

1. 自圆外一点作圆的切线

如图 1-46（a）所示，过圆外一点 *A*，向圆 *O* 作切线。

作图方法：

首先将三角板的一个直角边过 *A* 点并且与圆 *O* 相切，再使用丁字尺（或另一块三角板）将三角板的斜边靠紧，然后移动三角板，使其另一直角边通过圆心 *O* 并与圆周相交于切点 *T*，连接 *AT* 即所求切线［图 1-46（b）］。

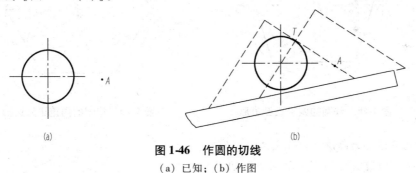

(a)　　　　　　　　　　　　　　　　(b)

图 1-46　作圆的切线

（a）已知；（b）作图

2. 作两圆的外公切线

如图 1-47 所示，作圆 O_1 和圆 O_2 的外公切线。

作图方法：

首先将三角板的一个直角边与两圆外切，再使用丁字尺（或另一块三角板）将三角板的斜边靠紧，然后移动三角板，使其另一直角边先后通过两圆心 O_1 和 O_2，并在两圆周上分别找到两切点 T_1 和 T_2，连接 T_1T_2 即所求公切线。

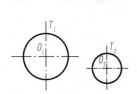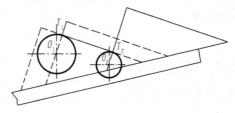

图 1-47　作两圆的外公切线

1.3.4 正多边形的画法

1. 正五边形的画法

如图 1-48 所示，作已知圆的内接正五边形。

作图步骤：

（1）求出半径 OG 的中点 H；

（2）以 H 为圆心，以 HA 为半径作圆弧交 OF 于点 I，线段 AI 即五边形的边长；

（3）以 AI 长为单位分别在圆周上截得各等分点 B、C、D、E，依次连接各点即得正五边形 $ABCDE$。

2. 正六边形的画法

如图 1-49 所示，作已知圆的内接正六边形。

作图步骤：

（1）分别以 A、D 为圆心，以 $OA = OD$ 为半径作圆弧交圆周于 B、C、E、F 点；

（2）依次连接 6 个点，即得正六边形 $ABCDEF$。

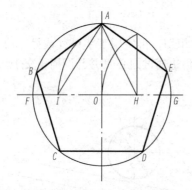

图 1-48　作圆的内接正五边形

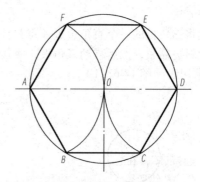

图 1-49　作圆的内接正六边形

3. 任意正多边形的画法（以正七边形为例）

已知圆 O，作圆内接正七边形，其方法如图 1-50 所示。

作图步骤：

（1）将直径 AB 七等分；

（2）以 B 为圆心，BA 长为半径作圆弧交水平直径的延长线于 C、D 两点；

（3）从 C、D 两点分别与各偶数点（2、4、6）连线并延长与圆周相交，再用直线依次连接各个交点即得正七边形。

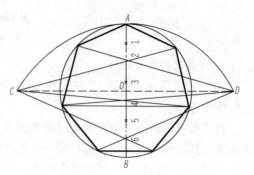

图 1-50　圆内接七边形的近似画法

1.3.5 椭圆的画法

椭圆常用的画法有两种：一是准确的画法——同心圆法；另一种是近似的画法——四心扁圆法。

1. 同心圆法

已知长轴 AB、短轴 CD、中心点 O，作椭圆，如图 1-51 所示。

作图步骤：

（1）以 O 为圆心，以 OA 和 OC 为半径，作出两个同心圆；

（2）过圆心 O 作等分圆周的辐射线，图中作了 12 条线；

（3）过辐射线与大圆的交点向内画竖直线，过辐射线与小圆的交点向外画水平线，则竖直线与水平线的相应交点即椭圆上的点；

（4）用曲线板将上述各点依次光滑地连接起来。

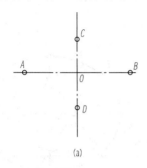
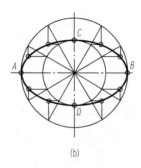

（a）　　　　　　　　　　　　　　　　　　　（b）

图 1-51　同心圆法画椭圆

（a）已知；（b）作图

2. 四心扁圆法

已知长轴 AB、短轴 CD、中心点 O，作椭圆。

作图步骤：

（1）连接 AC，在 AC 上截取一点 E，使 $CE = OA - OC$，如图 1-52（a）所示；

（2）作 AE 线段的中垂线并与短轴交于 O_1 点，与长轴交于 O_2 点，如图 1-52（b）所示；

（3）在 CD 和 AB 上找到 O_1、O_2 的对称点 O_3、O_4，则 O_1、O_2、O_3、O_4 即四段圆弧的 4 个圆心，如图 1-52（c）所示；

（4）将 4 个圆心点两两相连，作出 4 条连心线，如图 1-52（d）所示；

（5）以 O_1、O_3 为圆心，$O_1C = O_3D$ 为半径，分别画圆弧，两端圆弧的端点分别落在 4 条连心线上，如图 1-52（e）所示；

（6）以 O_2、O_4 为圆心，$O_2A = O_4B$ 为半径，分别画圆弧，完成所作的椭圆，如图 1-52（f）所示。

这是个近似的椭圆，它由 4 段圆弧组成，T_1、T_2、T_3、T_4 为 4 段圆弧的连接点，也是 4 段圆弧相切（内切）的切点。

1.3.6　圆弧连接

绘制平面图形时，经常需要用圆弧将两条直线、一圆弧与一直线或两个圆弧光滑地连接起来，这种连接作图称为圆弧连接。圆弧连接的要求就是光滑、自然地连接，而要做到光滑就必须使所作的圆弧和连接圆弧与已知直线或已知圆弧相切，并且在切点处准确地连接，切点即连接点。圆弧连接的作图过程：先找连接圆弧的圆心，再找连接点（切点），最后做出连接圆弧。

1. 用圆弧连接两直线

如图 1-53（a）所示，已知直线 L_1 和 L_2，连接圆弧半径 R，求作连接圆弧。

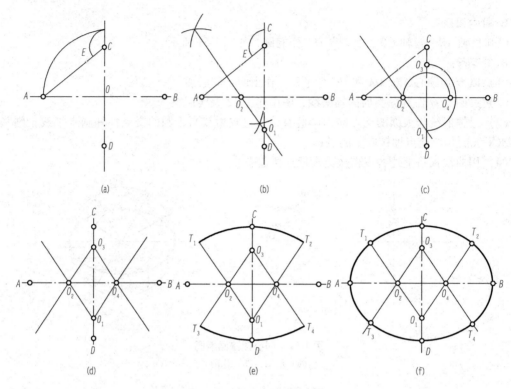

图 1-52　四心扁圆法画椭圆

作图步骤 ［图 1-53 （b）］：

（1）过直线 L_1 上一点 a 作该直线的垂线，在垂线上截取 $ab = R$，再过点 b 作直线 L_1 的平行线；

（2）用同样方法作出与直线 L_2 距离等于 R 的平行线；

（3）找到两平行线的交点 O，则 O 点即连接圆弧的圆心；

（4）自 O 点分别向直线 L_1 和 L_2 作垂线，得到的垂足 T_1、T_2 即连接圆弧的连接点（切点）；

（5）以 O 为圆心、R 为半径作弧，完成连接作图。

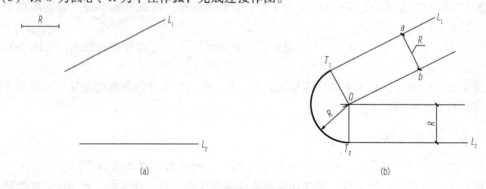

图 1-53　用圆弧连接两条直线

（a）已知；（b）作图

2. 用圆弧连接两圆弧

（1）与两个圆弧都外切。如图 1-54 （a）所示，已知连接圆弧半径 R，被连接的两个圆弧圆

心为 O_1、O_2，半径为 R_1、R_2，求作连接圆弧。

作图步骤［图 1-54（b）］：

1）以 O_1 为圆心、$R+R_1$ 为半径作一圆弧，再以 O_2 为圆心、$R+R_2$ 为半径作另一圆弧，两圆弧的交点 O 即连接圆弧的圆心；

2）作连心线 OO_1，找到它与圆弧 O_1 的交点 T_1，再作连心线 OO_2，找到它与圆弧 O_2 的交点 T_2；

3）以 O 为圆心、R 为半径作圆弧，完成连接作图。

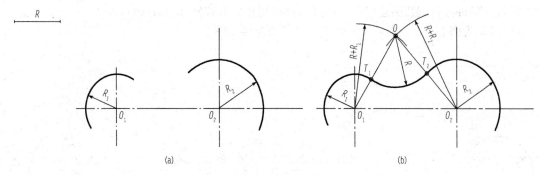

(a)　　　　　　　　　　　　　　　　(b)

图 1-54　用圆弧连接两圆弧（外切）

（a）已知；（b）作图

（2）与两个圆弧都内切。如图 1-55（a）所示，已知连接圆弧的半径为 R，被连接的两个圆弧圆心为 O_1、O_2，半径为 R_1、R_2，求作连接圆弧。

作图步骤［图 1-55（b）］：

1）以 O_1 为圆心、$R-R_1$ 为半径作一圆弧，再以 O_2 为圆心、$R-R_2$ 为半径作另一圆弧，两圆弧的交点 O 即连接圆弧的圆心；

2）作连心线 OO_1，找到它与圆弧 O_1 的交点 T_1，再作连心线 OO_2，找到它与圆弧 O_2 的交点 T_2，则 T_1、T_2 即连接圆弧的连接点（内切的切点）；

3）以 O 为圆心、R 为半径作圆弧 T_1T_2，完成连接作图。

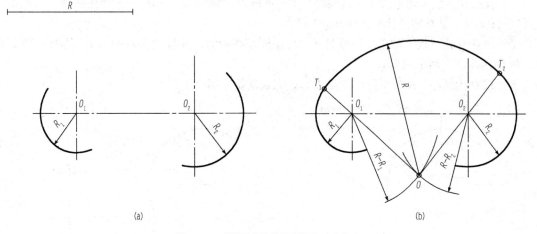

(a)　　　　　　　　　　　　　　　　(b)

图 1-55　用圆弧连接两圆弧（内切）

（a）已知；（b）作图

（3）与一个圆弧外切、与另一个圆弧内切。如图 1-56（a）所示，已知连接圆弧半径为 R，被连接的两个圆弧圆心为 O_1、O_2，半径为 R_1、R_2，求作连接圆弧（要求与圆弧 O_1 外切、与圆弧 O_2 内切）。

作图步骤 ［图 1-56（b）］：

1）分别以 O_1、O_2 为圆心，$R+R_1$、$R-R_2$ 为半径作两个圆弧，则两圆弧交点 O 即连接圆弧的圆心；

2）作连心线 OO_1，找到它与圆弧 O_1 的交点 T_1，再作连心线 OO_2，找到它与圆弧 O_2 的交点 T_2，则 T_1、T_2 即连接圆弧的连接点（前者为外切切点、后者为内切切点）；

3）以 O 为圆心、R 为半径作圆弧 T_1T_2，完成连接作图。

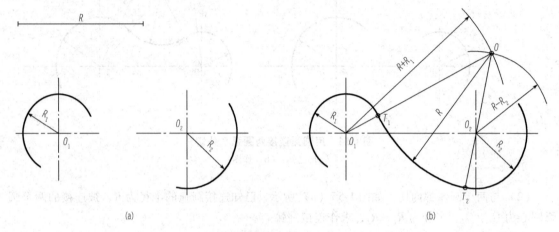

图 1-56　用圆弧连接两圆弧（一外切、一内切）

（a）已知；（b）作图

（4）用圆弧连接一直线和一圆弧。如图 1-57 所示，已知连接圆弧的半径为 R，被连接圆弧的圆心为 O_1、半径为 R_1，以直线 L 求作连接圆弧（要求与已知圆弧外切）。

作图步骤：

1）作已知直线 L 的平行线使其间距为 R，再以 O_1 为圆心、$R+R_1$ 为半径作圆弧，该圆弧与所作平行线的交点 O 即连接圆弧的圆心；

2）由点 O 作直线 L 的垂线得垂足 T，再作连心线 OO_1，并找到它与圆弧 O_1 的交点 T_1，则 T、T_1 即连接点（两个切点）；

3）以 O 为圆心、R 为半径作圆弧 T_1T_2，完成连接作图。

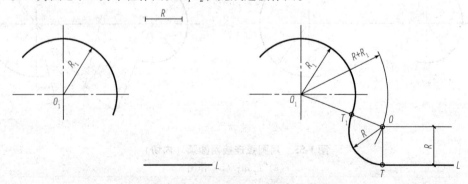

图 1-57　用圆弧连接一条直线和一个圆弧

1.4 建筑制图的一般步骤

制图工作应当有步骤地循序进行。为了提高绘图效率，保证图纸质量，必须掌握正确的绘图步骤和方法，并养成认真负责、仔细、耐心的良好习惯。本节将介绍建筑制图的一般步骤。

1.4.1 制图前的准备工作

（1）安放绘图桌或绘图板时，应使光线从绘图板的左前方射入；不宜对窗安置绘图桌，以免纸面反光而影响视力。将要用的工具放在方便之处，以免妨碍制图工作。

（2）擦干净全部绘图工具和仪器，削磨好铅笔及圆规上的铅芯。

（3）将图纸的正面（有网状纹路的是反面）向上贴于绘图板上，并用丁字尺略略对齐，使图纸平整和绷紧。当图纸较小时，应将图纸布置在绘图板的左下方，但要使图纸的底边与绘图板下边的距离略大于丁字尺的宽度（图1-58）。

（4）为保持图面整洁，画图前应洗手。

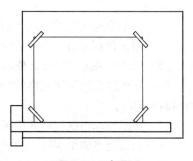

图1-58 贴图纸

1.4.2 绘制铅笔底稿图

铅笔细线底稿是一张图的基础，要认真、细心、准确地绘制。绘制时应注意以下几点：

（1）铅笔底稿图宜用削磨尖的2H或3H铅笔绘制，底稿线要细而淡，绘图者自己能看得出便可，故要经常磨尖铅芯。

（2）画图框、图标：首先画出水平和竖直基准线，在水平和竖直基准线上分别量取图框和图标的宽度与长度，再用丁字尺画图框、图标的水平线，然后用三角板配合丁字尺画图框、图标的竖直线。

（3）布图：预先估计各图形的大小及预留尺寸线的位置，将图形均匀、整齐地安排在图纸上，避免某部分太紧凑或某部分过于宽松。

（4）画图形：一般先画轴线或中心线，其次画图形的主要轮廓线，然后画细部；图形完成后，再画尺寸线、尺寸界线等。材料符号在底稿中只需画出一部分或不画，待加深或上墨线时再全部画出。对于需上墨的底稿，在线条的交接处可画出头一些，以便清楚地辨别上墨的起止位置。

1.4.3 铅笔加深的方法和步骤

在加深前，要认真校对底稿，修正错误和填补遗漏；底稿经查对无误后，擦去多余的线条和污垢。一般用HB铅笔加深粗线和中粗线，用H铅笔加深细线、写字和画箭头。加深圆时，圆规的铅芯应比画直线的铅芯软一级。用铅笔加深图线用力要均匀，边画边转动铅笔，使粗线均匀地分布在底稿线的两侧，如图1-59所示。加深时还应做到线型正确、粗细分明，图线与图线的连接要光滑、准确，图面要整洁。

加深图线的一般步骤如下：

（1）加深所有的点画线；

（2）加深所有粗实线的曲线、圆及圆弧；

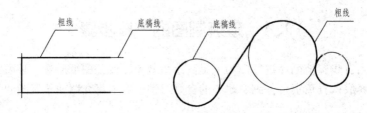

图 1-59 加深的粗线与底稿线的关系

（3）用丁字尺从图的上方开始，依次向下加深所有水平方向的粗实直线；

（4）用三角板配合丁字尺从图的左方开始，依次向右加深所有的铅垂方向的粗实直线；

（5）从图的左上方开始，依次加深所有倾斜的粗实线；

（6）按照加深粗实线同样的步骤加深所有的虚线曲线、圆和圆弧，再加深水平的、铅垂的和倾斜的虚线；

（7）按照加深粗线同样的步骤加深所有的中实线；

（8）加深所有的细实线、折断线、波浪线等；

（9）画尺寸起止符号或箭头；

（10）加深图框、图标；

（11）注写尺寸数字、文字说明，并填写标题栏。

1.4.4 上墨线的方法和步骤

画墨线时，首先应根据线型的宽度调节直线笔的螺母（或选择好针管笔的号数），并在与图纸相同的纸片上试画，待满意后再在图纸上描线。如果改变线型宽度重新调整螺母时，则必须经过试画，才能在图纸上描线。

上墨时，相同形式的图线宜一次画完。这样，可以避免由于经常调整螺母而使相同形式的图线粗细不一致。

如果需要修改墨线时，可待墨线干透后，先在图纸下垫一个三角板，用锋利的薄型刀片轻轻修刮，再用橡皮擦净余下的污垢，待错误线或墨污全部去除后，以指甲或者钢笔头磨实，然后画正确的图线。但需要注意的是，在用橡皮时要配合擦线板，并且宜向一个方向擦，以免撕破图纸。

上墨线的步骤与铅笔加深基本相同，但还须注意以下几点：

（1）一条墨线画完后，应将笔立即提起，同时用左手将尺子移开；

（2）画不同方向的线条必须等到干了再画；

（3）加墨水要在绘图板外进行。

最后需要指出的是，每次制图作业时，一张图最好连续一气呵成，这样效率高，质量易保证。

本章要点

（1）制图的基本规定。

（2）常用制图工具的使用方法。

（3）平面几何图形的作图方法与步骤。

第 2 章

投影的基本知识

在日常生活中，人们经常看到物体在光线（阳光或灯光）的照射下，投在地面或墙面上的影子。这些影子在某种程度上能够显示物体的形状和大小，但随着光线照射方向的不同，影子也随之发生变化。人们在长期的实践中积累了丰富的经验，把物体和影子之间的关系进行抽象总结，形成了投影和投影法，从而构建出投影几何这一科学体系。

2.1 投影的形成和分类

2.1.1 投影和投影法

投射线通过形体向选定的投影面投射，并在该投影面上得到图形的方法，称为投影法。所得到的图形称为该物体在这个投影面上的投影。

投影的构成要素如图 2-1 所示。

（1）投射中心：所有投射线的起源点。

（2）投射线：连接投射中心与形体上各点的直线，也称为投影线。它用细实线表示。

（3）投影面：投影所在的平面，用大写拉丁字母标记。

（4）空间形体：需要表达的形体，用大写拉丁字母标记，如图 2-1 中的 "A、B、C"。

（5）投射方向：投射线的方向，如图 2-1 中的 "箭头"方向。

（6）投影：根据投影法所得到的能反映出形体各部分形状的图形，并用相应的小写字母标记，用粗实线表示，如图 2-1 中的 "a、b、c"。

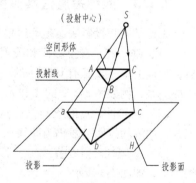

图 2-1　投影的构成

2.1.2 投影法的分类

根据投射中心与投影面之间距离远近的不同，投影法可分为中心投影法和平行投影法两类。

（1）中心投影法。当投射中心距离投影面为有限远时，所有投射线都交汇于一点（投射中心 S），这种投影法称为中心投影法，如图 2-2（a）所示。用这种方法得到的投影称为中心投影。

中心投影法的特点：所有投射线交汇于投射中心；中心投影的大小随空间形体与投射中心的远近而变化（越靠近投射中心，投影越大），一般不反映空间形体表面的实形，多为其类似形。

中心投影法主要应用于透视投影，如建筑效果图等。

（2）平行投影法。当投射中心距离投影面为无限远时，所有投射线都互相平行，这种投影法称为平行投影法。用这种方法所得的投影称为平行投影。

根据投射线与投影面夹角的不同，平行投影法又可分为斜投影法和正投影法。

1）斜投影法。投射线与投影面倾斜的平行投影法称为斜投影法，如图 2-2（b）所示。用斜投影法所得的投影为斜投影。

2）正投影法。投射线与投影面垂直的平行投影法称为正投影法，如图 2-2（c）所示。用正投影法所得的投影为正投影。

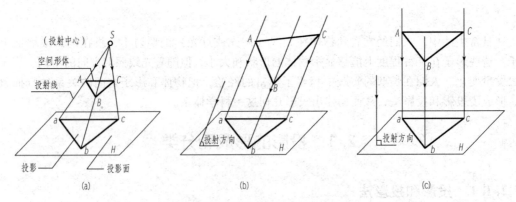

图 2-2　中心投影法与平行投影法
（a）中心投影法；（b）平行投影法－斜投影法；（c）平行投影法－正投影法

2.1.3　两种投影法共有的基本性质

无论是中心投影法还是平行投影法，都有如下的特性：

（1）唯一性。在投影面和投射中心或投射方向确定之后，形体上每一点必有其唯一的一个投影，建立起一一对应的关系，例如图 2-2 中的 A 和 a、B 和 b、C 和 c 等。

（2）同素性。点的投影仍为点，直线的投影一般仍为直线，曲线的投影一般仍为曲线。

（3）从属性。点在直线上，其投影必在该直线的同面投影上，如图 2-3 所示。

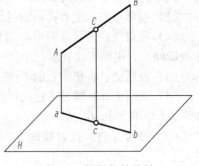

图 2-3　投影的从属性

2.2　平行投影的特性

在建筑制图中，最常使用的投影法是平行投影法。平行投影法有如下的特性：

（1）度量性（或实形性）。当直线或平面平行于投影面时，其投影反映实长或实形，即直线的长短与平面的形状和大小，都可直接由其投影确定和度量，如图 2-4（a）、（b）所示。反映线段或平面图形的实长或实形的投影，称为实形投影。

（2）类似性。当直线或平面倾斜于投影面时，其正投影小于其实长或实形，但它的形状必然是原平面图形的类似形，如图 2-4（c）、（d）所示。即直线仍投射成直线，三角形仍投射成三角形，六边形的投影仍为六边形，圆投射成椭圆等。

（3）积聚性。当直线或平面平行于投射线时（正投影则垂直于投影面），其投影积聚为点或直线，该投影称为积聚投影，如图 2-4（e）、（f）所示。

（4）平行性。相互平行的两条直线在同一个投影面上的投影仍然平行，如图 2-4（g）所示。如果平面图形平行移动后，它们在同一个投影面上的投影形状和大小仍保持不变，如图 2-4（h）所示。

（5）定比性。直线上两线段长度之比等于这两线段投影的长度之比，如图 2-4（c）中 $AC : CB = ac : cb$。同时，两平行线段的长度之比，等于其投影长度之比，如图 2-4（g）中 $AB : CD = ab : cd$。

由于正投影不仅具有上述投影特性，而且投射方向垂直于投影面，作图简便。因此大多数的工程图，都以正投影法绘制。以后本书提及投影二字，除做特殊说明外，均为正投影。

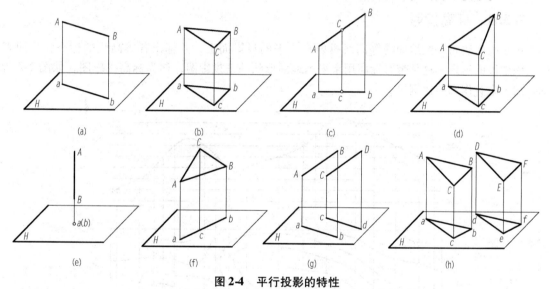

图 2-4　平行投影的特性

（a）（b）度量性；（c）（d）类似性；（e）（f）积聚性；（g）（h）平行性

2.3　工程上常用的投影图

2.3.1　多面正投影图

用正投影法在两个或两个以上相互垂直并分别平行于形体主要侧面的投影面上，作出形体的正投影，所得到的多面正投影按一定规则展开在同一个平面上，这种由两个或两个以上正投影组合而成，用以确定空间唯一形体的多面正投影，称为正投影图，简称正投影。图 2-5 所示为一形体的正投影图。

2.3.2　轴测投影

将形体连同其参考直角坐标系，沿不平行于任一坐标平面的方向，用平行投影法将其投射在单一投影面上所得到的具有一定立体感的图形称为轴测投影，简称轴测图，如图2-6所示。

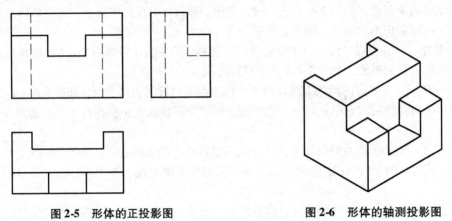

图2-5　形体的正投影图　　　　　图2-6　形体的轴测投影图

2.3.3　标高投影

用正投影法将一段地面的等高线投射在水平的投影面上，并标出各等高线的标高，从而表达出该地段的地形，这种带有标高用来表示地面形状的正投影图，称为标高投影图，如图2-7所示。图上附有作图的比例尺。

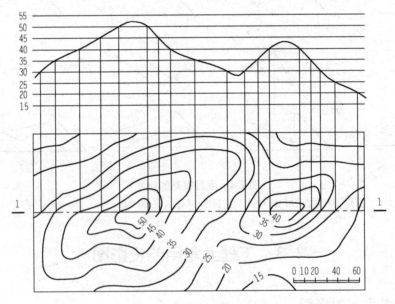

图2-7　山地的标高投影面

2.3.4　透视投影

用中心投影法将形体投射在单一投影面上所得到的图形，称为透视投影，又称透视图或透视。透视图直观性强，但建筑各部分的真实形状和大小都不能直接在图中反映和度量，如图2-8所示。

图 2-8　两点透视图

2.4　正投影图的形成及特性

用正投影法将空间点 A 投射到投影面 H 上，在 H 面上将有唯一的点 a，a 即空间点 A 的 H 面投影。反之，如果已知一点在 H 面上的投影为 a，是否能确定空间点的位置呢？由图 2-9 可知，A_1、A_2……各点都可能是对应的空间点。所以，点的一个投影不能确定唯一空间点的位置。

同样，仅有形体的一个投影也不能确定形体本身的形状和大小。在图 2-10（a）中，当三棱柱一棱面平行于投影面 H 时，其投影为矩形，这个投影是唯一确定的。但投影面 H 上同样的矩形可以是几种不同形体的投影，如图 2-10 所示。因此，工程上常采用在两个或三个两两垂直的投影面上作投影的方法来表达形体，以满足可逆性的要求。

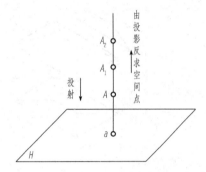

图 2-9　一个投影不能确定空间点的位置

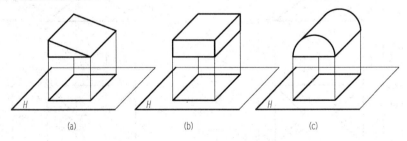

图 2-10　一个投影的不可逆性

2.4.1　两面投影图及其特性

一般形体，至少需要两个投影，才能确切地表达出形体的形状和大小。如图 2-11（a）中设立了两个投影面，水平投影面 H（简称 H 面）和垂直于 H 面的正立投影面 V（简称 V 面）。将四坡顶屋面放置于 H 面之上、V 面之前，使该形体的底面平行于 H 面，长边屋檐平行于 V 面，按正投影法从上向下投影，在 H 面上得到四坡顶屋面的水平投影，它反映形体的长度和宽度；从前向后投影，在 V 面上得到四坡顶屋面的正面投影，它反映形体的长度和高度。如果用图 2-11 （a） 中的 H 面和 V 面两个投影共同来表示该形体，就能准确完整地反映该形体的形状和大小，并且是唯一的。

相互垂直的 H 面和 V 面构成了两投影面体系。两投影面的交线称为投影轴，用 OX 表示。作出两个投影之后，移出形体，再将两投影面展开，如图 2-11 （b） 所示。展开时规定，V 面不动，使 H 面连同其上的水平投影以 OX 为轴向下旋转，直至与 V 面在一个平面上，如图 2-11 （c） 所示。用形体的两个投影组成的投影图称为两面投影图。在绘制投影图时，由于投影面是无限大的，在投影图中不需画出其边界线，如图 2-11 （d） 所示。

两面投影有如下投影特性：

（1）H 面投影反映形体的长度和宽度；V 面投影反映形体的长度和高度，如图 2-11 （d） 所示。两个投影共同反映形体的长、宽、高三个向度。

（2）H 面投影与 V 面投影左右保持对齐，这种投影关系常说成"长对正"。

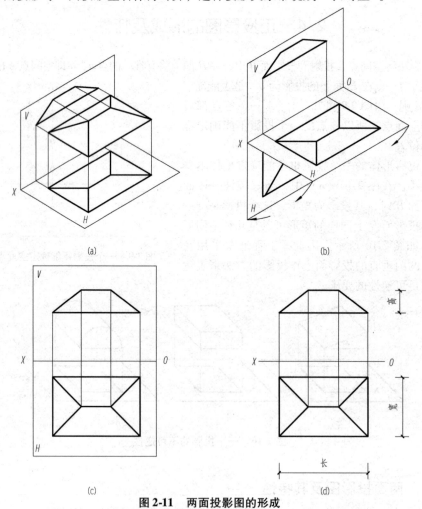

图 2-11　两面投影图的形成

（a）两投影面体系；（b）投影面展开；（c）投影图形成；（d）投影图形体关系

2.4.2　三面投影图及其特性

有些形体用两个投影还不能确定它的唯一空间形状。如图 2-12 中的形体 A，它的 V 面、H 面投影与形体 B 的 V 面、H 面投影完全相同，这表明形体的 V 面、H 面投影仍不能确定它的形状。

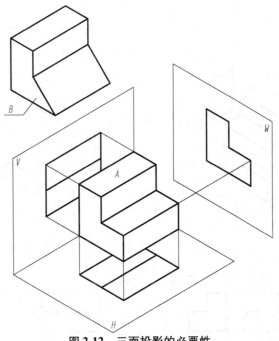

图 2-12　三面投影的必要性

在这种情况下，还需增加一个同时垂直于 *H* 面和 *V* 面的侧立投影面，简称侧面或 *W* 面。形体在侧面上的投影，称为侧面投影或 *W* 面投影。这样形体 *A* 的 *V*、*H* 和 *W* 三面投影所确定的形体是唯一的，不可能是 *B* 或其他形体。

V 面、*H* 面和 *W* 面组成一个三投影面体系，如图 2-13（a）所示。这三个投影面分别两两相交于投影轴。*V* 面与 *H* 面的交线称为 *OX* 轴；*H* 面与 *W* 面的交线称为 *OY* 轴；*V* 面与 *W* 面则相交于 *OZ* 轴，三条轴线交于一点 *O*，称为原点。投影面展开时，仍规定 *V* 面不动，*H* 面绕 *OX* 轴向下旋转，*W* 面绕 *OZ* 轴向右旋转，直到与 *V* 面在同一个平面为止，如图 2-13（b）所示。这时 *OY* 轴被分为两条，一条随 *H* 面转到与 *OZ* 轴在同一竖直线上，标注为 OY_H，另一条随 *W* 面转到与 *OX* 轴在同一水平线上，标注为 OY_W。正面投影（*V* 面投影）、水平投影（*H* 面投影）和侧面投影（*W* 投影）组成的投影图，称为三面投影图，如图 2-13（c）所示。投影面的边框对作图没有作用，所以不必画出，如图 2-13（d）所示。

综上所述，三面投影有如下投影特性：

（1）在三投影面体系中，通常使 *OX*、*OY*、*OZ* 轴分别平行于形体的三个向度（长、宽、高）。形体的长度是指形体上最左和最右两点之间平行于 *OX* 轴方向的距离；形体的宽度是指形体上最前和最后两点之间平行于 *OY* 轴方向的距离；形体的高度是指形体上最高和最低两点之间平行于 *OZ* 轴方向的距离。

（2）形体的投影图一般有 *V* 面、*H* 面和 *W* 面三个投影。其中，*V* 面投影反映形体的长度和高度；*H* 面投影反映形体的长度和宽度；*W* 面投影反映形体的宽度和高度。

（3）投影面展开后，*V* 面投影与 *H* 面投影左右对正，都反映形体的长度，通常称为"长对正"；*V* 面投影与 *W* 面投影上下平齐，都反映形体的高度，称为"高平齐"；*H* 面投影与 *W* 面投影都反映形体的宽度，称为"宽相等"，如图 2-13（c）所示。这三个重要的关系称为正投影的投影关系，可简化成口诀"长对正，高平齐，宽相等"。作图时，"宽相等"可以利用以原点 *O* 为圆心所作的圆弧，或利用从原点 *O* 引出的 45°线，也可以用直尺或分规直接度量来截取。

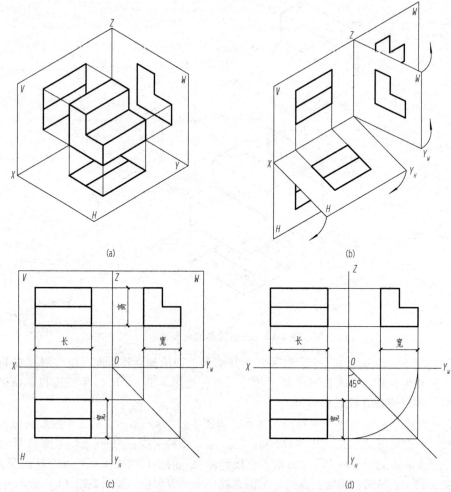

(a)   (b)

(c)   (d)

图 2-13　三面投影图的形成

（a）三投影面体系；（b）投影面展开；（c）（d）三面投影图

（4）在投影图上能反映形体的上、下、前、后、左和右六个方向，如图 2-14 所示。

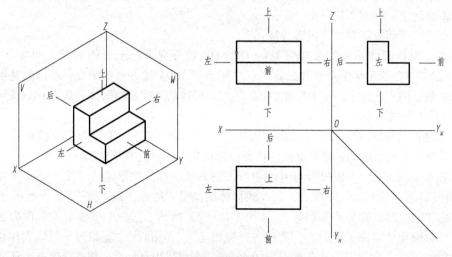

图 2-14　投影图上形体方向的反映

本章要点 \\\\

（1）投影的形成及分类。

（2）平行投影的特性。

（3）三面投影图的投影特性。

第3章

点、直线、平面的投影

从形体构成的角度来看，任何形体都由点、线（直线或曲线）、面（平面或曲面）构成。其中，点是组成形体最基本的几何元素。点的投影规律是线、面、体投影的基础。

3.1 点的投影

3.1.1 点在两投影面体系中的投影

空间点的投影仍然是点。在 H、V 两投影面体系中，如图3-1（a）所示，将点 A 向 H 面投射得水平投影 a；将点 A 向 V 面投射得到正面投影 a'。由此可见，点 A 在空间的位置被两个投影 a 和 a' 唯一确定。

投射线 Aa' 和 Aa 所决定的平面，与 H 面和 V 面垂直相交，交线分别为 aa_x 和 $a'a_x$。投影轴 OX 必垂直于 aa_x 和 $a'a_x$，则 $\angle aa_xX = \angle a'a_xX = 90°$。将 H、V 两投影面展开后，这两个直角仍保持不变，即两投影的连线 $a'a$ 与投影轴 OX 垂直，如图3-1（b）所示。因此，点的第一条投影规律如下：

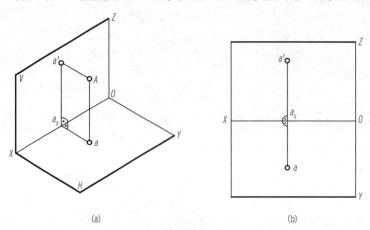

图3-1 点的两面投影

（a）点的投影；（b）两投影的连线与投影轴垂直

一点在两投影面体系中的投影，在投影图上的连线必垂直于投影轴，即 $a'a \perp OX$。

从图 3-1 （a） 可知，$Aa'a_Xa$ 是一个矩形，$a'a_X$ 与 Aa 平行且相等，反映空间点 A 到 H 面的距离；aa_X 与 Aa' 平行且相等，反映空间点 A 到 V 面的距离。因此，可得点的第二条投影规律：

点的某一投影到投影轴的距离，等于其空间点到另一投影面的距离，即 $aa_X = Aa' = y_A$，$a'a_X = Aa = z_A$。

3.1.2　点在三投影面体系中的投影

1. 点的三面投影

在 H、V、W 三投影面体系中，作出空间点 A 的三面投影 a、a' 和 a''，如图 3-2 所示。根据点的两面投影规律，进一步可得出点的三面投影规律：

（1） 点的正面投影和水平投影的连线垂直于 OX 轴，即 $aa' \perp OX$；正面投影和侧面投影的连线垂直于 OZ 轴，即 $a'a'' \perp OZ$。

（2） 点的投影到投影轴的距离等于空间点到相应投影面的距离，即 $a'a_X = a''a_{YW} = Aa$；$aa_X = a''a_{YZ} = Aa'$；$a'a_Z = aa_{YH} = Aa''$。

根据上述规律，点在 H、V、W 三面的投影中只要已知任意两投影，就能很方便地求出其第三投影。

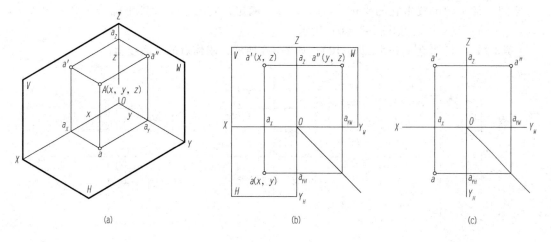

图 3-2　点的三面投影

【例 3-1】　已知点 A 的两投影 a' 和 a，求作 a'' ［图 3-3 （a）］。

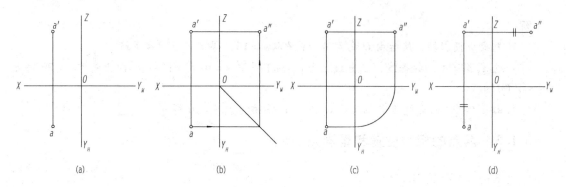

图 3-3　根据点的两个投影求第三投影

解法一：如图3-3（b）所示。

（1）过原点 O 作45°直线。

（2）过 a' 作 OZ 轴的垂线，所求 a'' 必在这条水平投影连线上。

（3）过 a 引水平线与45°直线交于一点，过该点引竖直线与（2）所得的水平投影连线相交，该交点即所求 a''。

解法二：如图3-3（c）所示。

解法三：如图3-3（d）所示。

2. 点的坐标与投影之间的关系

在三投影面体系中，点 A 的位置可由它到三个投影面的距离，即它的三个坐标来确定。三投影面可以看作是三个坐标面。投影面的 OX 轴相当于坐标面的 X 轴；OY 轴相当于坐标面的 Y 轴；OZ 轴相当于坐标面的 Z 轴；投影面的原点 O 相当于坐标面的原点 O。点的投影和点的坐标有如下关系［图3-2（a）］：

点 A 到 W 面的距离 $= Aa'' = Oa_X =$ 点 A 的 x 坐标；

点 A 到 V 面的距离 $= Aa' = Oa_Y =$ 点 A 的 y 坐标；

点 A 到 H 面的距离 $= Aa = Oa_Z =$ 点 A 的 z 坐标。

空间一点 A 的位置由它的坐标 A（x，y，z）确定，它的三个投影坐标分别为 a（x，y）、a'（x，z）和 a''（y，z），如图3-2（b）所示。

【例3-2】 已知点 A（15，20，10），如图3-4所示，求作点的三面投影。

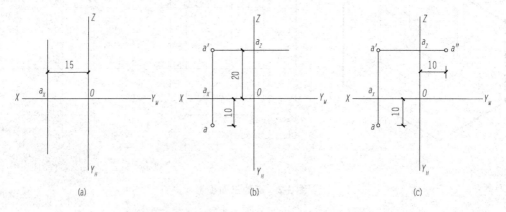

图3-4 根据点的坐标求其三面投影

解：

（1）先画出投影轴，然后由 O 向左沿 OX 量取 $x = 15$，得 a_X［图3-4（a）］。

（2）过 a_X 作 OX 轴的垂线，在垂线上由 a_X 向下量取 $y = 10$ 得 a；由 a_X 向上量取 $z = 20$ 得 a'［图3-4（b）］。

（3）由 a' 作 OZ 的垂线与 Z 轴交于 a_Z，由 a_Z 向右量取 $y = 10$ 得 a''。

3.1.3 两点的相对位置和重影点

1. 两点的相对位置

空间两点的相对位置可利用它们在投影图中同面投影的相对位置或比较同面投影的坐标值来判断。在三面投影中，通常规定：OX 轴、OY 轴和 OZ 轴三条轴的正向，分别是空间的左、前、上方向。

图 3-5 所示为 A、B 两点的三面投影，两点之间有上下、左右、前后之分。点的上下应根据 z 的大小判断，左右应根据 x 的大小判断，前后应根据 y 的大小判断。由图可知，$x_A > x_B$，即 A 点在 B 点之左；$y_A > y_B$，即 A 点在 B 点之前；$z_A > z_B$，即 A 点在 B 点之上。所以，A 点较高，B 点较低；A 点在左，B 点在右；A 点靠前，B 点靠后。归纳起来，点 A 在点 B 的左前上方；反过来说，点 B 在点 A 的右后下方。

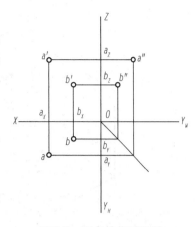

【例 3-3】　已知点 A 的三个投影，如图 3-6（a）所示，有一点 B 在其左 3、前 3、上 2 个单位，试求出点 B 的三面投影。

解：

图 3-5　两点的相对位置

（1）分析已知条件可知：$x_B - x_A = 3$；$y_B - y_A = 3$；$z_B - z_A = 2$。

（2）在 aa″连线左侧偏移 3 个单位作 OX 轴的垂线，在 aa″连线上方偏移 2 个单位作 OZ 轴的垂线，与前者相交得 b′；过 a 向前偏移 3 个单位作 OY 轴的垂线与过 b′的连线相交，交点为 b；根据"高平齐，宽相等"得 b″，如图 3-6（b）所示。

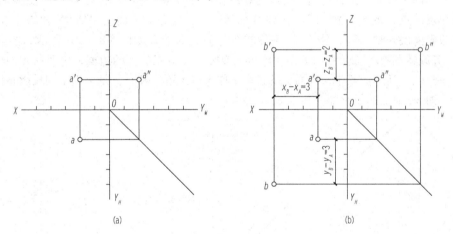

(a)　　　　　　　　(b)

图 3-6　求点 B 的三面投影

2. 重影点

当空间两点处在某一投影面的同一条投影线上时，它们在该投影面上的投影便重合在一起，这些点称为对该投影面的重影点，重合在一起的投影称为重影。在图 3-7（a）中，点 A、点 B 是对 H 面的重影点，a、b 则是它们的重影。由于点 A 在上，点 B 在下，向 H 面投射时，投射线先遇点 A，后遇点 B。则点 A 可见，它的投影仍标记为 a，点 B 不可见，其 H 面投影标记为（b），如图 3-7（b）所示。

3.1.4　点的辅助投影

有时为了解决某一问题，有目的地在某基本投影面上适当的位置设立一个与之垂直的投影面，借以辅助解题，这种投影面称为辅助投影面。辅助投影面上的投影，称为辅助投影。

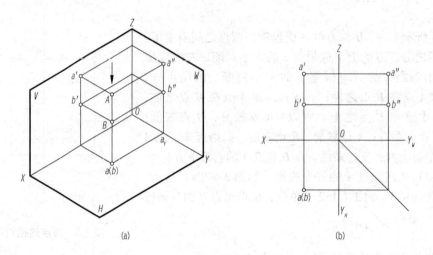

图 3-7　重影点的投影

如图 3-8（a）所示，设立一个辅助投影面 V_1 垂直于 H 面，且与 V 面倾斜。V_1 面与 H 面构成了一个新的两投影面体系，它们的交线为新的投影轴 O_1X_1。点 A 在 V_1 面上的投影 a_1' 到 O_1X_1 轴的距离仍反映点 A 的 z 坐标，即点 A 到 H 面的距离，也等于 V 面上 a' 到 OX 轴的距离。

辅助投影面展开时，V_1 面绕 O_1X_1 轴旋转至与 H 面重合，如图 3-8（a）所示。再将 H 面连同 V_1 面一齐旋转到与 V 面重合，如图 3-8（b）所示。去掉投影面的边框，得到点 A 的辅助投影图，如图 3-8（c）所示。其中，H 面上的投影 a 称为被保留的投影，原 V 面上的投影 a' 称为被更换的投影，而 V_1 面上的投影称为新投影。

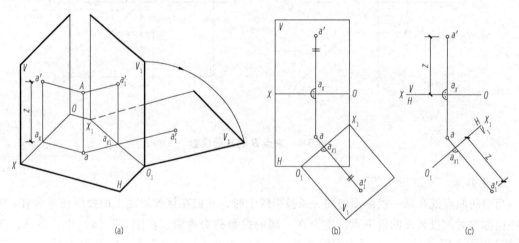

图 3-8　以 *H* 面为基础建立辅助投影面

在 H 面、V_1 面组成的新的两投影面体系中，点 A 的投影仍满足点的两面投影规律。因此，根据点的原有投影作出其辅助投影的方法：自被保留的投影向新投影轴作垂线，与新投影轴交于一点，自交点起在垂线上截取一段距离，使其等于被更换的投影到旧投影轴的距离，即得点的新投影。用一句话总结：新投影到新投影轴的距离等于被更换的投影到旧投影轴的距离。同样，也可以 V 面为基础建立辅助投影面，如图 3-9 所示。

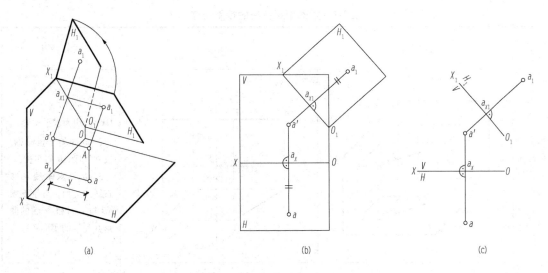

(a)　　　　　　　　　　　　(b)　　　　　　　　　　　　(c)

图 3-9　以 V 面为基础建立辅助投影面

3.2　直线的投影

由几何学可知，直线的长度是无限的，但这里所述的直线是指直线段，直线的投影实际上是指直线段的投影。根据正投影法的投影特性，一般情况下直线的投影仍为直线，只有在特殊情况下直线的投影才会积聚为一点，如图 3-10 所示。

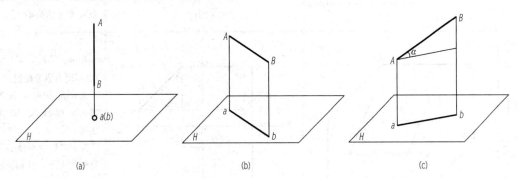

(a)　　　　　　　　　　　　(b)　　　　　　　　　　　　(c)

图 3-10　直线对投影面的三种位置

（a）垂直于投影面；（b）平行于投影面；（c）倾斜于投影面

3.2.1　各种位置直线的投影特点

1. 投影面平行线

（1）空间位置。直线平行于某一投影面而与其余两投影面倾斜时称为某投影面的平行线。平行于 V 面时称为正面平行线，简称正平线；平行于 H 面时称为水平面平行线，简称水平线；平行于 W 面时称为侧面平行线，简称侧平线，见表 3-1。

表 3-1　投影面平行线的投影特点

直线的位置	空间位置	投影图	投影特点
水平面平行线（水平线）	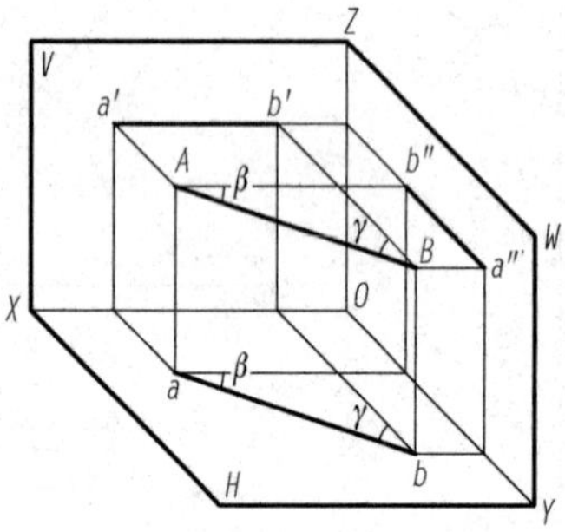	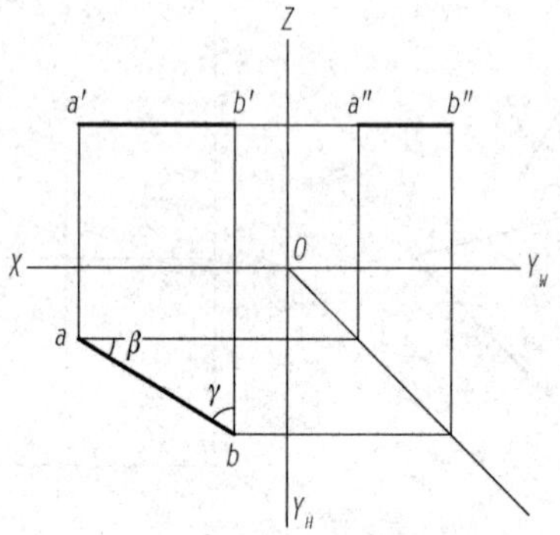	1. $a'b' \parallel OX$，$a''b'' \parallel OY_W$，均为水平位置； 2. ab 倾斜于投影轴，反映线段 AB 的实长； 3. ab 与水平线和竖直线的夹角，分别反映 AB 与 V 面和 W 面的倾角 β 和 γ 的实形
正面平行线（正平线）	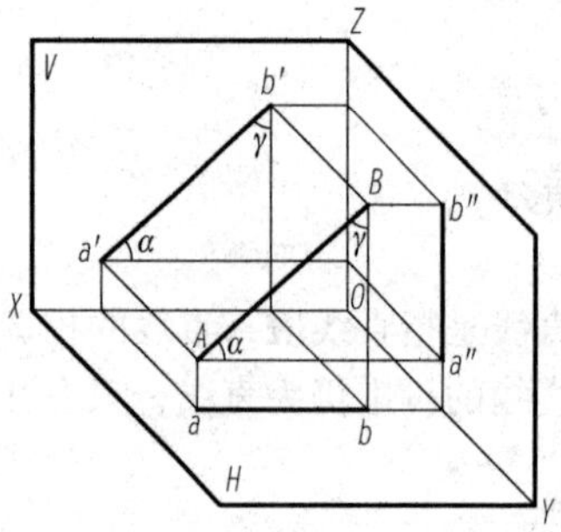	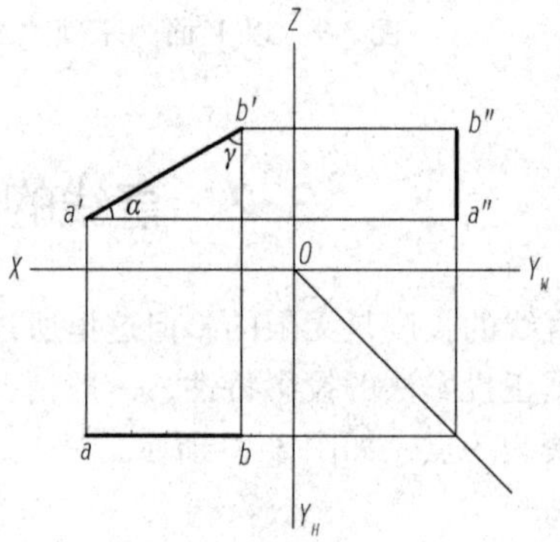	1. $ab \parallel OX$ 为水平位置，$a''b'' \parallel OZ$ 为铅垂位置； 2. $a'b'$ 倾斜于投影轴，反映线段 AB 的实长； 3. $a'b'$ 与水平线和竖直线的夹角，分别反映 AB 与 H 面和 W 面的倾角 α 和 γ 的实形
侧面平行线（侧平线）	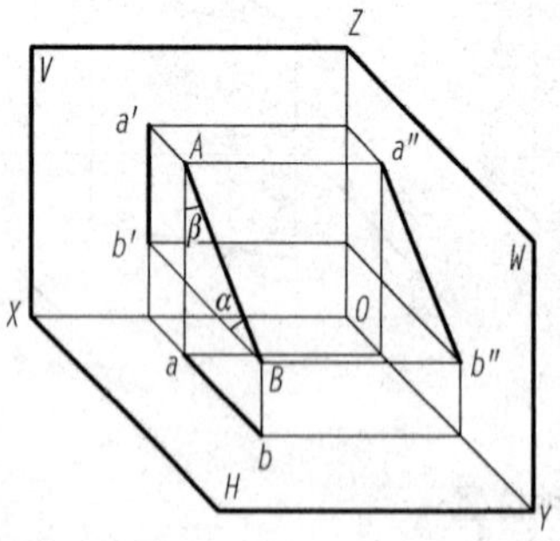	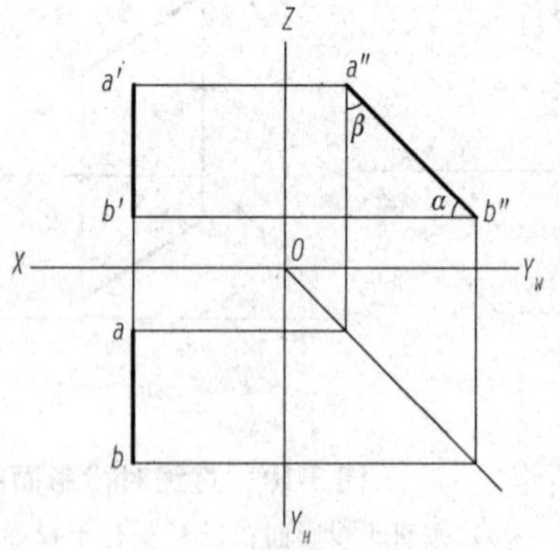	1. $ab \parallel OY_H$，$a'b' \parallel OZ$，均为铅垂位置； 2. $a''b''$ 倾斜于投影轴，反映线段 AB 的实长； 3. $a''b''$ 与水平线和竖直线的夹角，分别反映 AB 与 H 面和 V 面的倾角 α 和 β 的实形

（2）投影特点。

1）在它所平行的投影面上的投影反映该直线的实长及该直线与其他两个投影面的倾角的实形。

2）其余两个投影平行于不同的投影轴，长度缩短。

（3）读图。通常，只给出直线的两个投影，在读图时，凡遇到直线的一个投影平行于投影轴而另有一个投影倾斜于投影轴时，它必然是投影面平行线，平行于该倾斜投影所在的投影面。如图 3-11（a）所示，$a'b' \parallel OX$ 轴，ab 倾斜于 OX 轴，所以 AB 是平行于 H 面的水平线。另外，当直线的两个投影平行于不同的投影轴时，也必然是投影面平行线，平行于第三投影面。如图 3-11（b）所示，$a'b' /\!/ OX$ 轴，$a''b'' /\!/ OY_W$（OY 轴），所以 AB 平行于 H 面。

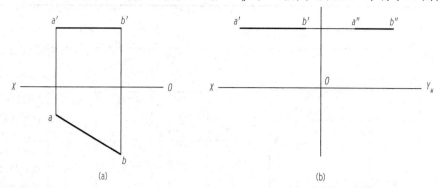

图 3-11　判断直线的相对位置

2. 投影面垂直线

（1）空间位置。直线垂直于某一投影面，同时平行于另两个投影面时称为某投影面的垂直线。垂直于 V 面时称为正面垂直线，简称正垂线；垂直于 H 面时称为水平面垂直线，简称铅垂线；垂直于 W 面时称为侧面垂直线，简称侧垂线，见表 3-2。

表 3-2　投影面垂直线的投影特点

垂直线的位置	空间位置	投影图	投影特点
水平面垂直线（铅垂线）			1. ab 积聚成一点 a（b）； 2. $a'b' /\!/ OZ$，$a''b'' /\!/ OZ$，均为铅垂位置，都反映线段 AB 的实长
正面垂直线（正垂线）			1. $a'b'$ 积聚成一点 a'（b'）； 2. $ab /\!/ OY_H$ 为铅垂位置，$a''b'' /\!/ OY_W$ 为水平位置，都反映线段 AB 的实长

续表

垂直线的位置	空间位置	投影图	投影特点
侧面垂直线（侧垂线）	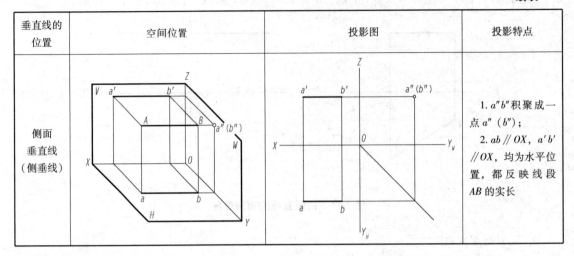		1. $a''b''$ 积聚成一点 a'' (b'')； 2. $ab /\!/ OX$，$a'b' /\!/ OX$，均为水平位置，都反映线段 AB 的实长

（2）投影特点。

1）在其所垂直的投影面上的投影积聚为一点。

2）其余两个投影平行于同一投影轴，并反映该线段的实长。

（3）读图。在读图时，凡遇到直线的一个投影积聚为一点，则它必然是该投影面的垂直线。另外，当直线的两个投影平行于同一投影轴时，它是投影面垂直线，垂直于第三投影面，如表 3-2 中铅垂线投影图所示。

3. 一般位置直线

（1）空间位置。直线对三投影面都倾斜时称为一般位置直线，简称一般线。表 3-3 中线段 AB 与 H 面、V 面和 W 面的倾角分别为 α、β 和 γ。

表 3-3　一般位置直线的投影特点

直线的位置	空间位置	投影图	投影特点
一般位置直线（一般线）			1. ab、$a'b'$ 和 $a''b''$ 都倾斜于投影轴，而且都比 AB 短； 2. 倾角 α、β、γ 的投影都不反映实形

（2）投影特点。

1）三个投影均倾斜于投影轴，既不反映实长也没有积聚性。

2）三个投影的长度都小于线段的实长；与 H 面、V 面、W 面的倾角 α、β、γ 的投影都不反映实形。

（3）读图。在读图时，一条直线只要有两个投影是倾斜于投影轴的，它一定是一般线。

3.2.2　直线与点的相对位置

直线与点的相对位置只有点在直线上和点不在直线上两种情况。

如果点在直线上，则点的投影必在该直线的同面投影上，并将线段的各个投影分割成和空间相同的比例。如图 3-12（a）、（b）所示，点 C 在线段 AB 上，则 c' 在 $a'b'$ 上，c 在 ab 上；且 $AC:CB=a'c':c'b'=ac:cb$（定比定理）。反之，若点的投影有一个不在直线的同名投影上，则该点必不在此直线上，如图 3-12（c）所示。

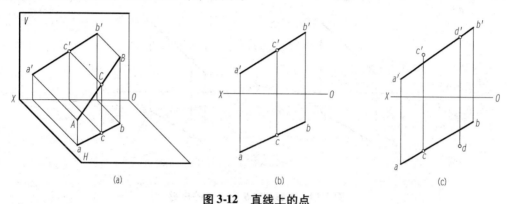

图 3-12　直线上的点

【例 3-4】　在图 3-13 中，判断点 K 是否在线段 AB 上。

【分析】　如图 3-13（a）所示，投影 $a'b'$、ab 均为铅垂位置，则线段 AB 为侧平线，因此不能由 V、H 面投影来判断点 K 是否在直线上。

解法一：求第三投影法

（1）利用 45°线求出线段 AB 的 W 面投影 $a''b''$。

（2）根据"高平齐，宽相等"求出点 K 的 W 面投影 k''。

（3）如果投影 k'' 在投影 $a''b''$ 上，则点 K 在线段 AB 上；反之，点 K 不在线段 AB 上。由图 3-13（b）可知，点 K 不在线段 AB 上。

解法二：定比定理法（$a'k':k'b'=ak:kb$）

（1）过 a' 作一任意直线，在直线上截取 $a'1=ak$，$12=kb$。

（2）连接 $b'2$，过 1 作 $b'2$ 的平行线，与 $a'b'$ 交于一点。如果交点与 k' 重合，即满足定比关系，则点 K 在线段 AB 上；否则，点 K 不在线段 AB 上，如图 3-13（c）所示。

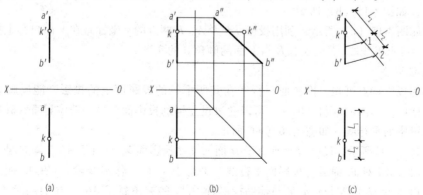

图 3-13　判断点 K 是否在线段 AB 上

在本例中，最好不求侧投影而用定比定理来判断，作图简单方便。

【例3-5】　求线段 AB 上点 C 的投影，使 $AC : CB = 3 : 1$。

【分析】　利用定比定理解题。

解：

（1）过投影 b 作任意一条直线，把直线平均分成4份。

（2）连接 $2a$，过1作 $2a$ 的平行线与投影 ab 相交于一点，即点 C 的 H 面投影 c。

（3）根据"长对正"求得投影 c'，则 $a'c' : c'b' = ac : cb = AC : CB = 3 : 1$，如图3-14所示。

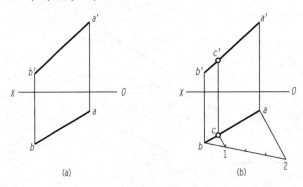

图3-14　求线段 AB 上一点的投影

3.2.3　线段的实长和倾角

一般线的三个投影长度都小于空间线段的实长，也不能反映直线与投影面的倾角的实形。那么，怎样根据投影来求空间线段的实长和倾角呢？通常有两种方法来解决这一问题，一是直角三角形法，二是辅助投影法。

1. 直角三角形法

如图3-15（a）所示，过段 AB 的端点 A 作水平线 $AC // ab$，与 Bb 交于点 C，得到直角三角形 ABC。其中，AB 是一般线，直角边 AC 等于 ab，BC 是 A、B 两点的高度差 $z_B - z_A$，其值可由 b' 和 a' 分别到 OX 轴的距离之差得到，直角边 BC 所对应的 $\angle BAC$ 是线段 AB 与 H 面的倾角 α。

求线段 AB 的实长及与 H 面的倾角 α 时，可在 H 面投影上，以已知投影 ab 为一直角边，以 bB_1（长度值等于 $b'c'$）为另一直角边作直角三角形 abB_1，则斜边 aB_1 为线段 AB 的实长，$\angle baB_1$ 即所求 α 角，如图3-15（b）所示。

同理，如图3-15（c）所示，利用投影 $a'b'$ 及 A、B 两点的 y 坐标差在 V 面投影上构建直角三角形 $A_1a'b'$，可求得线段 AB 的实长及与 V 面的倾角 β 的实形。

2. 辅助投影法

由直线的投影特点可知，投影面平行线在其所平行的投影面上的投影，能反映直线段的实长及它与其他两投影面的倾角。因此，可以通过设立辅助投影，将一般位置直线转换成新投影面体系中的投影面平行线，如图3-16（a）所示。

如图3-16（b）所示，设立一个垂直于 H 面的辅助投影面 V_1 平行于 AB，建立起 $H - V_1$ 投影面体系，一般线 AB 对 V_1 面成为投影面平行线，平行于 V_1 面，作出线段 AB 在 V_1 面的辅助投影 $a_1'b_1'$，即求得线段 AB 的实长；$a_1'b_1'$ 与辅助投影轴 O_1X_1 的夹角就是 AB 与 H 面的倾角 α 的实形，如图3-16（c）所示。

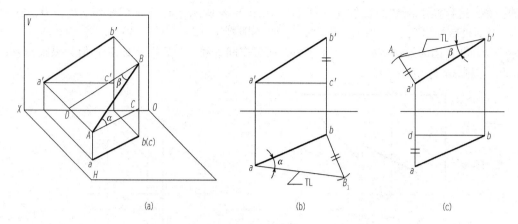

图 3-15 直角三角形法求线段的实长和倾角

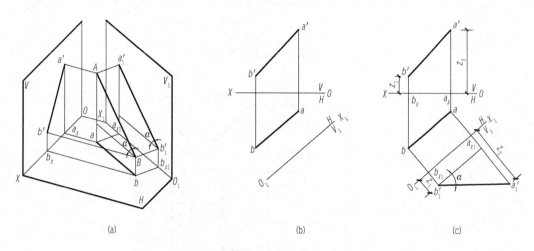

图 3-16 辅助投影法求线段的实长和倾角

同理，设立一个垂直于 V 面的辅助投影面 H_1 平行于 AB，建立起 $V-H_1$ 投影面体系，也可以求得线段 AB 的实长和线段 AB 与 V 面的倾角 β 的实形。

3.3 两直线的相对位置

空间两直线的相对位置有四种情况：平行、相交、交叉和垂直。由于相交两直线和平行两直线在同一平面上，又称共面直线；而交叉两直线在不同的平面上，故称异面直线。下面我们分别讨论这几种情况的投影特性。

3.3.1 两直线平行

由平行投影特性可知：若两直线平行，则它们的同面投影必相互平行（平行性）。反之，如果两直线的各个同面投影相互平行，即可判断此两直线在空间中必相互平行。

在一般情况下，只要两直线的任意两组同面投影相互平行，即可判断这两直线在空间中是相互平行的，如图 3-17 所示。但对于平行于同一投影面的两直线，最好要有一组能反映线段实长的投影，这样便于判断两直线是否平行。如图 3-18 所示，有两条侧平线 *AB*、*CD*，它们的 *V* 面、*H* 面投影均相互平行，但仅凭这两组投影不能判定 *AB*∥*CD*，还需作出两直线的 *W* 面投影才能进行判断：因为投影 *a″b″* 与 *c″d″* 不平行，所以空间直线 *AB* 不平行于 *CD*；但如果投影 *a″b″* 与 *c″d″* 平行，则 *AB* 与 *CD* 平行。

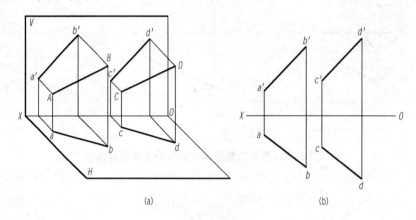

图 3-17　两直线平行

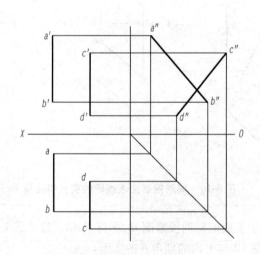

图 3-18　两直线不平行

3.3.2　两直线相交

空间两直线相交，则其各组同面投影必相交，而且其交点必符合点的投影规律。反之，若两直线的各组同面投影均相交，且交点符合点的投影规律，则该两直线在空间中必相交。

在一般情况下，只要两直线的任意两组同面投影相交，且交点符合点的投影规律，即可判定两直线在空间中必相交，如图 3-19 所示。

值得注意的是，如果两直线中有一条直线是侧平线 [图 3-20（a）]，仅凭 *V* 面、*H* 面投影不能判断两直线是否相交。如图 3-20（b）所示，作出两直线的 *W* 面投影，由投影 *k*、*k′* 求出 *k″* 和 *a″b″* 与 *c″d″* 的交点不重合，得出结论：两直线 *AB* 与 *CD* 不相交。还可以利用定比定理求出 *l′*（或 *l*），判断其与投影上的交点是否重合，从而得出结论，如图 3-20（c）所示。

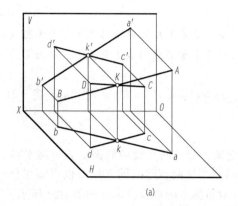
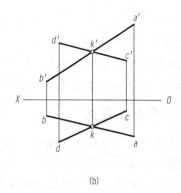

图 3-19　两直线相交

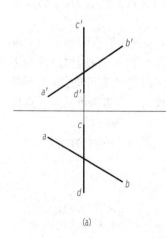
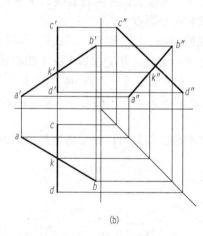
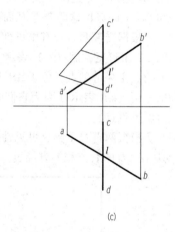

图 3-20　两直线相交的判断

【例 3-6】　已知平面四边形 *ABCD* 的 *H* 面投影及其两条边的 *V* 面投影 [图 3-21 (a)]，试完成四边形的 *V* 面投影。

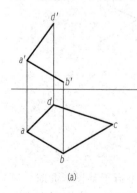
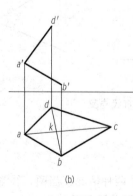
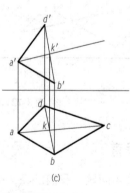
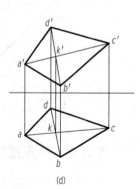

图 3-21　求四边形的 *V* 投影

【分析】　由已知条件可知，四边形的对角线 *AC* 与 *BD* 是相交两直线，应利用两相交直线的交点必符合点的投影规律这一特性来求解此题。

解：

（1）连接四边形对角线的 H 面投影 bd 和 ac，得交点 K 的 H 面投影 k［图 3-21（b）］。

（2）交点 K 的 V 面投影必在投影 $b'd'$ 上，过 k 引竖直线与 $b'd'$ 交于 k'，连 $a'k'$，过 c 引垂线与 $a'k'$ 的延长线交于 c'［图 3-21（c）］。

（3）根据"长对正"引竖直直线求出 c'，连 $b'c'$ 和 $d'c'$，$a'b'c'd'$ 即所求［图 3-21（d）］。

3.3.3 两直线交叉

空间两条直线既不平行又不相交时称为交叉。交叉两直线的同面投影可能平行，但各组同面投影不可能同时都相互平行，如图 3-18 所示。交叉两直线的同面投影也可能相交，但交点不符合空间点的投影规律，只不过是两直线的一对重影点的重合投影，如图 3-22 所示。

由图 3-22 可以看出，两直线 AB 和 CD 的 V 面投影的交点，实际上是直线 CD 上的点 Ⅰ 和直线 AB 上的点 Ⅱ 这两个点 V 面投影的重影点；这两条直线的水平投影的交点，则是 AB 上的点 Ⅲ 和 CD 上的点 Ⅳ 这两个点 H 面投影的重影点。

根据交叉两直线有可见性判断问题。结合图 3-22，我们可以判定：V 面重影点 $1'$ 和 $2'$ 中 $1'$ 可见，$2'$ 不可见，用（$2'$）表示（因为它们的 H 面投影 1 在 2 的前面，所以向 V 面投射时位于 CD 上的点 Ⅰ 为可见点，位于 AB 上的点 Ⅱ 为不可见点）。而 H 面重影点 3 和 4 中 3 为可见，4 为不可见，用（4）表示（因为它们的正面投影 $3'$ 在 $4'$ 的上方，所以向 H 面投射时点 Ⅲ 为可见点，点 Ⅳ 为不可见点）。

根据两直线重影点可见性的判断，我们可以很方便地想象出该两直线在空间中的相对位置，AB 在 CD 的后方和上方经过。

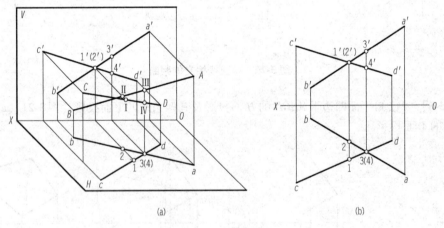

(a)　　　　　　　　　　　(b)

图 3-22　两直线交叉

3.3.4 两直线垂直

对于空间两直线的夹角问题，我们已经介绍了两种情况：当两直线都平行于某投影面时，其夹角在该投影面上的投影反映实形；当两直线都不平行于某投影面时，其夹角在该投影面上的投影则不能反映实形。而空间的直角投影有如下特性：

当两直线中有一条直线平行于某投影面时，如果夹角是直角，则它在该投影面上的投影仍然是直角。如图 3-23（a）所示，空间两直线 $AB \perp BC$，$\angle ABC = 90°$，其中 BC 平行于 H 面。因为 $BC \perp AB$，$BC \perp Bb$，所以 BC 垂直于平面 $ABba$。又因为 $bc /\!/ BC$，所以 bc 也垂直于平面 $ABba$。

因此 bc 必垂直于 ab，即 $\angle abc = 90°$。

反之，若两直线夹角的投影为直角，且其中一条直角边反映实长，那么该角在空间中才是直角。如图 3-23（c）所示，$\angle d'e'f' = 90°$，且线段 DE 为正平线，所以 $\angle DEF = 90°$，则 $DE \perp EF$。

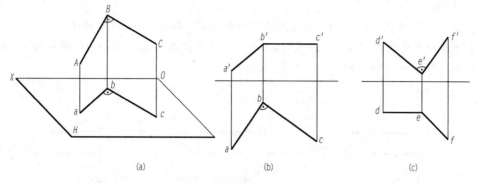

(a)   (b)   (c)

图 3-23 两直线垂直相交

两直线垂直又可分为垂直相交［图 3-23（b）、（c）］和垂直交叉（图 3-24）两种情况。

【例 3-7】 已知矩形 $ABDC$ 一边 AB 的两投影 ab 和 $a'b'$，另一边 AC 的正面投影 $a'c'$，试完成该矩形的两面投影图［图 3-25（a）］。

【分析】 因为矩形 $ABDC$ 的对边平行，各角均为 $90°$，且 AB 为水平线，所以 $\angle cab = 90°$，再根据平行关系补全其他边投影。

解：

（1）过投影 a 作直线垂直于 ab，过 c' 作垂线与前面所作直线的交点为投影 c［图 3-25（b）］。

（2）过投影 c 作 ab 的平行线，过投影 b 作 ac 的平行线，两条平行线交点即投影 d。

（3）过 c' 和 b' 分别作对边的平行线，交点为投影 d'，d 和 d' 应在同一条竖直线上［图 3-25（c）］。

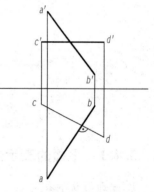

图 3-24 两直线垂直交叉

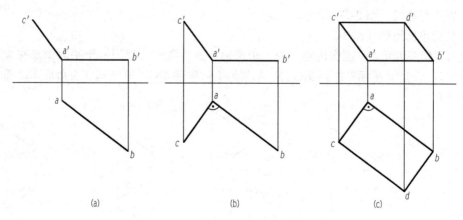

(a)   (b)   (c)

图 3-25 完成矩形 $ABDC$ 的两面投影图

【例3-8】 求点 A 到水平线 BC 的距离 [图3-26（a）]。

【分析】 点 A 到水平线 BC 的距离是该点向该直线引垂线，点到垂足的距离。因此，解此题分两步：一是求点 A 到 BC 的垂线；二是求垂线的实长。

解：

（1）过 a 引 bc 垂线 ad，过 d 引竖直线与 $b'c'$ 交于 d'，如图3-26（b）所示。

（2）用直角三角形法求实长。以投影 ad 为一直角边，在 bc 上量取 A、D 两点的 z 坐标差为另一直角边，斜边 ae 为垂线的实长，用 TL 表示。

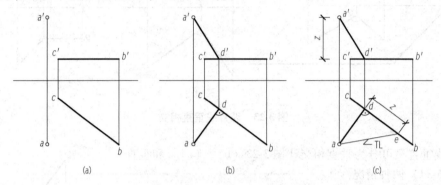

图3-26 求一点到水平线的距离

3.4 平面的投影

3.4.1 平面的表示法及其空间位置分类

1. 平面的表示法

平面在空间中的位置可以由下列几何元素确定：

（1）不在同一直线上的三点 [图3-27（a）]。

（2）一直线和直线外一点 [图3-27（b）]。

（3）两相交直线 [图3-27（c）]。

（4）两平行直线 [图3-27（d）]。

（5）任意平面图形 [图3-27（e）]。

通过上列每一组元素，能作出唯一的一个平面，通常我们习惯用一个平面图形来表示一个平面 [图3-27（e）]。平面是广阔无边的，如果说平面图形 ABC，则是指在三角形 ABC 范围内的那一部分平面。

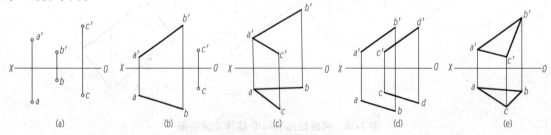

图3-27 平面的表示法

2. 平面的空间位置分类

与直线对投影面的相对位置相类似，空间平面对投影面也有三种不同的位置，即平行于投影面、垂直于投影面和倾斜于投影面，如图 3-28 所示。

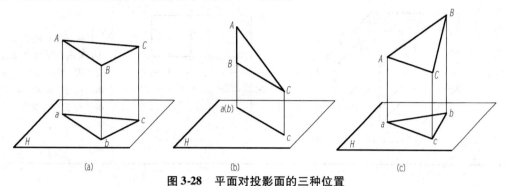

图 3-28　平面对投影面的三种位置

（a）平行于投影面；（b）垂直于投影面；（c）倾斜于投影面

3.4.2　各种位置平面的投影特点

1. 投影面平行面

（1）空间位置。投影面平行面是平行于某一投影面，同时垂直于另两个投影面的平面。平行于 H 面时称为水平面平行面，简称水平面；平行于 V 面时称为正面平行面，简称正平面；平行于 W 面时称为侧面平行面，简称侧平面，见表 3-4。

表 3-4　投影面平行面的投影特点

平面的位置	空间位置	投影图	投影特点
水平面			1. H 面投影反映实形； 2. V 面投影与 W 面投影都积聚为水平线，V 面投影平行于 OX 轴，W 面投影平行于 OY_W 轴
正平面			1. V 面投影反映实形； 2. H 面投影积聚为一水平线，平行于 OX 轴，W 面投影积聚为一竖直线，平行于 OZ 轴

平面的位置	空间位置	投影图	投影特点
侧平面	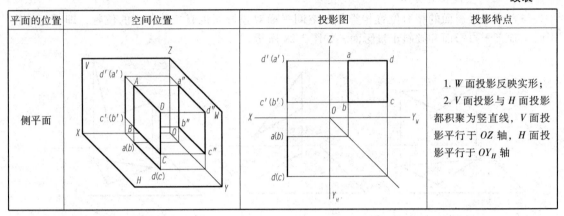		1. W 面投影反映实形； 2. V 面投影与 H 面投影都积聚为竖直线，V 面投影平行于 OZ 轴，H 面投影平行于 OY_H 轴

（2）投影特点。

1）在平面所平行的投影面上的投影反映实形。

2）在另两个投影面上的投影分别积聚成与两投影轴平行的直线。

（3）读图。在读图时，一平面只要有一个投影积聚为一条平行于投影轴的直线，则该平面就平行于非积聚投影所在的投影面，那个非积聚的投影反映该平面图形的实形。

2. 投影面垂直面

（1）空间位置。投影面垂直面是垂直于某一投影面而与其余两个投影面倾斜的平面。垂直于 H 面时称为水平面垂直面，简称铅垂面；垂直于 V 面时称为正面垂直面，简称正垂面；垂直于 W 面时称为侧面垂直面，简称侧垂面，见表3-5。

表3-5 投影面垂直面的投影特点

平面的位置	空间位置	投影图	投影特点
铅垂面	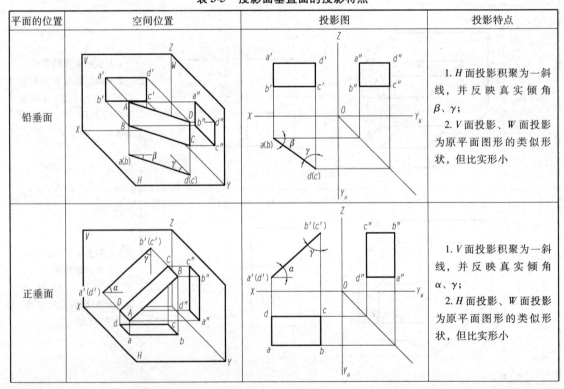		1. H 面投影积聚为一斜线，并反映真实倾角 β、γ； 2. V 面投影、W 面投影为原平面图形的类似形状，但比实形小
正垂面			1. V 面投影积聚为一斜线，并反映真实倾角 α、γ； 2. H 面投影、W 面投影为原平面图形的类似形状，但比实形小

平面的位置	空间位置	投影图	投影特点
侧垂面	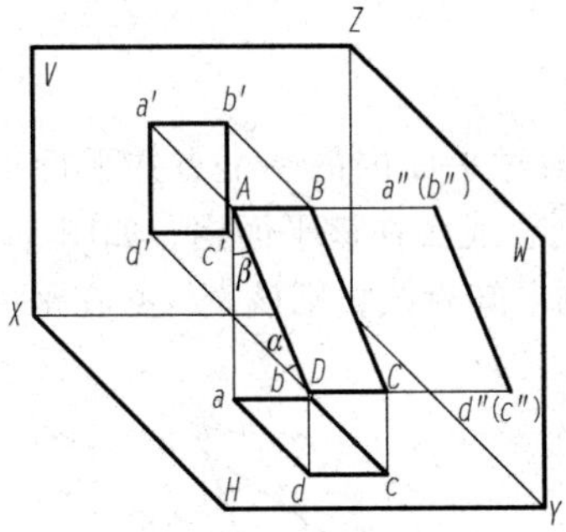	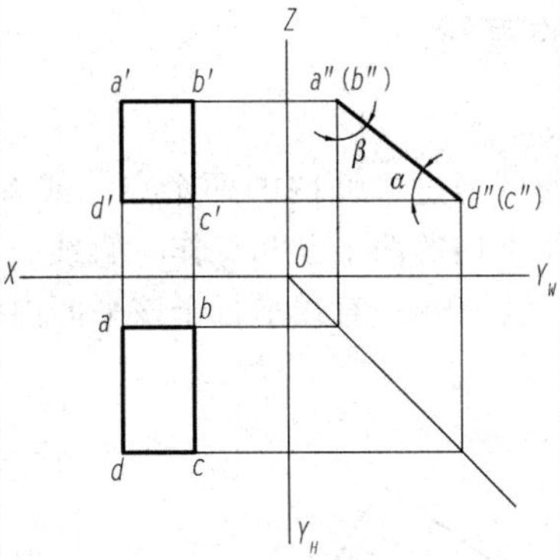	1. W 面投影积聚为一斜线，并反映真实倾角 α、β； 2. V 面投影、H 面投影为原平面图形的类似形状，但比实形小

（2）投影特点。

1）在平面所垂直的该投影面上的投影积聚为一倾斜直线。倾斜直线与两投影轴夹角反映该平面与另两个投影面的倾角。

2）在其他两个投影面上的投影与原平面图形形状类似，但比实形小。

（3）读图。在读图时，一个平面只要有一个投影积聚为一倾斜直线，它必垂直于积聚投影所在的投影面。

3. 一般位置平面

（1）空间位置。一般位置平面是与每个投影面都倾斜的平面，简称一般面，见表3-6。

表 3-6　一般位置平面的投影特点

平面的位置	空间位置	投影图	投影特点
一般位置平面	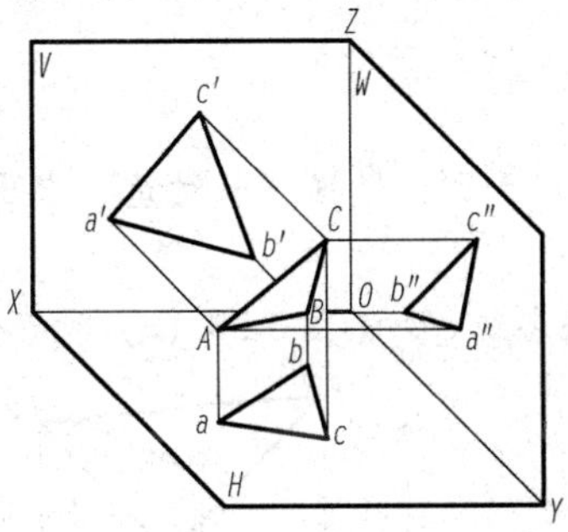	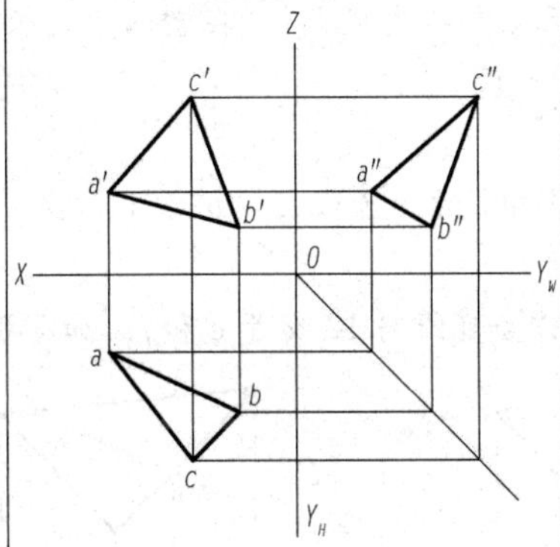	1. 没有积聚投影，不反映与各投影面倾角的实形； 2. 各投影为原平面图形的类似形状，但比实形小

（2）投影特点。一般面的三个投影都没有积聚性，都与原平面图形形状相类似，都不反映三个倾角（α、β 和 γ）的实形。

（3）读图。在读图时，一平面的三个投影都是平面图形，它必然是一般面。

3.5 平面上的直线和点

3.5.1 平面上的直线

1. 平面内取任意直线

直线在平面上，则直线通过平面内的两个点，或者通过平面内的一个点并平行于该平面上的另一直线。反之，过平面内的两个已知点作一直线，则直线必在该平面内，如图 3-29（a）所示；或通过平面内的任一点，作一直线平行于该平面内的已知直线，则该直线必在平面内，如图 3-29（b）所示。

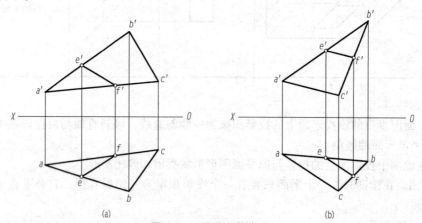

图 3-29　平面上的直线

（a）直线 EF 过平面上两点 E、F；（b）直线 EF 过平面上点 E，且 EF // AC

因此，在投影图中，要在平面内求一直线，必须先在平面内确定所求直线上的点，这就是所谓的"面上定线先找点"。

【例 3-9】　如图 3-30（a）所示，已知平面 ABC 内的直线 EF 的正面投影，试作出其水平投影。

【分析】　根据"面上定线先找点"，在空间中延长直线 EF，使其与 AB、AC 相交于两点 Ⅰ、Ⅱ，EF 是直线 Ⅰ Ⅱ 上的一段。

解：

（1）分别过 e' 和 f' 作 e'f' 的延长线交 a'b' 于 1'，交 a'c' 于 2'，根据"长对正"求出投影 1 和 2，如图 3-30（b）所示。

（2）分别过 e' 和 f' 作竖直线与 12 交于 e 和 f，加深投影线 ef，如图 3-30（c）所示。

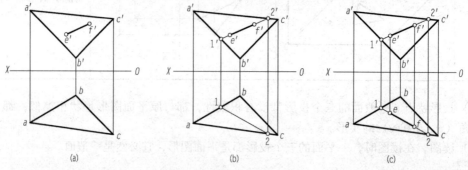

图 3-30　求作平面内一直线

2. 平面内的投影面平行线

平面内的投影面平行线既要符合投影面平行线的投影特点，又要符合直线在平面上的条件。常用的有平面上的水平线和正平线。要在一般面 ABC 上作一条水平线，可根据水平线的 V 面投影平行于投影轴 OX 这一特点，先在 ABC 的正面投影上作任一水平线（为作图简单起见，一般通过一已知点），作为所求水平线的 V 面投影。然后作出它的 H 面投影，如图 3-31（a）、（b）所示。同理，根据正平线的 H 面投影也一定平行于投影轴 OX 这一特点，可作出平面内的正平线，作图步骤如图 3-31（c）、（d）所示。

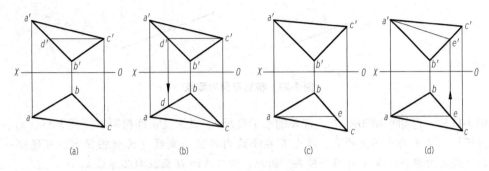

图 3-31　平面上的水平线和正平线

【例 3-10】　如图 3-32（a）所示，在平面 ABC 内作一条水平线，距离 H 面为 15 mm。

【分析】　距 H 面为 15 mm 的水平线的 V 面投影，一定平行于 OX 轴，且距 OX 轴 15 mm。

解：

（1）在 V 面投影上作投影 $e'd' \parallel OX$，且距离 OX 轴 15 mm，如图 3-32（b）所示。

（2）分别过 d' 和 e' 作竖直线与 ab 交于 d，与 ac 交于 e，连接 de，如图 3-32（c）所示。

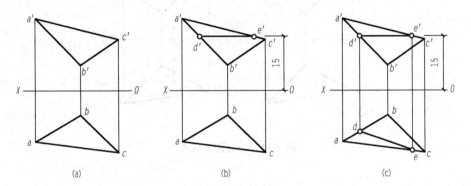

图 3-32　求作平面上的水平线

3.5.2　平面上的点

点在平面内，则点必在该平面内的一条直线上。因此，在已知平面内取点，必须先找出过该点而又在平面内的一条直线，然后在直线上确定点的位置，这就是所谓的"面上定点先找线"。

如果点在特殊平面内，已知平面内点的一个投影，要求点的其他投影，可利用特殊平面的积聚投影，直接求点的投影。如图 3-33（a）所示，平面 ABC 为铅垂面，点 K 在平面内，已知其正

面投影 k'，求其水平投影 k，作图过程如图 3-33（b）所示。

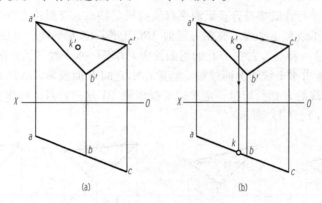

图 3-33　特殊平面内取点

【例 3-11】　已知平面 ABC 上一点 K 的水平投影 k，试求其正面投影 k' ［图 3-34（a）］。

【分析】　点 K 为平面上的点，过点 K 在平面内作任一直线（为作图简单，可通过一已知点），该直线的投影必过点 K 的同面投影。因此，该直线的 H 面投影必通过 k。

解：

（1）过 a 连接 ak 并延长至 bc，与 bc 交于 d。

（2）过 d 引竖直线与 $b'c'$ 交于 d'，连接 $a'd'$；过 k 引竖直线与 $a'd'$ 交于 k'，如图 3-34（b）所示。

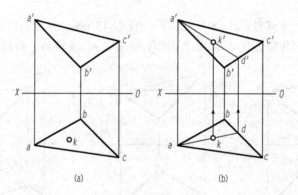

图 3-34　一般面上取点

本章要点

（1）点的投影规律，两点的相对位置，重影点可见性的判别和表示方法。

（2）各种位置直线、平面的投影特性和作图方法。

（3）两平行、相交、交叉直线及垂直两直线的投影特性和作图方法及判别。

（4）直线上的点、平面上的点、直线的作图方法。

（5）平面上投影面平行线的作图方法。

（6）简单的定位问题和度量问题。

第 4 章

直线与平面、平面与平面的相对位置

直线与平面、平面与平面的相对位置包括平行、相交与垂直。直线、平面的空间位置决定了两者之间关系的判断方法与作图步骤。当直线与平面两个要素有一个处于特殊位置（垂直或平行）时，判断与作图方法则相对简便。

4.1 直线与平面、平面与平面平行

4.1.1 直线与平面平行

1. 直线与一般面相互平行

若一直线平行于平面上的某一直线，则该直线与平面必相互平行。如图 4-1 (a) 所示，直线 AB 平行于平面 Q 上的一条直线 CD，则直线 AB 与平面 Q 平行。反之，判断直线与平面是否平行，只要看能否在该平面上作出一条直线与已知直线平行即可。

2. 直线与投影面垂直面相互平行

若一直线与某一投影面垂直面平行，则该垂直面的积聚投影与该直线的同面投影平行。反之，判断一直线与一投影面垂直面是否平行，只要看该垂直面的积聚投影与该直线的同面投影是否平行即可。如图 4-1 (b) 所示，直线 MN 的水平投影 mn 平行于铅垂面 ABC 的水平投影 abc，所以它们在空间上是相互平行的。因为在这种情况下，我们总可以在该平面的正面投影 a'b'c' 内作出一条直线与 m'n' 平行。

3. 投影面垂直线与投影面垂直面平行

若投影面垂直线平行于投影面垂直面，则该直线与该平面垂直于同一投影面。如图 4-1 (c) 所示，直线 MN 为铅垂线，平面 ABC 为铅垂面，则直线 MN 与平面 ABC 在空间上平行。

根据以上几何条件，在投影图上可以解决作任一直线平行于平面，或作平面内一直线与已知直线平行，或判断直线与平面是否平行等作图问题。

【例 4-1】 如图 4-2 (a) 所示，过点 E 作水平线 EF 与平面 ABC 平行，EF 长 15 mm。

【分析】 两条水平线才能相互平行，所以先在平面内取一条辅助水平线，然后过点 E 作直线平行于平面上的水平线。

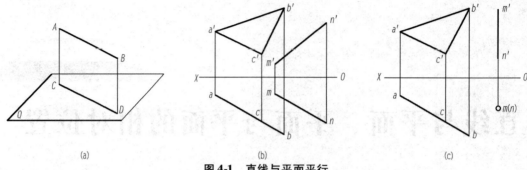

图 4-1　直线与平面平行

（a）直线与平面平行；（b）直线与投影面垂直面平行；（c）投影面垂直线与投影面垂直面平行

解：

（1）过投影 a' 作 OX 轴的平行线与 $b'c'$ 交于 d'，确定 d 连接 ad［图 4-2（b）］。

（2）过投影 e 作 ad 的平行线，截取长度为 15 mm，得 f，过 e 作平行于 OX 轴的直线与过 f 引 OX 轴的垂线相交于 f'，如图 4-2（c）所示。

（3）加深投影线。

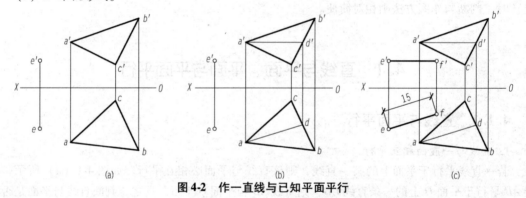

图 4-2　作一直线与已知平面平行

【**例 4-2**】　　如图 4-3（a）所示，试判断直线 MN 是否平行于平面 ABC。

【**分析**】　　若直线 MN 与平面 ABC 平行，则平面 ABC 内必有一直线平行于 MN。

解：

（1）过投影 a 作 $ad /\!/ mn$，交 bc 于点 d，如图 4-3（b）所示。

（2）由 d 引竖直连线确定 d' 连接 $a'd'$，判断 $a'd'$ 是否与 $m'n'$ 平行，结果 $a'd'$ 与 $m'n'$ 不平行，如图 4-3（c）所示。得出结论：直线 MN 与平面 ABC 不平行。

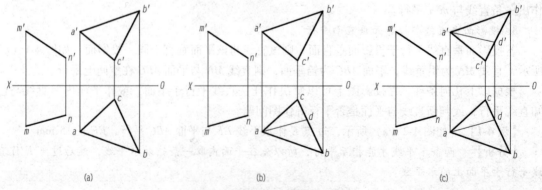

图 4-3　判断直线与平面是否平行

4.1.2　平面与平面平行

1. 两一般面相互平行

一个平面上的两相交直线分别对应平行于另一平面上的两相交直线。如图 4-4 所示，平面 P 内两相交直线 AB、BC 分别与平面 R 内两相交直线 DE、EF 平行，则平面 P 与 R 平行。反之，判断两平面是否平行，只要看能否在两平面内找到相互对应平行的两组相交线即可。

2. 两投影面垂直面相互平行

若两投影面垂直面相互平行，则它们的积聚投影必相互平行。反之，判断两投影面垂直面是否相互平行，只要看两平面的积聚投影是否平行即可。如图 4-5 所示，铅垂面 ABCD 与 EFG 的水平投影相互平行，则两平面在空间上平行。

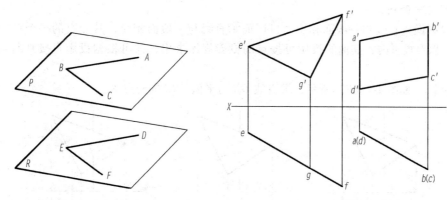

图 4-4　两一般面相互平行　　　　图 4-5　两投影面垂直面平行

根据以上条件，我们可在投影图上解决判断两平面是否平行，或作一平面平行于另一平面等作图问题。

【例 4-3】　如图 4-6（a）所示，过点 D 作一平面与平面 ABC 平行。

【分析】　过点 D 作两相交直线分别平行于平面 ABC 内任意两相交直线即可。

解：

（1）在水平投影上，过 d 作直线 df 平行于 bc，作直线 de 平行于 ac。

（2）在正面投影上，过 d′ 作一直线平行于 b′c′，作一直线与 a′c′ 平行。

（3）按点的投影规律，确定投影 f′ 和 e′，如图 4-6（b）所示。

（4）连接 ef、e′f′，加深投影线，如图 4-6（c）所示。

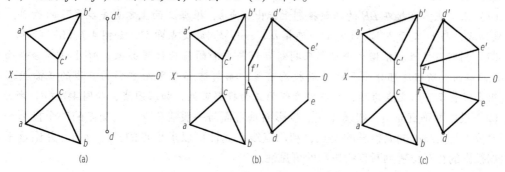

(a)　　　　　　　　　　(b)　　　　　　　　　　(c)

图 4-6　过一点作平面与已知平面平行

4.2 直线与平面、平面与平面相交

直线与平面相交，其交点是直线与平面的共有点，而且是直线投影可见与不可见的分界点。平面与平面相交，其交线是平面与平面的共有线，而且是平面可见与不可见的分界线。

4.2.1 特殊位置的相交问题

当直线或平面处于特殊位置，即其中有一投影具有积聚性时，交点或交线的投影也必定在有积聚性的投影上，利用这个特性就可以比较简单地求出交点或交线的投影。

这里只讨论直线或平面处于特殊位置的情况。

1. 直线与平面相交

（1）投影面垂直线与一般面相交。投影面垂直线与一般面相交，其交点的一个投影必包含在该直线的积聚投影内，其他的投影可按点的投影规律求出，并可根据投影直接判断直线投影的可见性。

【例4-4】 如图4-7（a）所示，求直线 DE 与平面 ABC 的交点 K。

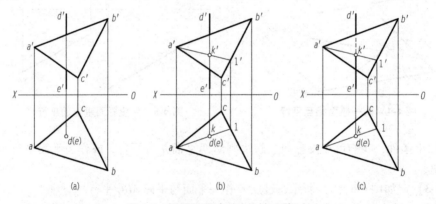

图4-7 投影面垂直线与一般面相交

【分析】 由图可知，直线 DE 为铅垂线，其水平面投影积聚为一个点，交点 K 的水平面投影 k 也积聚在该点上，同时点 K 也在平面 ABC 上，故可用平面上取点的方法求出点 K 的正面投影 k'，然后判断直线的可见性。

解：

（1）求交点。直接在 DE 的积聚投影上标出交点 k，根据"面上定点先找线"的原则，过 a、k 作辅助线，与 bc 交于点 1，确定 1'，连接 a'1'，与 d'e' 的交点即 k'，如图4-7（b）所示。

（2）判断可见性。根据水平投影来判断直线与平面的前后位置关系。AB I 这部分平面在直线 DE 的前面，所以这部分平面的正面投影可见，而与这部分平面重影的直线的正面投影不可见，用虚线表示。以交点为界，另一段直线的正面投影可见，加深图线，如图4-7（c）所示。

（2）投影面垂直面与一般线相交。投影面垂直面与一般线相交，其交点的一个投影是该面的积聚投影与直线的同面投影的交点，利用点线从属性可以求出点的其他投影，并用重影点法或根据投影的相对位置判断直线投影的可见性。

【例4-5】 如图4-8（a）所示，求直线 DE 与平面 ABC 的交点 K。

【分析】 由图可知，平面 ABC 是铅垂面，其水平投影积聚为一条直线，该直线与 DE 的交点

即点 K 的水平投影 k。点 K 既在平面 ABC 上又在直线 DE 上，按点的投影规律可求出其正面投影 k'。

解：

（1）求交点。在 H 面上，de 与 abc 交点处直接注写 k，由 k 引竖直线交 $d'e'$ 于 k'，如图 4-8（b）所示。

（2）利用重影点法判断可见性。如直线 AB 和 DE 在正面投影上的重影点 $1'$ 和 $2'$，利用点线从属性，分别在 de 和 ab 上求出 1 和 2。由于 1 在 2 的前面，故 $1'$ 可见而 $2'$ 不可见，则 k' 到 $1'$ 之间为可见，用粗实线表示。以交点 k' 为界，另一段直线与平面重影点的部分不可见，用粗虚线表示，如图 4-8（c）所示。

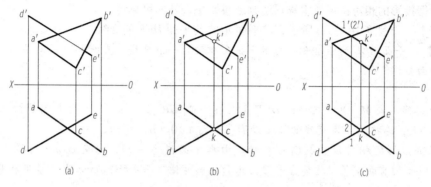

(a)　　　　　　　　(b)　　　　　　　　(c)

图 4-8　投影面垂直面与一般线相交

2. 两平面相交

一般求两个平面的交线可先求出两个共有点，两点连线即两平面的共有线。

（1）两投影面垂直面相交。当垂直于同一投影面的两个投影面垂直面相交时，其交线是一根垂直于该投影面的垂直线。两投影面垂直面的积聚投影的交点就是该交线的积聚投影。利用积聚投影求出交线端点的其他投影，两端点投影的连线即两平面交线的投影，并可根据投影的相对位置或重影点法判断投影重合处的可见性。

【例 4-6】　如图 4-9（a）所示，求平面 ABC 与平面 DEF 的交线。

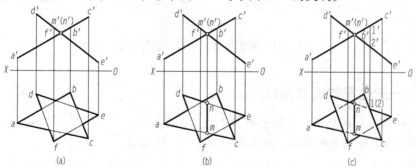

(a)　　　　　　　　(b)　　　　　　　　(c)

图 4-9　两投影面垂直面相交

【分析】　平面 ABC 与平面 DEF 都是正垂面，它们的正面投影都积聚为直线，两平面的交线必为一条正垂线，两平面正面投影的交点即交线的正面投影 $m'n'$，利用点线从属性及点的投影规律可以求出交线的水平投影 mn。

解：

（1）求交线。由 $m'n'$ 作投影连线，在两个平面的水平投影相重合的范围内作出 mn，用粗实

线连接 mn ，如图 4-9 （b）所示。

（2）重影点法判断可见性。如直线 BC 和 DE 在水平面投影上的重影点 1 和 2，利用点线从属性，分别在 $b'c'$ 和 $d'e'$ 上求出 $1'$ 和 $2'$。由 $1'$ 在 $2'$ 的上面，故水平投影 1 可见而 2 不可见，则 m 到 1 之间为不可见，用粗虚线表示。再以交线 m 为界，在 mn 右侧，def 与 abc 的重影部分不可见；在 mn 左侧，则可见性正好相反，abc 与 def 的重影部分不可见，加深图线，如图 4-9 （c）所示。

（2）投影面垂直面与一般面相交。投影面垂直面与一般面相交，其交线必在投影面垂直面的积聚投影上。利用积聚投影求出交线端点的其他投影，两端点投影的连线即两平面交线的投影，并可根据投影的相对位置或重影点法判断投影重合处的可见性。

【例 4-7】 如图 4-10 （a）所示，求平面 ABC 与平面 DEF 的交线。

【分析】 平面 DEF 为铅垂面，其水平投影积聚为一条直线，直线和平面的共有部分 mn 即交线的水平面投影。

解：

（1）求交线。点 M、N 既在平面 DEF 上又在平面 ABC 上。过 m、n 作投影连线，m' 在 $a'b'$ 上，n' 在 $b'c'$ 上，连接 $m'n'$ 即交线的正面投影，如图 4-10 （b）所示。

（2）根据投影的相对位置判断可见性。由水平面投影可知，以交线 mn 为界，部分平面 $amnc$ 在平面 def 的前面，所以这部分平面的正面投影可见，而 def 与 $amnc$ 的重影部分不可见，用虚线表示，如图 4-10 （c）所示。

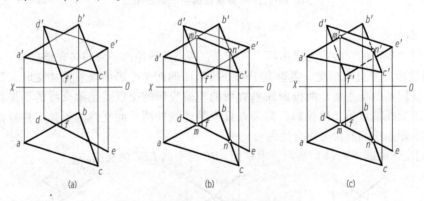

（a）　　　　　　　（b）　　　　　　　（c）

图 4-10　投影面垂直面与一般面相交

4.2.2　一般位置的相交问题

一般位置相交是指相交两元素均不垂直于投影面的情况。此时两元素的投影都不具有积聚性，通常利用线面交点法和辅助投影法求解。

1. 一般线与一般面相交

（1）线面交点法。如图 4-11 所示，一般线 AB 与一般面 DEF 相交。为求它们的交点，应过 AB 作一辅助平面 P 与平面 DEF 相交，交线为 MN。MN 与直线 AB 都在平面 P 内且不相互平行，那么必相交于一点 K。因为点 K 既在直线 AB 上，又在

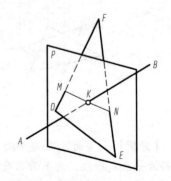

图 4-11　一般线与一般面相交

交线 MN 上，而 MN 又在平面 DEF 上，所以点 K 为直线 AB 与平面 DEF 的交点。

由此得出求一般线与一般面交点的作图步骤（又称"三步法"）如下：

1）包线作面：包含已知直线作辅助平面（辅助平面与投影面垂直）。

2）面面交线：求辅助平面与已知平面的交线。

3）线线交点：该交线与已知直线的交点即所求。

求出交点后，利用重影点法判断水平投影和正面投影的可见性，如图 4-12 所示。

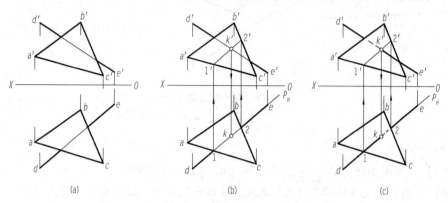

图 4-12　线面交点法求一般线与一般面交点

（a）已知条件；（b）作辅助平面求交点；（c）判断可见性

（2）辅助投影法。一般线与一般面相交，还可利用辅助投影法求交点。通过作辅助投影面，把一般线与一般面的相交问题转换为一般线与投影面垂直面的相交问题。

由此得出其作图步骤如下：

1）作辅助投影面，将一般面转换为投影面垂直面。

2）利用投影面垂直面的积聚投影直接求出交点，将交点位置反投射到原投影图中。

3）利用重影点法判断水平投影和正面投影的可见性，如图 4-13 所示。

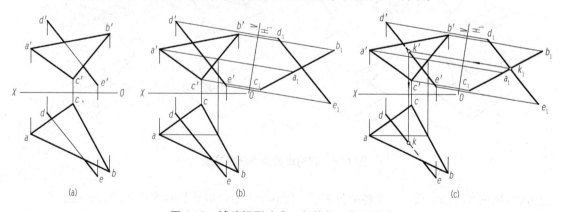

图 4-13　辅助投影法求一般线与一般面交点

（a）已知条件；（b）作辅助投影面求交点的新投影；（c）求交点并判断可见性

2. 两一般面相交

求两个平面交线问题实质是求两平面的共有点问题，只要作出两平面的共有点，连接起来即交线。由于两个一般面的相对位置不同，它们的交线有全在一个平面之内的［图 4-14（a）］，有互相穿插的［图 4-14（b）］，也有在两个平面图形之外的［图 4-14（c）］。

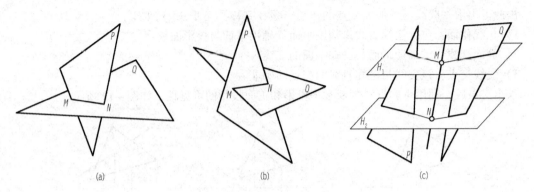

图 4-14　两一般面的交线

(a) 全交；(b) 互交；(c) 交点在平面图形外

（1）线面交点法。

【例 4-8】　如图 4-15（a）所示，求平面 ABC 与 DEF 的交线。

【分析】　实质上是连续两次使用线面交点法求一般线与一般面交点问题。

解：

（1）在 V 面投影上，过 $d'f'$ 作正垂面 Q_V，按照"三步法"求出直线 DF 与平面 ABC 的交点 M 的 H 面、V 面投影 m，如图 4-15（b）所示。

（2）在 V 面投影上，过 $e'f'$ 作正垂面 P_V，按照"三步法"求出直线 EF 与平面 ABC 的交点 N 的 H 面、V 面投影 n，连接 mn，$m'n'$ 即所求交线，如图 4-15（c）所示。

（3）利用重影点法判断可见性，如图 4-15（d）所示。

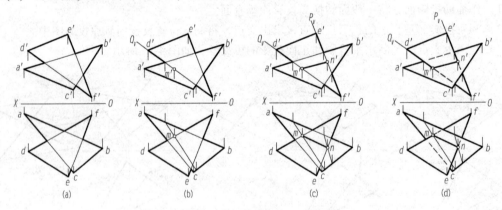

图 4-15　利用线面交点法求交线

（2）辅助投影法。设立一个辅助投影面，使其中一个一般面转换为该辅助投影面的垂直面，则两一般面的交线，可按上述求一般面与投影面垂直面的交线的方法求出。

【例 4-9】　如图 4-16（a）所示，求平面 ABC 与 DEF 的交线。

解：

（1）设立辅助投影面 H_1 垂直于平面 ABC，平面 ABC 在 H_1 面的投影积聚为一直线 $a_1b_1c_1$。

（2）在 H_1 面内作出平面 DEF 的投影 $d_1e_1f_1$。求出两平面交线的辅助投影 m_1n_1，分别作出它们对应的 V 面投影 $m'n'$ 和 H 面投影 mn，如图 4-16（b）所示。

（3）利用重影点法判断可见性，如图 4-16（c）所示。

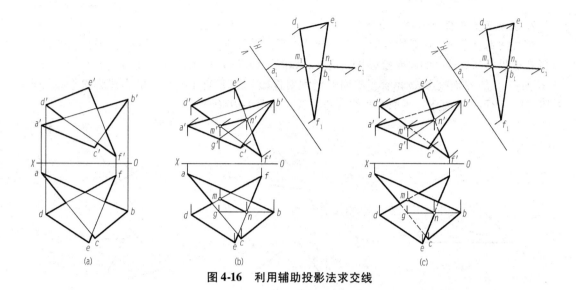

图 4-16　利用辅助投影法求交线

4.3　直线与平面、平面与平面垂直

4.3.1　直线与平面垂直

1. 直线垂直于一般面

一直线垂直于一平面内的两条相交直线，则该直线与该平面相互垂直，如图 4-17 所示。反之，若直线垂直于一平面，则该直线必垂直于该平面内所有直线。

【例 4-10】　如图 4-18（a）所示，过点 M 作直线 MN 与平面 ABC 垂直。

【分析】　由几何条件可知，如果直线 MN 垂直于平面 ABC 内

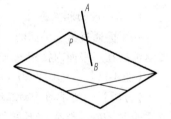

图 4-17　直线垂直于一般面

两条相交直线，则直线与平面垂直。这两条相交直线，通常选取平面上的正平线和水平线。那么，所求直线 MN 既要垂直于水平线又要垂直于正平线。

解：

（1）作平面 ABC 上的正平线 AD 和水平线 CE，如图 4-18（b）所示。

（2）过 M 点作一直线既要垂直于水平线又要垂直于正平线。过 m′ 作一直线垂直于 a′d′；过 m 作一直线垂直于 ec，确定 n 和 n′，如图 4-18（c）所示。

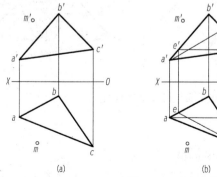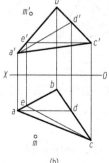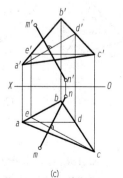

图 4-18　过点作直线垂直于平面

2. 直线垂直于投影面垂直面

当直线垂直于投影面垂直面时，它必然是投影面平行线，平行于该平面所垂直的投影面，该面的积聚投影与该垂线的同面投影相互垂直。如图 4-19（a）所示，AB 垂直于铅垂面 P，必平行于 H 面，AB 的 H 面投影 ab 垂直于平面 P 的积聚投影 P_H。垂直于铅垂面的直线为水平线，如图 4-19（b）所示；垂直于正垂面的直线为正平线，如图 4-19（c）所示。

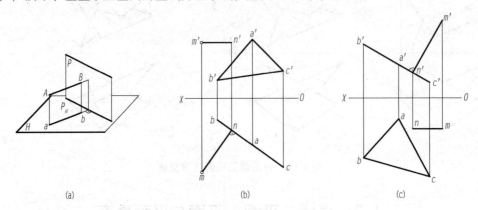

图 4-19　直线垂直于投影面垂直面

4.3.2　平面与平面垂直

1. 两一般面相互垂直

一平面通过另一平面的一条垂线，则此两平面相互垂直。反之，判断两个平面是否垂直，只要看能否在一平面内找到一条直线垂直于另一平面即可。

【例 4-11】　如图 4-20（a）所示，过直线 DE 作一平面与平面 ABC 垂直。

【分析】　所求的平面经过直线 DE，则只需再确定一条与直线 DE 相交的直线 DF，且 DF 垂直于平面 ABC，平面 DEF 即所求。实际上，是把平面与平面垂直的问题转换成直线与平面垂直的问题。

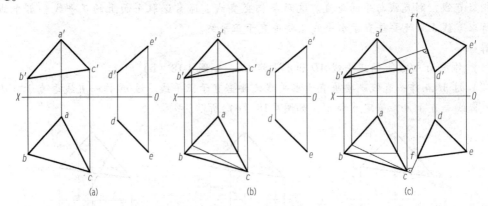

图 4-20　过一直线作平面与已知平面垂直

解：

（1）在平面 ABC 内作水平线和正平线，如图 4-20（b）所示。

（2）作直线 DF 垂直于平面 ABC 上的水平线和正平线，则直线 DF 和平面 ABC 垂直，所以平

面 *DEF* 即所求，如图 4-20（c）所示。

2. 两投影面垂直面相互垂直

如果相互垂直的两平面垂直于同一投影面，则两平面在该投影面上的投影都积聚成直线且相互垂直。反之，判断垂直于同一投影面的两垂直面是否垂直，只要看它们的积聚投影是否垂直即可，如图 4-21 所示。

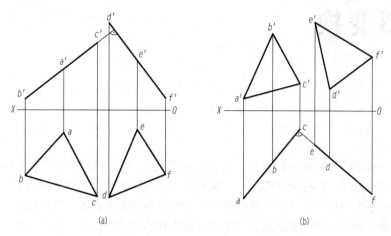

图 4-21   两投影面垂直面相互垂直

本章要点

（1）直线与平面相互平行、相交、垂直的判断与作图。

（2）两平面相互平行、相交、垂直的判断与作图。

第5章

投影变换

从前几章中对直线、平面的投影分析可知，当空间直线和平面等几何元素与投影面处于平行或垂直的特殊位置时，其投影能够直接反映实形或具有积聚性，这样使得图示清楚、图解方便简捷。当直线或平面和投影面处于一般位置时，则它们的投影不具备上述特性。为此，设法把空间形体和投影面的相对位置，变换成有利于图示和图解的位置，再求出新的投影，这种方法称为投影变换。

常用投影变换的方法有换面法和旋转法两种。

5.1 换面法

5.1.1 基本概念和条件

换面法就是保持空间几何元素不动，用一个新的投影面替换其中一个原来的投影面，使空间几何元素对于新投影面处于有利于解题的位置，再求出其在新投影面上的投影。

如图 5-1 所示，原来的 V、H 两投影面体系用 V/H 表示。在设立的新投影面上得到的几何元素的正投影称为新投影，用 $a_1'b_1'$ 表示，新投影体系用 V_1/H 表示，其中，V_1 面称为新投影面，H 面称为保留不变投影面，O_1X_1 是新投影轴。

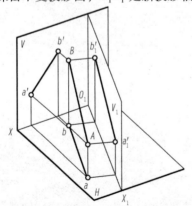
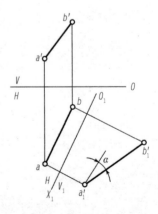

图 5-1 新投影面体系的建立

新投影面位置的选择应符合以下基本条件：

（1）新投影面必须使空间几何元素处于有利于解题的位置。

（2）新投影面必须垂直于原体系中的一个投影面。

（3）新投影面必须交替更换。例如，先由 V_1 代替 V，构成新体系 V_1/H，再以此为基础，取 H_2 代替 H，又构成新体系 V_1/H_2，以此类推，V_3/H_2……，根据解题需要，可进行二次或多次变换。

5.1.2　点的投影面变换

点是构成形体的最基本要素，所以在研究换面时，首先从点的投影变换来研究换面法的投影规律。

1. 点的一次换面

（1）换 V 面。图 5-2（a）表示点 A 在原投影体系 V/H 中，其投影为 a 和 a'，现令 H 面不动，用新投影面 V_1 来代替 V 面，V_1 面必须垂直于不动的 H 面，这样便形成新的投影体系 V_1/H，O_1X_1 是新投影轴。

由 A 点作垂直于 V_1 面的投射线，得到 V_1 面上的新投影 a_1'。点 a_1' 是新投影，点 a' 是旧投影，点 a 是新、旧投影体系中的共有的不变投影。a 和 a_1' 是新的投影体系中的两个投影，将 V_1 面绕 O_1X_1 轴旋转到与 H 面重合的位置，得到投影图，如图 5-2（b）所示。

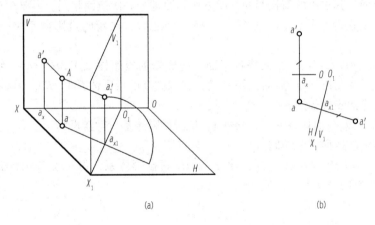

（a）　　　　　　　　　　（b）

图 5-2　点的一次变换（换 V 面）

由于 V_1 面与 H 面是相互垂直的，A 点的投影必符合点的两面投影规律，于是有 $a_1'a \perp O_1X_1$ 轴，$a_1'a_{x1} = a'a_x = Aa$。

在投影图中，若已知 A 点的两投影 a 和 a'，及旧的投影轴 OX 和新投影轴 O_1X_1，就可以作出 A 点的新投影 a_1'。其具体的作图步骤如下：

1）过 a 作投影连线垂直于 O_1X_1；

2）在此投影连线上量取 $a_1'a_{x1} = a'a_x$，即得到新投影 a_1'。

（2）换 H 面。若用 H_1 面代替 H 面，令 H_1 面垂直于 V 面，组成新的两面投影体系，如图 5-3（a）所示。

同理，新旧投影之间的关系与换 V 面类似，也存在如下关系：$a'a_1 \perp O_1X_1$ 轴，$a_1a_{x1} = aa_x = Aa'$，可作出 A 点在 H_1 面上的新投影 a_1［图 5-3（b）］。

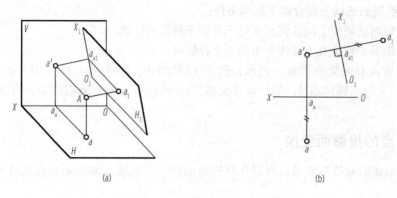

图5-3 点的一次变换（换 H 面）

由此可总结出点的投影变换规律如下：

1）点的新投影和保留投影的连线，垂直于新的投影轴；

2）点的新投影到新投影轴的距离，等于被替换的点的旧投影到旧投影轴的距离。

2. 点的二次投影面变换

应用换面法解决实际问题时，有时换面一次还达不到目的，需要变换两次甚至多次。图5-4 表示点的二次换面，其求点的新投影的作图方法和原理与一次换面相同。但要注意：在变换投影面时，不能一次变换两个投影面，必须在变换一个之后，在新的投影体系中交替地再变换另一个。

如图5-4（a）所示，先由 V_1 面代替 V 面，构成新的投影体系 V_1/H，O_1X_1 为新坐标轴；再以这个新投影体系为基础，以 H_2 面代替 H 面，又构成新的投影体系 V_1/H_2，O_2X_2 为新坐标轴。

二次换面的作图步骤如图5-4（b）所示：

（1）换 V 面，以 V_1 面代替 V 面，建立 V_1/H 新投影体系，得新投影 a'_1，而 $a'_1a_{x1} = a'a_x = Aa$，作图方法与点的一次换面完全相同；

（2）换 H 面，以 H_2 面代替 H 面，建立 V_1/H_2 新投影体系，得新投影 a_2，而 $a_2a_{x2} = aa_{x1} = Aa'_1$，作图方法与点的一次换面类似。

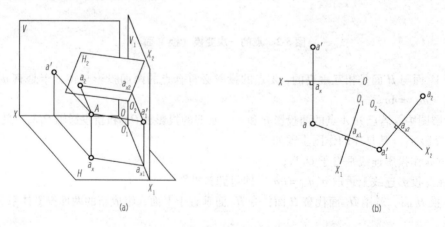

图5-4 点的二次换面

由上述情况可知，连续多次换面时，根据实际需要也可以先换 H 面，后换 V 面，但两次或多次换面应该是 H 面和 V 面交替变换。实质上每次新的变换，都是在前一次新换面的基础上进行作图的，是点的换面规律的重复应用。

为了区别多次的投影变换，规定要在相应的字母旁加注下标数字，以表示是第几次变换，如 a_1 是第一次变换后的投影，a'_2 是第二次变换后的投影，等等。

5.1.3 直线的投影变换

直线的投影变换，是由直线上任意两点的投影变换来实现的。变换后直线的新投影，就是直线上两个点变换后的同面新投影的连线。

直线的投影变换关键是如何设立新投影面的位置，以使直线变换为特殊位置。新投影面的设立归结为新投影轴的选择，在投影图中，新投影轴的位置就是新投影面在原投影体系中的积聚投影。

直线的投影变换有三种基本情况，现分别叙述如下。

1. 将一般位置直线变换成新投影面的平行线（需要一次换面）

要使一条倾斜线变为投影面的平行线，只要设立一个新投影面，平行于该倾斜直线且垂直于原投影体系中的一投影面，经一次变换就可实现。

如图 5-5（a）所示，AB 为一般位置直线，现用 V_1 面代替 V 面，使 $V_1 /\!/ AB$，且 $V_1 \perp H$。此时，AB 在新投影体系 V_1/H 中为"正平线"。图 5-5（b）所示为投影图。作图时，先在适当位置画出与保留投影 ab 平行的新投影轴 O_1X_1，即 $O_1X_1 /\!/ ab$，然后根据点的投影变换规律和作图方法，作出 A、B 两点在新投影面 V_1 上的新投影 a'_1、b'_1，再连接直线 $a'_1b'_1$，则 $a'_1b'_1$ 反映线段 AB 的实长，即 $a'_1b'_1 = AB$，并且新投影 $a'_1b'_1$ 和新投影轴（O_1X_1 轴）的夹角即直线 AB 与 H 面的倾角 α。

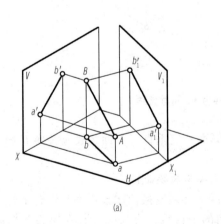
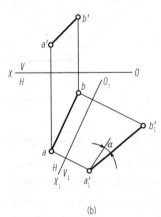

(a)   (b)

图 5-5 将一般位置直线变换为 V_1 面的平行线

同理，若求出一般位置直线 AB 的实长和与 V 面的倾角 β，如图 5-6 所示，应将直线 AB 变换成水平线（$AB /\!/ H_1$ 面），也即用 H_1 代替 H 面，令 $AB /\!/ H_1$ 面，且 $H_1 \perp V$，于是建立 V/H_1 新投影体系，$O_1X_1 /\!/ ab$，基本原理和作图方法同上。

由上述可知，一般位置直线经一次换面，变成新投影面的平行线，即可求得它的实长及与保留不变投影面的倾角。

2. 将投影面平行线变换为新投影面的垂直线（需要一次换面）

将投影面平行线变换为新投影面的垂直线，是为了使直线积聚成一个点，从而解决与直线有关的度量问题（如求两直线间的距离）和空间交点问题（如求线段与面的交点）。要使平行线变为新投影面的垂直线，只需设立一个垂直于该直线又垂直于原投影体系中一投影面的新投影面，该直线在新投影面上的投影必积聚成一点。经一次变换即可实现。应该选择哪一个投影面进行变换，要根据给出的直线的位置而定。

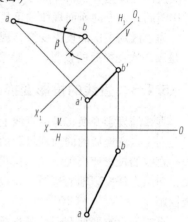

图5-6 将一般位置直线变换为 H_1 面的平行线

图5-7（a）所示为将水平线 AB 变换为新投影面的垂直线的情况。图5-7（b）所示为投影图的作法。因为所选的新投影面垂直于 AB，而 AB 为水平线，所以新投影面一定垂直于 H 面，故应换 V 面，用新投影体系 V_1/H 代替旧投影体系 V/H，其中 $O_1X_1 \perp ab$。作出 AB 的 V_1 面投影，则 $a_1'b_1'$ 积聚为一点。

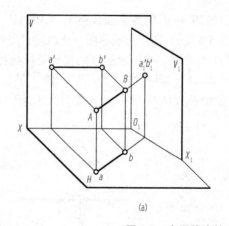

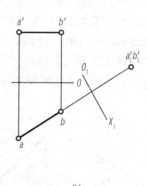

(a)   (b)

图5-7 水平线变换为 V_1 面垂直线

将一正平线变换为新投影面的垂直线，新投影面一定垂直于 V 面，故应替换 H 面，读者可以参考水平线的变换方法自行完成。

3. 将一般位置直线变换为新投影面垂直线（需要二次换面）

如果要将一般位置直线变换为新投影面垂直线，必须变换两次投影面。综合上述两种变换的情况，第一次将一般位置直线变换为新投影面的平行线，第二次将其变换为新投影面的垂直线。

如图5-8（a）所示，AB 为一般位置直线，第一次用 V_1 面代替 V 面，令 $V_1 /\!/ AB$，且 $V_1 \perp H$，使直线 AB 在新投影体系 V_1/H 中成为"正平线"，第二次用 H_2 面代替 H 面，使 $H_2 \perp AB$，且 $H_2 \perp V_1$，使直线 AB 在新投影体系 V_1/H_2 中成为"铅垂线"。其作图方法如图5-8（b）所示，其中 $O_1X_1 /\!/ ab$，$O_2X_2 \perp a_1'b_1'$。

同理，若第一次用 H_1 面代替 H 面，第二次用 V_2 面代替 V 面，则也能使 AB 在 V_2 面上的投影积聚为一点。

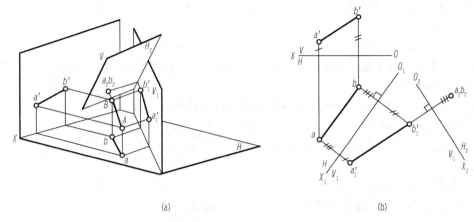

(a)　　　　　　　　　　　　(b)

图 5-8　直线的二次换面

5.1.4　平面的投影变换

对平面进行投影变换，实际上是对该平面上不在同一直线上的三个点进行投影变换来实现的。要使平面变换为特殊位置，新投影面位置的选择是作图的关键。

在应用中，平面的变换有以下三种基本情况，现分别叙述如下。

1. 将一般位置平面变换为新投影面垂直面（求倾角问题）

将一般位置平面变换为新投影面垂直面，只需使平面内的任一条投影面平行直线垂直于新的投影面，仅需要一次变换，使新投影面垂直于平面内的一条投影面平行线，则平面也就和新投影面垂直了。

如图 5-9（a）所示，将一般位置平面△ABC 变换为新投影体系中的正垂面的情况。由于新投影面 V_1 既要垂直于△ABC 平面，又要垂直于原有投影面 H 面，因此，它必须垂直于△ABC 平面内的水平线。

作图步骤 ［图 5-9（b）］如下：

（1）在△ABC 平面内作一条水平线 AD 作为辅助线，并求出其投影 ad、a'd'；

（2）作 $O_1X_1 \perp ad$；

（3）求出△ABC 在新投影面 V_1 上的投影 a'_1、b'_1、c'_1，这三点连线必积聚为一条直线，即所求。而该直线与新投影轴的夹角即该一般位置平面△ABC 与 H 面的倾角 α。

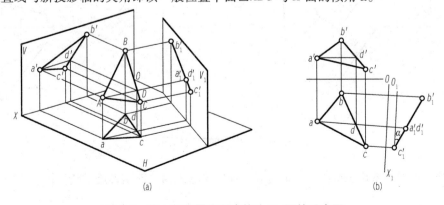

(a)　　　　　　　　　　　　(b)

图 5-9　将一般位置平面变换为 V_1 面的垂直面

同理，也可以将△ABC平面变换为新投影体系 V/H_1 中的铅垂面，并同时求出一般位置平面△ABC 与 V 面的倾角 β。

2. 将投影面的垂直面变换为新投影面平行面（求实形问题）

新投影面必须平行于投影面垂直面，该平面的新投影反映其实形。图中实形用 TS 标记（TS 是 True Shape 的缩写）。

图 5-10 所示为将铅垂面△ABC 变换为投影面平行面的情况。由于新投影面平行于△ABC，因此它必定垂直于投影面 H，并与 H 面组成 V_1/H 新投影体系。△ABC 在新投影体系中是正平面。作图步骤如下：

（1）在适当位置作 $O_1X_1 /\!/ abc$。

（2）作出△ABC 在 V_1 面的投影 a'_1、b'_1、c'_1，连接此三点，得△$a'_1b'_1c'_1$ 即△ABC 的实形。

若已知平面是正垂面，应该用 H_1 面代替 H 面，同样可作出其实形。

3. 将一般位置平面变换为投影面平行面（二次换面）

要将一般位置平面变换为投影面平行面，必须经过两次换面。第一次将一般位置平面变换为新投影面垂直面，第二次将投影面的垂直面变换为新投影面平行面。

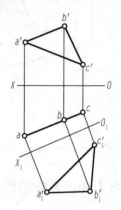

图 5-10 将投影面的垂直面变换为投影面平行面

如图 5-11（a）所示，先换 V 面，其变换顺序为 $X\frac{V}{H}\to X_1\frac{V_1}{H}\to X_2\frac{V_1}{H_2}$，在 H_2 面上得到△$a_2b_2c_2$＝△ABC，即△$a_2b_2c_2$ 是△ABC 的实形；

如图 5-11（b）所示，先换 H 面，其变换顺序为 $X\frac{V}{H}\to X_1\frac{V}{H_1}\to X_2\frac{V_2}{H_1}$，在 V_2 面上得到△$a'_2b'_2c'_2$＝△ABC，即△$a'_2b'_2c'_2$ 是△ABC 的实形。

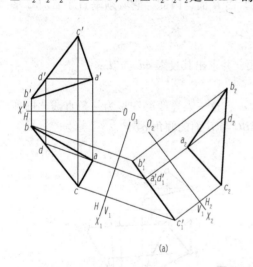
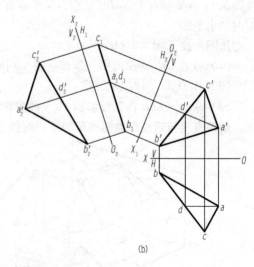

（a）　　　　　　　　　（b）

图 5-11 平面的二次换面

这一基本作图法常用来解决求一般位置平面的实形或由平面实形反求其投影等问题。

5.2　旋转法

5.2.1　基本概念

原投影面保持不变，而是使直线或平面等几何元素绕某一轴线，旋转到对原投影面处于有利于解题的位置，这种方法称为旋转法。

旋转法按旋转轴与投影面的位置不同，可分为两类：一类是旋转轴垂直于某一投影面时，称为绕垂直轴旋转；另一类是若旋转轴平行于某投影面，称为绕平行轴旋转。在一般情况下，常用的都是绕垂直轴旋转的方法，因此，本节只讨论这一种情况。

5.2.2　点的旋转

图 5-12 所示为空间点绕铅垂轴 O 旋转的状况。A 点的运动轨迹是一个水平圆，圆半径等于 A 点到旋转轴的距离。由于水平圆平行于 H 面，故其 H 面投影反映实形，其 V 面投影为平行于 OX 的直线，长度等于圆的直径。如图所示，当 A 点旋转时，a 在 H 面投影的圆周上运动，a' 在 V 面投影的直线上移动。无论 A 点转动到哪个位置，投影连线 aa' 都垂直于 OX。

若 A 点反时针旋转 φ 角到 A_1，求作新投影 a_1 和 a_1' 的步骤如下：

（1）以 O 为圆心，oa 为半径，逆时针作圆弧 aa_1，使得 $\angle aoa_1 = \varphi$，得 a_1；

（2）过 a_1 作投影连线，过 a' 作直线平行于 OX，两线的交点即 a_1'。

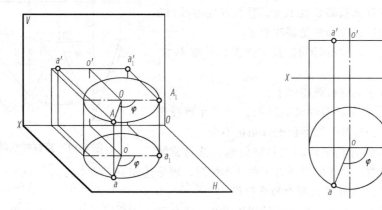

图 5-12　点绕铅垂轴旋转

如图 5-13 所示，当空间点 B 绕正垂轴旋转时，其运动轨迹在 V 面上的投影为圆，在 H 面上的投影是平行于 OX 轴的直线。当 B 点旋转 θ 角到 B_1，同样作出其新投影 b_1 和 b_1'。

点绕投影面垂直线作旋转时，其投影特性是：在轴线垂直的投影面上的投影做圆周运动，圆心为旋转轴在该投影面上的投影，半径是点在该面的投影到圆心的距离（点到旋转轴的距离）；在另一个投影面上，点的投影做与投影轴平行的直线运动。

5.2.3　直线的旋转

直线的旋转，只要将直线上两个端点绕同轴做同向同角度旋转，作出它们的新投影后，将同面投影相连即得直线旋转后的新投影。

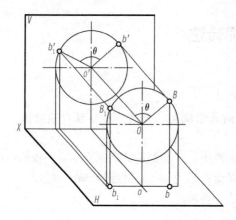

图 5-13　点绕正垂轴旋转

直线的旋转为该直线上两点的旋转作图。在旋转过程中，两点必须遵守"三同"原则，即同轴、同向、同角。

如图 5-14 所示，直线 AB 绕铅垂轴 O 逆时针旋转 φ 角，到达 A_1B_1 位置。根据点的旋转规律作出 A_1 和 B_1 的投影，再同面投影相连，即得 a_1b_1 和 $a_1'b_1'$。由作图过程可以看出，因为 $oa = oa_1$，$ob = ob_1$，$\angle aoa_1 = \angle bob_1 = \varphi$，即有 $\angle aob = \angle a_1ob_1$，故 $\triangle aob \cong \triangle a_1ob_1$，所以 $a_1b_1 = ab$。这说明了直线绕铅垂轴旋转时，其 H 面投影长度不变，且与 H 面的倾角 α 也不变，但其 V 面投影长度和 β 角都改变了。

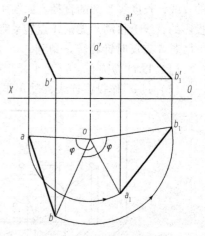

图 5-14　直线的旋转

同理，当直线绕正垂轴旋转时，其 V 面投影长度不变，其 β 角也不变。

由此可总结出直线的旋转规律如下：

若直线绕垂直于某投影面的轴旋转时，则其在该投影面上的投影长度不变，且其与投影面的倾角也不变。

为了将直线旋转到有利于解题的特殊位置，选择旋转轴和旋转角度至关重要。直线的旋转有三种基本情况，现分述如下。

1. 将一般位置直线旋转成投影面的平行线

以铅垂线为旋转轴，可将一般线旋转成正平线，于是其 V 面投影反映实长和 α 角。

如图 5-15 所示，一般线 AB 绕铅垂轴旋转。为了作图简便，可使旋转轴通过 A 点，旋转时 A 点位置不变，其投影也不变。将 AB 旋转到正平线 AB_1 的位置，这时只需作出 B_1 点的投影，于是 $ab_1 /\!/ OX$，且 $ab_1 = ab$，则 $a'b_1' = AB$，且 $\angle a'b_1'b' = \alpha$。

同理，若以正垂线为旋转轴，可将一般线旋转成水平线，并求出其实长和 β 角。

2. 将投影面的平行线旋转成投影面垂直线

以正垂线为旋转轴，可将正平线旋转成铅垂线，于是其 H 投影积聚为一点。

如图 5-16 所示，正平线 AB 绕通过 B 点的正垂轴，旋转到铅垂线 A_1B 的位置，于是 $a_1'b \perp OX$，a_1b 积聚为一点。

同理，以铅垂线为旋转轴，可将水平线旋转成正垂线，使其 V 投影积聚为一点。

3. 将一般位置直线旋转成投影面垂直线

综合上述两种旋转的情况，可以连续作两次旋转，第一次将一般线旋转为投影面平行线，第

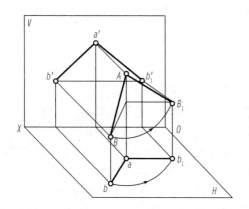
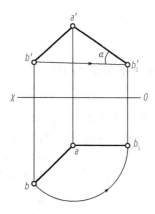

图 5-15　一般位置直线旋转为正平线

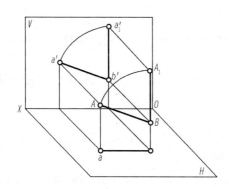
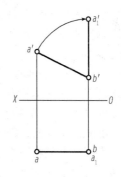

图 5-16　正平线旋转为铅垂线

二次将其旋转成投影面垂直线。

如图 5-17 所示，AB 是一般线。第一次将 AB 绕通过 A 点的铅垂轴旋转，使其变换为正平线 AB_1，$a'b'_1$ 反映实长和 α 角；第二次将 AB_1 绕通过 B_1 点的正垂轴旋转，使其变换为铅垂线 A_2B_1，于是 a_2b_1 积聚为一点。

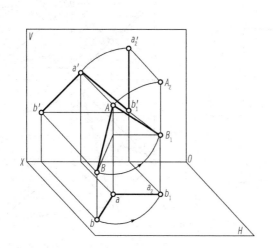
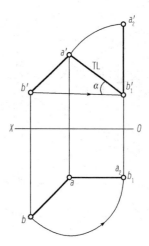

图 5-17　一般位置直线旋转为铅垂线

同理，若 AB 第一次绕正垂轴旋转，可使其变换为水平线，第二次绕铅垂轴旋转，可使其变换为正垂线。

5.2.4 平面的旋转

平面的旋转，只需将平面内不在同一直线上的三个点，如三角形的三个顶点，按同轴、同向、同角旋转，作出它们的新投影。再同面投影相连，即得平面的新投影。其特性：平面绕垂直于某个投影面轴旋转时，它在该投影面上投影形状不变，平面与该投影面的倾角也始终不变。

如图 5-18 所示，△ABC 绕正垂轴 O 旋转，实质上是将 A、B、C 三点绕 O 轴，按同方向旋转 θ 角。根据点的旋转规律，可作出各点的新投影，连之即得 △$a_1b_1c_1$ 和 △$a_1'b_1'c_1'$。

根据直线的旋转规律可推知，△$a_1'b_1'c_1'$ 的三边与 △$a'b'c'$ 的对应三边长度相等，所以 △$a_1'b_1'c_1' \cong$ △$a'b'c'$，且 △$A_1B_1C_1$ 和 △ABC 的 β 角相同。同理，若平面绕铅垂轴旋转，其 H 面投影的形状大小不变，且其 α 角也不变。

由此，总结出平面的旋转规律如下：

若平面绕垂直于某投影面的轴旋转时，则其在该投影面上的投影形状大小不变，且其与该投影面的倾角也不变。

若将平面旋转到有利于解题的特殊位置，关键是选择旋转轴的位置和适当的旋转角度。

平面的旋转有三种基本情况，现分述如下。

1. 将一般位置平面旋转成投影面垂直面

将一般面旋转为正垂面，需把该平面内的水平线旋转为正垂线，因此，旋转轴必须垂直于 H 面。旋转后该平面的 V 面投影有积聚性，且反映其 α 角。

如图 5-19 所示，△ABC 为一般面。先作出 △ABC 内的一条水平线 AD [ad，a'd']，令旋转轴为通过 A 点的铅垂线。于是以 a 为圆心，把 d 旋转到 d_1 位置上，使 $ad_1 \perp OX$。然后将 B 点和 C 点做同轴、同向、同角度旋转，得 △ab_1c_1，再作出 △ABC 新位置的 V 面投影，$a'b_1'c_1'$ 必积聚为直线，它与 OX 的夹角即 △ABC 的 α 角。

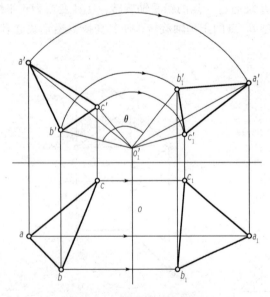
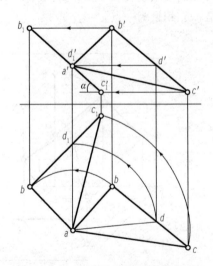

图 5-18 平面绕正垂轴旋转   图 5-19 一般位置平面旋转成正垂面

与此类似，若绕正垂轴旋转，可将一般面旋转为铅垂面，并得到平面的 β 角。

2. 将投影面的垂直面旋转成投影面平行面

以正垂线为旋转轴，可将正垂面旋转为水平面，其 H 面投影反映实形。

如图 5-20 所示，$\triangle ABC$ 为正垂面，绕通过 B 点的正垂轴旋转，使其变换为水平面 $\triangle A_1BC_1$，于是 $\triangle a_1bc_1 \cong \triangle ABC$。

与此类似，以铅垂线为旋转轴，可将铅垂面旋转为正平面。

3. 将一般位置平面旋转成投影面平行面

综合上述两种旋转的情况，可连续作两次旋转，第一次将一般面旋转为投影面垂直面，第二次将其旋转成投影面平行面。

如图 5-21 所示，$\triangle ABC$ 为一般面。第一次将 $\triangle ABC$ 绕通过 A 点的铅垂轴旋转，使其变换为正垂面 $\triangle AB_1C_1$，则 $a'b_1'c_1'$ 积聚为直线。第二次将 $\triangle AB_1C_1$ 绕通过 B_1 点的正垂轴旋转，使其变换为水平面 $\triangle A_1B_1C_2$，则 $\triangle a_1b_1c_2 \cong \triangle ABC$。同理，若 $\triangle ABC$ 第一次绕正垂轴旋转，可使其变换为铅垂面，第二次绕铅垂轴旋转，可使其变换为正平面。

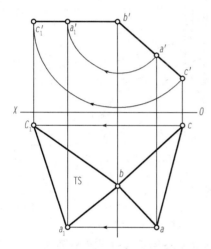

图 5-20　正垂面旋转为水平面

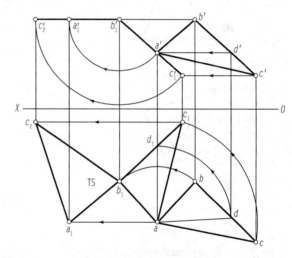

图 5-21　一般面旋转为水平面

5.3　投影变换解题举例

根据换面法和旋转法的基本原理，可将一般位置的直线和平面变换到特殊位置，以达到解题的目的。前面已对点、直线、平面的基本变换作了详细介绍，这些方法概念清楚，作图简便，是解题的基础。对于各种各样的问题，解法并非千篇一律，要具体分析，灵活运用。一般在解题时，首先进行空间分析，确定解题的方法与步骤，然后按次序作图，直至求出答案。

下面的一些例题，解法可能有多种，这里仅作出常用的一种解法。通过这些示例，读者可以举一反三，融会贯通，掌握解题的基本方法和步骤，培养分析问题和解决问题的能力。

5.3.1　度量问题

1. 点到平面的距离

在前几章中，已经提到此问题的解法应分为三步，即作垂线、定垂足、求实长。若用投影变换的方法，只要把已知的平面变换成垂直面，点到平面的真实距离就反映在投影图上了。

【例 5-1】　如图 5-22 所示，用变换 V 面的方法，确定点 K 到 $\triangle ABC$ 的距离。

【分析】 确定点到平面的距离，只要把已知的平面变换成垂直面，点到平面的实际距离就可反映在投影图上了。

解：

（1）由于△ABC中的AB为水平线，故直接取新轴 $O_1X_1 \perp ab$。

（2）作出点K和△ABC的新投影 k_1' 和 $a_1'b_1'c_1'$（为一直线）。

（3）过点 k_1' 向直线 $a_1'b_1'c_1'$ 作垂线，得垂足的新投影 d_1'，投影 $d_1'k_1'$ 之长即所求的距离。

（4）过 k 作 o_1x_1 轴的平行线，过 d_1' 作 o_1x_1 轴的垂线，两线交点为 d，连接 kd。

（5）过 k 作 ox 轴的垂线，用 d_1' 到 o_1x_1 轴的距离，在线上量得 d'，连接 $k'd'$。

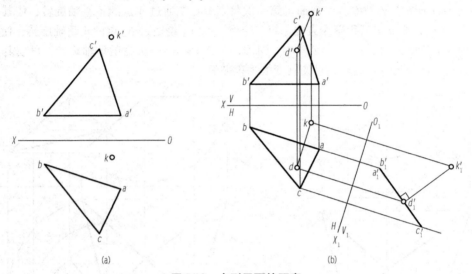

图 5-22 点到平面的距离

2. 点到直线的距离

前几章对此问题的解法是比较复杂的。如果给出的直线为一条铅垂线（或者正垂线），那么问题就比较简单了，因为表示两者距离的那条垂线是水平线（或者正平线），所以它的水平投影（或正面投影）反映实长。这样，就导出了用变换投影法解决这种问题的原则：把给出的一般位置直线变换成垂直线。用同样的作法还可以确定两平行直线之间的距离。

【例5-2】 如图5-23（a）所示，已知线段MN和线外一点A的两个投影，求点A到直线MN的距离，并作出A点对MN垂线的投影。

【分析】 要使新投影直接反映A点到直线MN的距离，过A点对直线MN垂线的旧投影必须平行于新投影面。即直线MN或垂直于新的投影面，或与点A所决定的平面平行于新投影面。要将一般位置直线变为投影面的垂直线，必须经过二次换面，因为垂直一般位置直线的平面不可能又垂直于投影面。因此，要先将一般位置直线变换为投影面的平行线，再由投影面平行线变换为投影面的垂直线。

解：

（1）求点A到直线MN的距离。先将直线MN变换为投影面的正平线（平行于 V_1 面），再将正平线变换为铅垂线（垂直于 H_2 面），点A的投影也随着变换，线段 a_2k_2 即等于点A到直线MN的距离。

（2）作出点A对直线MN垂线的旧投影。由于直线MN的垂线AK在新投影体系 V_1/H_2 中平行于 H_2 面，因此，AK在 V_1 面上的投影 $a_1'k_1' // O_2X_2$ 轴，$a_1'k_1' \perp m_1'n_1'$。据此，过 a_1' 作 O_2X_2 轴的

平行线，得到 k_1'，利用直线上点的投影规律，由 k_1' 返回去，在直线 MN 的相应投影上，先后求得垂足 K 点的两个旧投影 k 和 k'，连接 a'k'、ak。a'k'、ak 即点 A 对直线 MN 垂线的旧投影。

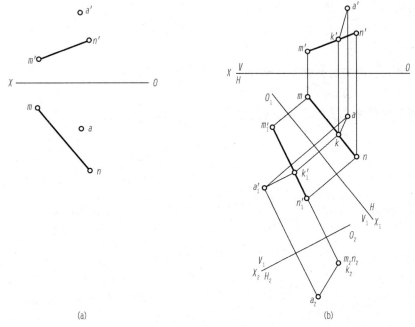

(a)　　　　　　　　　　　　　　　　　　　　(b)

图 5-23　点到直线的距离及其投影

用同样的作法还可以确定两平行直线之间的距离。

5.3.2　定位问题

定位问题是指用投影变换的方法可以解决求作直线和平面的交点及求作两个平面交线的问题。现举其中一例，即用投影变换的方法求作直线和平面的交点，对于这类问题，只要把所给平面变换成投影面垂直面就可解决。

【例 5-3】　　如图 5-24 所示，求作直线 MN 和 △ABC 的交点 K 的投影。

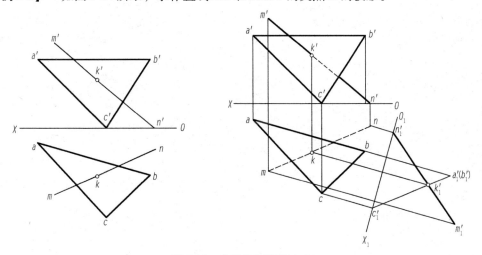

图 5-24　直线与平面的交点

解：因为 AB 是水平线，所以应作新轴 $O_1X_1 \perp ab$，得新投影 $a_1'b_1'c_1'$，它是一条直线，有积聚性。由此再作出 MN 的新投影 $m_1'n_1'$。这样，$m_1'n_1'$ 和 $\triangle ABC$ 的新投影（为一线段）的交点，就是所求交点 K 的新投影 k_1'。然后用"返回作图"作出原投影 k 和 k'。并判断表明可见性。

本章要点

（1）点、直线、平面的换面法基本作图。

（2）点、直线、平面的旋转法基本作图。

（3）用换面法解决度量和定位问题的作图方法。

第 6 章

平面立体

立体按其表面形状不同可分为平面立体和曲面立体。围成立体的所有表面都是平面的立体称为平面立体，工程上常见的平面立体有棱柱、棱锥、棱台以及由叠加和切割形成的形状较为复杂的平面立体等；由曲面或者由曲面和平面共同围成的立体称为曲面立体，常见的曲面立体有圆柱、圆锥、球等。工程结构物或构件无论其形体繁简，一般都可以看作由这些基本几何体组合而成（图 6-1）。

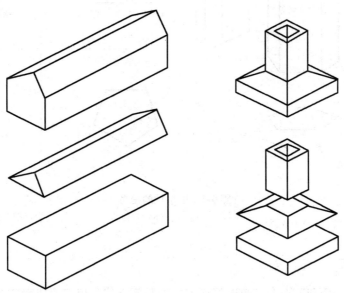

图 6-1 形体的组成

6.1 平面立体的投影

平面立体的投影就是平面立体上所有棱线的投影。这些棱线的投影构成各面投影图的轮廓线。当其可见时画粗实线，不可见时画中虚线；当粗实线和中虚线重合时，应只表现为粗实线。

6.1.1　棱柱

由两个相互平行的底面和若干个侧棱面围成的平面立体称为棱柱。相邻两个棱面的交线称为棱线。侧棱垂直于底面的棱柱为直棱柱；侧棱与底面倾斜的棱柱为斜棱柱；底面为正多边形的直棱柱为正棱柱。

图 6-2（a）所示为一个正五棱柱向三个投影面投影的空间情况。在建筑中柱子总是直立放置，因此这里使五棱柱的底面平行于 H 面，即使其轴线铅垂放置，其中侧棱面 EE_0D_0D 与正平面平行，其他棱面均为铅垂面。图 6-2（b）所示是五棱柱的三面视图，其投影特点：H 面投影是一个正五边形，它是顶面和底面的重合显实性投影。其五条边分别为五个侧面的积聚投影，五条侧棱的投影积聚成五边形的顶点。在 V 面和 W 面投影中，顶面和底面各积聚成一条水平线段，由于各侧棱面相对于投影面的位置不同，投影形成不同宽度的矩形（有的反映实形，有的为缩小的类似图形），对 V 面来说侧棱 EE_0 和 DD_0 处于不可见的位置，其投影画成虚线。

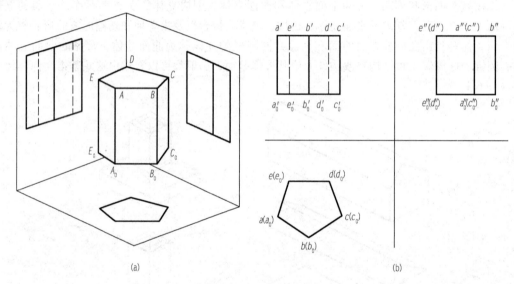

图 6-2　五棱柱的投影
（a）空间情况；（b）三视图

6.1.2　棱锥

棱锥是由一个底面和若干个三角形侧面围成的平面立体，相邻两棱面的交线称为棱线。图 6-3 所示是一个三棱锥向三个投影面投影的空间情况，使其底面平行于 H 面放置，右侧面为正垂面。底面在水平面上的投影 abc 反映实形，在正面和侧面上的投影各积聚成一段水平线。右棱面的 V 面投影积聚成一条斜线，其他两面投影为该侧面的类似形。前后棱面均为一般位置平面，其三面投影均是相应棱面的类似形，且与 V 面投影重合。在绘制棱锥的三面投影时，只要把锥顶点 S 在三个投影面上的投影与三棱锥底面各顶点的同名投影对应相连即可完成。

6.1.3　棱台

棱锥被平行于底面的平面截切，截平面与底面之间的部分就称为棱台。因此，棱台的两底面

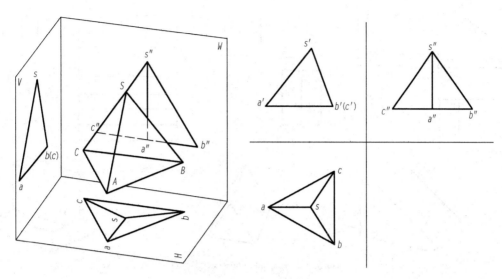

图6-3 三棱锥的投影

为相互平行的相似形，并且各棱线的延长线相交于一点。

图6-4（a）所示为一个四棱台，使其上下底面平行于水平投影面，左右棱面垂直于 V 面，前后棱面垂直于 W 面。图6-4（b）所示是四棱台的三面视图，其投影特点：正面投影和侧面投影为等腰梯形，其上下底边分别为棱台上下底面的积聚投影；正面投影中梯形的两腰分别为四棱台左、右棱面的正面积聚投影；侧面投影中梯形的两腰分别为棱台前、后棱面的积聚投影；水平投影图中，大小两个矩形分别为棱台上下底面的真实投影，两个矩形对应顶点的连线为棱台各棱线的投影，其延长线相交于一点。

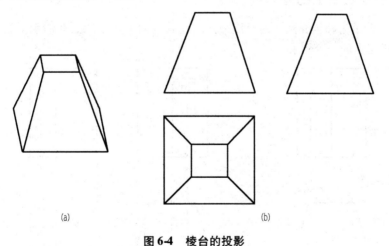

(a)   (b)

图6-4 棱台的投影
（a）空间形状；（b）三视图

6.1.4 一些平面立体的投影图示例

图6-5给出了一些平面立体的三视图和立体模型，请先通过三视图读懂它们的形状，分析这些立体各个表面的投影及其可见性，再对照空间立体模型检查读图情况以提高空间想象能力。

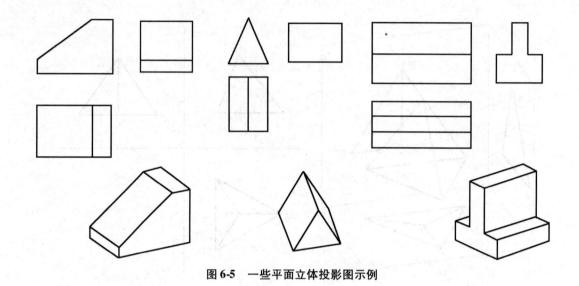

图6-5 一些平面立体投影图示例

6.2 平面立体表面上的点和线

在平面立体表面上确定点和线，其方法与在平面内确定点和线的方法相同。但要注意的是，平面立体是由若干个平面围成的，所以在确定平面立体表面上的点和线时，首先要判断点和线属于哪一个表面。如果点和线所在的平面在某一个投影面上的投影是可见的，则点和线在该投影面上的投影也是可见的，反之则不可见。

6.2.1 棱柱表面上的点和线

图6-6（a）所示为补全五棱柱的投影，并求作其表面上点Ⅰ和点Ⅱ的水平投影及侧面投影的平面立体表面定点的一个例子。

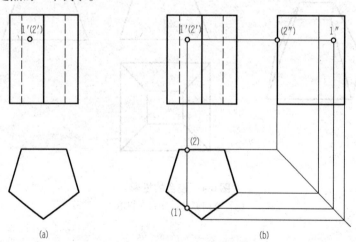

图6-6 在棱柱表面上定点

【分析】 由图6-6（a）所示的已知条件可知，点Ⅰ在相对于V面可见的正五棱柱的侧面上，即位于正五棱柱的左前侧表面上；点Ⅱ在相对于V面不可见的侧面上，即点Ⅱ位于正五棱柱的后侧面。根据棱柱投影的形成过程，点Ⅰ和点Ⅱ的水平投影分别从属于棱柱侧面的水平积聚投影，点Ⅰ在侧面上的投影可见，点Ⅱ在侧面上的投影不可见。

【例 6-1】　补全三棱柱的侧面投影，并作出其表面上的线ⅠⅡ、ⅡⅢ的水平投影和侧面投影 ［图 6-7（a）为已知条件］。

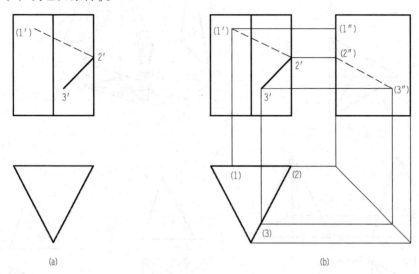

图 6-7　作棱柱表面上的线段

解：

（1）根据三棱柱的高和宽绘制三棱柱的侧面投影轮廓。

（2）点Ⅰ是三棱柱上与 V 面平行的棱面上的点，在该棱面的水平和侧面的积聚投影上求出其投影 1′ 和 1″。

（3）点Ⅱ是三棱柱右侧棱上的点，在该棱线的水平投影和侧面投影上求出其投影 2′ 和 2″。

（4）点Ⅲ属于三棱柱的右前棱面，水平投影 3 在该棱面的水平积聚投影上。

（5）判断可见性，连接线段，不可见的线段画虚线；可见的线段画实线。

6.2.2　棱锥表面上的点和线

【例 6-2】　已知三棱锥表面上点Ⅰ、Ⅱ的正面投影 1′、2′，求它们的水平投影和侧面投影 ［图 6-8（a）为已知条件］。

【分析】　三棱锥的三个棱面的水平投影和侧面投影均为类似形，需要通过在各棱面上作辅助线段的方法来确定其表面上各点的投影。

解：

（1）分别连接三棱锥锥顶 S 与表面上的点Ⅰ和点Ⅱ，交底边于 N 和 M，如图 6-8（b）所示。

（2）作出线段 SN 和 SM 在其他两个投影面上的投影，根据点的从属性，点Ⅰ和点Ⅱ的其他两个投影均应在所作辅助线段的投影上，如图 6-8（c）所示。

除上述辅助线作法以外，还可以通过作如下辅助线来完成本题作图：

（1）过表面上点作平行于该表面底边的平行线，如图 6-8（d）所示。

（2）过棱面上已知点作任意一条辅助线，与该面的边线相交，如图 6-8（e）所示。

在解题时，可根据具体情况选择不同的作法。

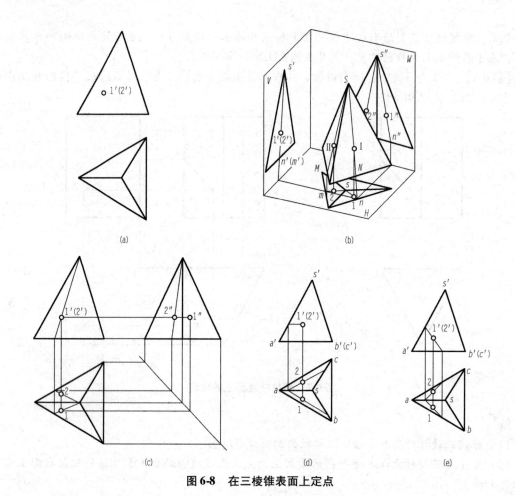

(a)

(b)

(c)   (d)   (e)

图 6-8　在三棱锥表面上定点

【**例 6-3**】　已知三棱锥 $S-ABC$ 表面上线段 ⅠⅡ、ⅡⅢ 的正面投影 $1'2'$、$2'3'$，求它们的其他两个投影（图 6-9）。

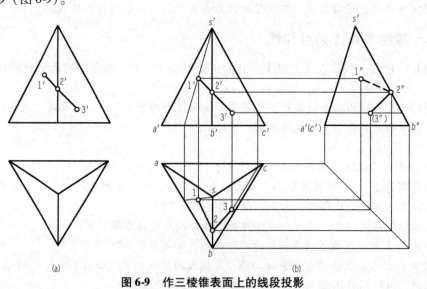

(a)   (b)

图 6-9　作三棱锥表面上的线段投影

（a）已知条件；（b）投影

解:

(1) 通过在平面 *SBC* 上过Ⅲ作平行于 *BC* 的水平线,作出Ⅲ的水平投影 3 和侧面投影 3″。

(2) 点Ⅱ在棱线 *SB* 上,通过作投影连线作出Ⅱ的侧面投影。再根据 *Y* 坐标找到其水平投影。

(3) 在平面 *SBC* 上作通过锥顶和点Ⅰ的辅助线,作出点Ⅰ的水平投影 1 和侧面投影 1″。

(4) 连接线段,可见的线段画实线,不可见的线段画虚线。

6.2.3　棱台表面上的点和线

图 6-10 所示为在棱台表面上定点的方法之一,即通过补全棱台的第三投影图来完成点的投影。此外,还可以通过在棱台表面上过已知点作辅助投影线的方法完成作图,留给读者自己完成。

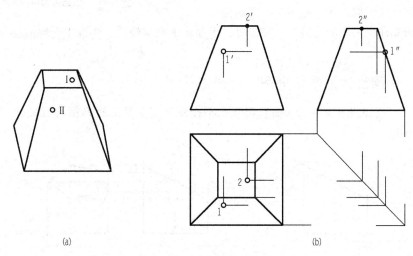

(a)　　　　　　　　　　　(b)

图 6-10　在棱台表面上定点

6.3　平面立体的截切

6.3.1　概述

如图 6-11 所示,用平面截切平面立体。平面与立体表面的交线称为截交线,由截交线围成的平面多边形称为断面。平面多边形的各顶点是棱线及底边与截平面的交点。截切立体的平面称为截平面。若将截切掉的一部分立体拿走,则留下的立体称为切割体。

求作平面立体的截交线的一般步骤如下:

(1) 分析平面立体的表面性质和投影特性。

(2) 分析截平面的数目和空间位置及与空间平面立体的哪些棱线相交。

(3) 用求直线与平面交点的作图方法求截交线各顶点,将同一投影面在同一断面上且同一表面上的每相邻的两个顶点依次连接,得到截交线。若有多个截平面,还应求出相邻两个截平面的交线。

(4) 判断截交线的可见性,若求的是切割体的投影,应按切割体来表明投影图中的图线的可见性；若截切后不取去截切掉的部分，则在立体投影可见的表面上的截交线的投影可见，在立体投影不可见的表面上的截交线的投影不可见。

平面与平面立体相交，如截平面或平面立体表面的投影具有积聚性，则利用投影的积聚性求作截交线较为简捷；若两者的投影都没有积聚性，则可以将截平面经过一次换面变换成投影面的垂直面。在新投影体系中，可利用投影的积聚性求作截交线，然后将作出的截交线再返回到原来的投影体系中；当然也可以求作一般位置直线和一般位置平面的交点的方法作出截交点，再将截交点连成截交线，但作图过程不及前者简捷。

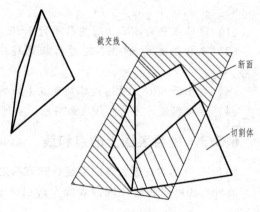

图 6-11　平面立体的截切

由于平面立体最常用的是棱柱、棱锥等，下面将平面与棱柱、棱锥相交的情况分别举例加以说明。

6.3.2　平面立体的截切举例

【例 6-4】　已知正五棱柱的正面投影和水平投影，用正垂截面 P 截切五棱柱，求作切割体的投影（图 6-12）。

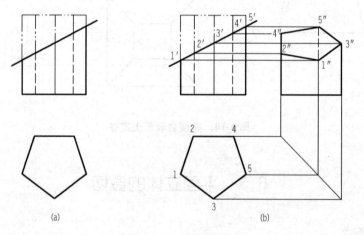

图 6-12　五棱柱的截切

【分析】　五棱柱被正垂面截去左上端，截平面与五棱柱的五个棱面相交。截交线围成的图形为五边形。求解时，先分别求截平面与各侧棱的交点的三面投影；再将属于五棱柱的同一个表面，且在同一个截平面上的相邻两个投影点依次相连，同时对截交线的可见性进行判断；最后将切割体的投影补全即可完成作图。

解：

（1）作出五棱柱被截切前的侧面投影。

（2）确定截交线的 V 面投影 $1'2'3'4'5'$。

（3）求截平面与各棱边的交点的水平投影 1、2、3、4、5。

（4）求截交线各顶点的侧面投影 $1''$、$2''$、$3''$、$4''$、$5''$。

（5）按顺序分别连接各顶点的水平投影和侧面投影，即得到截交线的水平投影和侧面投影，并判断截交线的可见性。

(6) 整理棱线，完成切割体的投影。

【例 6-5】　已知四棱锥被正垂截面 P 截切，求作截交线的三面投影（图 6-13）。

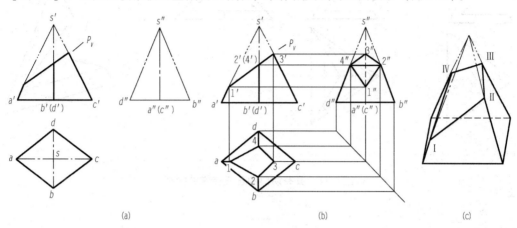

图 6-13　四棱锥的截切

【分析】　截平面与四棱锥的四个侧面的交线，即截交线。如图 6-13（c）所示，截交线 Ⅰ Ⅱ Ⅲ Ⅳ 围成的图形为四边形，其四个顶点为截平面与四棱锥四条棱边的交点。因此，求截交线的投影即求四条棱边与截平面各交点的三面投影。

解：

(1) 截交线的 V 面投影与截平面的 V 面积聚投影重合。

(2) 求截平面 P 与棱边 SA、SB、SC、SD 的交点的 V 面投影 $1'$、$2'$、$3'$、$4'$。

(3) 求 Ⅰ、Ⅱ、Ⅲ、Ⅳ 的水平投影和侧面投影。

(4) 在同一投影面上将同一侧面的相邻两点依次连接，完成截交线的两面投影，并整理各棱边的投影。

【例 6-6】　已知正三棱锥被两个相交平面截切，试完成其水平投影和侧面投影（图 6-14）。

【分析】　如图 6-14（c）所示，该平面立体被两个截面截切，形成切口。水平截面（用 P 表示）与三棱锥表面 SAB 和 SAC 的交线分别为 Ⅱ Ⅲ、Ⅱ Ⅳ，且 Ⅱ Ⅲ //AB，Ⅱ Ⅳ //AC；正垂截面（用 Q 表示）与棱边 SA 交于 Ⅰ 点，与三棱锥表面 SAB 交线为 Ⅰ Ⅲ，与三棱锥表面 SAC 的交线为 Ⅰ Ⅳ。求解时，应分别求出各截面与立体表面的截交线，并画出两个截面的交线 Ⅲ Ⅳ。

解：

(1) 绘制三棱锥 $S-ABC$ 被切割前的侧面投影。

(2) 定出截交线各顶点的 V 面投影 $1'$、$2'$、$3'$、$4'$：Ⅰ、Ⅱ 分别为棱线 SA 与截平面 Q、P 的交点；Ⅲ Ⅳ 是 P 与 Q 的交线，垂直于 V 面。

(3) 根据求平面立体表面上点的投影方法求出 Ⅰ、Ⅱ、Ⅲ、Ⅳ 的水平投影 1、2、3、4 和侧面投影 $1''$、$2''$、$3''$、$4''$。

(4) 连接水平截面 P 与立体表面的截交线 Ⅱ Ⅲ、Ⅱ Ⅳ 的水平和侧面投影；连接正垂截面 Q 与立体表面的截交线 Ⅰ Ⅲ、Ⅰ Ⅳ 的水平和侧面投影；连接截平面 P 与 Q 的交线 Ⅲ Ⅳ，其水平投影 34 不可见。

(5) 对带切口的三棱锥的棱线进行分析，在各投影中应擦去棱线 Ⅰ Ⅱ 的投影。

(6) 加深可见图线，完成作图。

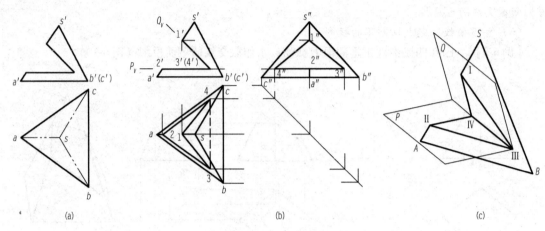

图6-14 具有切口的正三棱锥的投影

本章要点 ⟩⟩⟩

（1）棱柱、棱锥、棱台的投影特性。

（2）平面立体表面上的点和线的投影。

（3）平面与平面立体相交时截交线的投影。

第 7 章

曲线、曲面与曲面立体

在建筑工程中,会存在各种曲线和曲面,以及由曲面或曲面与平面围成的曲面体。本章主要研究工程中常见曲线、曲面和曲面立体的形成、投影特性与图示方法及曲面立体的截切。

7.1 曲线与曲面

7.1.1 曲线

1. 曲线的形成

曲线可以看成一个点在空间中连续运动的轨迹。

2. 曲线的分类

曲线分为平面曲线和空间曲线两大类。

(1)平面曲线。曲线上所有点都在同一平面上,如圆、椭圆、抛物线、双曲线等。

(2)空间曲线。曲线上有任意连续的四个点不在同一平面上,如圆柱螺旋线。

3. 曲线的投影特性

曲线的投影在一般情况下仍是曲线,如图 7-1(a)所示。对于平面曲线来讲,当曲线所在的平面与投影面平行时,其投影反映曲线的实形,如图 7-1(b)所示;当曲线所在的平面与投影面垂直时,其投影成一条直线,如图 7-1(c)所示。二次曲线的投影一般仍为二次曲线。例如圆的投影一般是椭圆,但在特殊情况下也可能是圆或直线。

4. 曲线的图示方法

绘制曲线的投影,一般先在曲线上取一系列点,将这一系列点的投影作出,然后用曲线板依次光滑地连接起来。在实际工程中,如果知道曲线的形成方法、几何性质或投影特性,根据几何性质作图,既可以提高绘图的精度,也可以提高绘图的速度。

5. 工程中常见曲线的投影

(1)圆的投影。圆的投影有三种情况:当圆所在的平面平行于投影面时,其投影反映该圆的实形,如图 7-2(a)所示;当圆所在的平面与投影面倾斜时,其投影是椭圆,如图 7-2(b)、(c)的水平投影;当圆所在的平面与投影面垂直时,其投影成一条直线,其长度为圆的直径,如图 7-2(b)、(c)的正面投影。

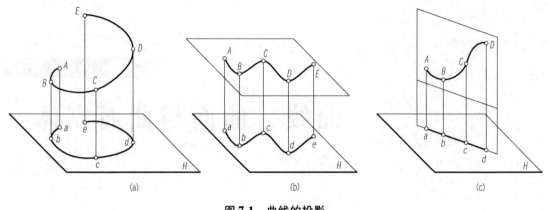

图7-1　曲线的投影

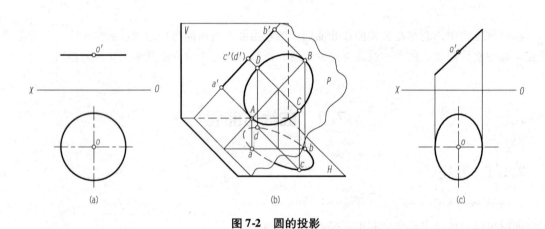

图7-2　圆的投影

【例7-1】　已知圆的正面投影,以及圆心的 H 面、V 面投影 o 和 o',如图7-3(a)所示,求作该圆的水平投影。

【分析】　根据已知条件,如图7-3(a)所示,圆的正面投影成一条直线,说明了圆所在的平面垂直于 V 面,而且直线 a'b' 的长度等于圆的直径 D。由于直线 a'b' 与投影轴倾斜,说明了圆所在的平面与 H 面倾斜,那么圆在 H 面上的投影是椭圆。在绘制该椭圆时,首先确定椭圆长、短轴的端点。从图7-2(b)中可以看出,椭圆长轴 cd 是圆的水平直径 CD 的投影,cd 的长度等于圆的直径 D,椭圆短轴 ab 是直径 CD 的共轭直径 AB 的投影。(共轭直径——一直径如平分与另一直径平行的弦,则这对直径称为共轭直径。对于圆来讲,相互垂直的两直径即共轭直径。在圆的所有共轭直径中,AB 与 CD 这对共轭直径其投影最为特殊,其水平投影仍然垂直,而且是投影椭圆的长、短轴。)

解:

(1)确定特殊点的投影。根据"长对正",求出投影椭圆短轴的端点 a、b;从 o 点前后截取 c、d 两点,使得 oc = od = o'a' = o'b',如图7-3(b)所示。

(2)确定一般点的投影,利用换面法,求出圆的实形投影。在实形投影圆周上取一般点,本题对称地取了四个一般点,再求得这四个一般点的水平投影,如图7-3(c)所示。

(3)用光滑曲线将所得的投影点依次相连,加深,完成全图。

(2)圆柱螺旋线。当一个动点 M 沿着一直线等速移动,而该直线同时绕着与它平行的一轴

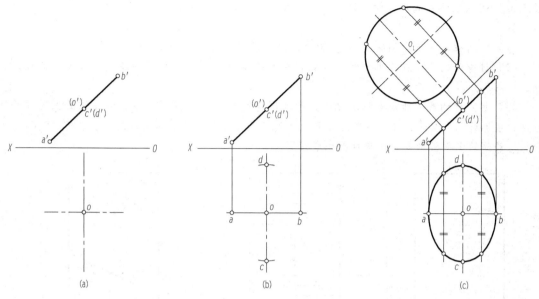

图 7-3　作圆的水平投影

（a）已知条件；（b）确定轴的端点；（c）求一般点的投影，完成全图

线等角速度旋转时，动点 M 复合运动的轨迹就是一根圆柱螺旋线。直线旋转一周，回到原来的位置，动点移动到新位置 M_1，点 M 在该直线上移动的距离 MM_1，称为螺旋线的螺距，以 P 标记。

由于直线绕轴线旋转方向的不同，圆柱螺旋线分为左旋螺旋线和右旋螺旋线两种。当圆柱的轴线为铅垂线时，右旋螺旋线的特点是螺旋线可见的部分自左向右升高，如图 7-4（a）所示；左旋螺旋线的特点是螺旋线可见的部分自右向左升高，如图 7-4（b）所示。圆柱的直径、螺距和旋向是形成螺旋线的三个基本要素。

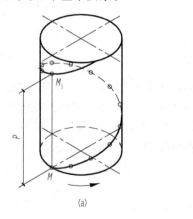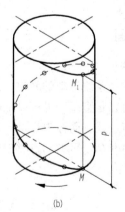

图 7-4　螺旋线的形成

（a）右旋螺旋线；（b）左旋螺旋线

【**例 7-2**】　已知圆柱的直径 ϕ 和螺距 P，如图 7-5（a）所示，求作右旋螺旋线。

【**分析**】　根据螺旋线的形成规律，动点 M 的 H 面投影在圆周上作等角速度运动，动点 M 的 V 面投影在圆柱高度方向也有均速运动的分量，即动点 M 的 H 面投影在圆周上旋转 $1/n$ 圆周，

动点 M 的 V 面投影在高度方向上也上升 $1/n$ 螺距。

解：

（1）将圆柱水平投影圆的圆周12等分，同时将螺距也12等分，如图7-5（b）所示。

（2）过螺距的各分点作水平线，再从圆周上的各分点作竖直的投影连线，求出其相应的交点，如图7-5（c）所示。

（3）用光滑曲线将所求点依次相连，即求得螺旋线的正面投影。在圆柱可见面上的螺旋线可见，投影绘制成实线；在圆柱不可见面上的螺旋线不可见，投影绘制成虚线，如图7-5（c）所示。螺旋线的水平投影包含在圆柱面积聚投影中。

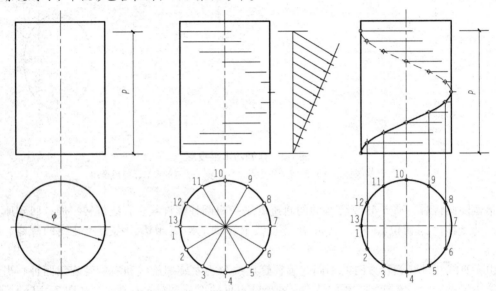

图7-5　圆柱螺旋线的投影

（a）已知条件；（b）将圆周与螺距12等分；（c）求对应点、连线

7.1.2　曲面

1. 曲面的形成

曲面可以看成一条线运动的轨迹，这根运动的线称为母线。母线在曲面上的任何一个位置称为素线。母线可以是直线，也可以是曲线。当母线作规则运动时所形成的曲面称为规则曲面。控制母线运动的点、线、面称为定点、导线和导面（也称约束条件）。图7-6中的曲面是直母线 A_0A_1 沿着曲导线 $ABCDE$ 移动，且始终平行于直导线 MN，而形成的曲面。

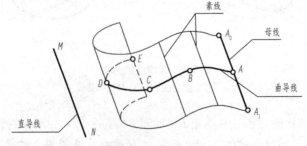

图7-6　曲面的形成

曲面的形成方法是多种多样的，同一个曲面，可以看成不同母线、不同约束条件运动而成的。例如图 7-7 中的圆柱面，可以看成由直母线作旋转运动而成，如图 7-7（a）所示；也可以看成曲母线（圆）作垂直于圆平面的直线运动而形成，如图 7-7（b）所示。

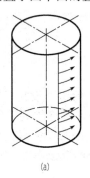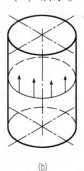

(a)　　　　　　　　　　(b)

图 7-7　圆柱面的不同形成方法

2. 曲面的分类

（1）根据母线运动形式的不同，曲面可以分为：

1）回转面。母线绕一定轴作旋转运动而形成的曲面，如圆柱面、圆锥面、圆球面、圆环面、单叶双曲回转面、抛物回转面等。

2）非回转面。母线根据其他约束条件运动而形成的曲面，如椭圆柱面、椭圆锥面、平螺旋面、双曲抛物面、柱状面、锥状面等。

（2）根据母线形状的不同，曲面可以分为：

1）直纹曲面。母线为直线的曲面，如圆柱面、圆锥面、单叶双曲回转面、柱状面、锥状面、平螺旋面、双曲抛物面等。

2）曲纹曲面。母线为曲线的曲面，如圆球面、圆环面、抛物回转面等。

3. 工程中常见曲面的投影

回转面中的圆柱面、圆锥面和球面是工程中常见的曲面，这部分将在下节中详细介绍。本节中介绍工程中其他常见曲面的投影。

（1）单叶双曲回转面。单叶双曲回转面是由直母线绕和它交叉的轴线旋转所形成的曲面，如图 7-8 所示。

单叶双曲回转面在形成过程中，母线上各点的运动轨迹都是圆，其圆心在轴线上。母线上距离轴线最近的点运动的轨迹形成的圆称为喉圆。在同一个单叶双曲回转面内，有两组不同方向的素线，如图 7-9 所示。同组的素线互不相交，相邻的两素线相互交叉。

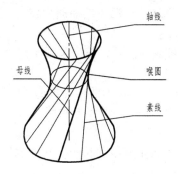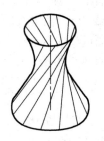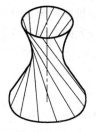

图 7-8　单叶双曲回转面　　　　**图 7-9　不同方向的素线**

单叶双曲回转面的投影画法如下：

1）已知直母线 MN 和铅垂的轴线 OO_0 的两面投影，如图7-10（a）所示。首先将 M、N 两点所在纬圆的两面投影画出，如图7-10（b）所示。

2）将过 M、N 的纬圆分别12等分，找到12个分点的两面投影。直母线绕 MN、OO_0 轴线旋转，端点 M 顺时针旋转1/12圆周，端点 N 同样也顺时针旋转1/12圆周。画出另一素线 PQ 的两面投影，如图7-10（c）所示。

3）依次作出每旋转1/12圆周后各素线的两面投影。

4）作出 V 面投影的轮廓线。用光滑曲线作包络线与素线的 V 面投影相切，这对包络线是双曲线。单叶双曲回转面的形成也可以看成由这对双曲线绕着它的虚轴旋转而形成的。曲面各素线的 H 面投影的包络线是曲面喉圆的 H 面投影，该圆与每一条母线均相切。

5）整理素线的两面投影，将投影图中素线不可见的部分绘制成虚线，如图7-10（d）所示。

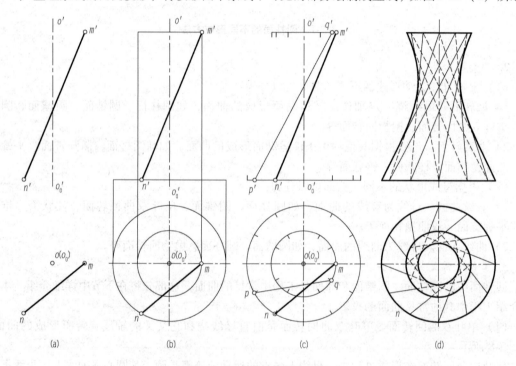

图7-10　单叶双曲回转面的画法

（a）已知条件；（b）作过母线两端点的纬圆投影；（c）作素线 PQ 的两面投影；（d）完成全图

（2）柱面。一直母线沿曲导线滑动时始终平行于一直导线，形成的曲面为柱面。曲导线可以不闭合［图7-6］，也可以闭合［图7-11（a）］。

柱面的投影应画出直导线 MN、曲导线和一定数量素线的投影，其中包括不闭合柱面的起始、终止位置的素线和各投影的转向素线等，如图7-11（b）所示。

（3）锥面。一直母线沿曲导线滑动，并始终通过定点 S 所形成的曲面为锥面。同柱面类似，曲导线可以不闭合［图7-12（a）］，也可以闭合［图7-12（b）］。锥面上相邻两条素线是相交直线。

锥面的投影应画出锥顶 S、直导线 MN、曲导线和一定数量素线的投影，其中包括不闭合锥面的起始、终止位置的素线和各投影的转向素线等，如图7-13所示。

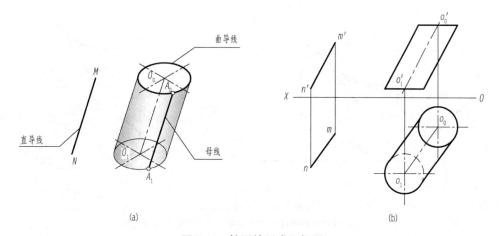

图 7-11　柱面的形成和投影

（a）柱面的形成；（b）柱面的投影

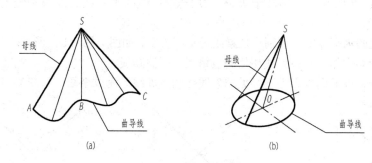

图 7-12　锥面的形成

（a）曲导线不闭合；（b）曲导线闭合

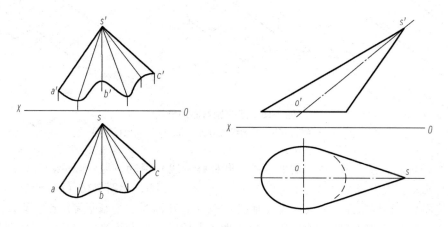

图 7-13　锥面的投影

（4）双曲抛物面。一直母线沿着两交叉直导线滑动，并始终平行于一个导平面所形成的曲面，如图 7-14（a）所示，直母线 AB 沿着曲导线 L_1 和 L_2 滑动，并始终平行于铅垂的导平面 P，双曲抛物面上的所有素线都平行于导平面 P。当导平面垂直于 H 面时，该曲面用水平面截得的截交线为双曲线，如图 7-14（b）所示，用正平面和侧平面截得的截交线为抛物线。

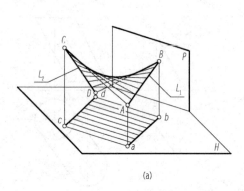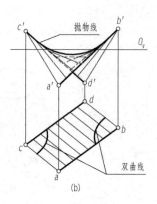

图 7-14 双曲抛物面

（a）双曲抛物面的形成；（b）双曲抛物面的投影及截交线

双曲抛物面的画法如下：

1）将直导线 AB 的水平投影若干等分，过分点作 P_H 的平行线，即得素线的水平投影，如图 7-15（b）所示。

2）根据素线的水平投影，分别作各素线得正面投影，如图 7-15（b）所示。

3）在 V 面投影中作出与各素线相切的包络线——抛物线。

4）整理图线，将 V 面投影中不可见的素线绘制成虚线，完成全图，如图 7-15（c）所示。

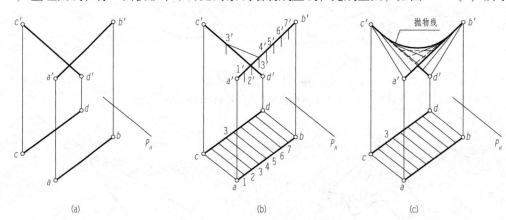

图 7-15 双曲抛物面的画法

（a）已知条件；（b）求素线的两面投影；（c）完成投影图

（5）平螺旋面。直母线一端沿着曲导线（圆柱螺旋线）滑动，另一端沿着直导线（该螺旋线的轴线）滑动，直母线始终平行于与轴线垂直的一个导平面，如图 7-16（a）所示。

平螺旋面是一种锥状面。当直导线（轴线）垂直于 H 面时，绘制平螺旋面投影图的具体方法如下：先绘制出圆柱螺旋线（曲导线）和轴线（直导线）的两投影，然后将圆柱螺旋线 n 等分，将螺旋线水平投影的各分点与圆心（轴线的积聚投影）连线，这就绘制出平螺旋面上各素线的水平投影，如图 7-16（b）、（c）的水平投影。素线的 V 面投影是过螺旋线 V 面投影上各分点引到轴线 V 面投影的水平线，如图 7-16（b）、（c）的正面投影。如图 7-16（c）所示，用一个同轴的小圆柱面与平螺旋面相交，它们的交线也是一个同导程的螺旋线，形成一个空心的平螺旋面。

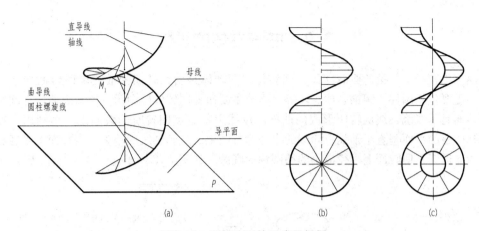

图 7-16　平螺旋面的形成及投影

（a）平螺旋面的形成；（b）平螺旋面的投影；（c）空心平螺旋面的投影

【例 7-3】　　已知螺旋形楼梯扶手弯头的水平投影和弯头断面 *ABCD* 的投影，如图 7-17（a）所示，求作扶手弯头的正面投影。

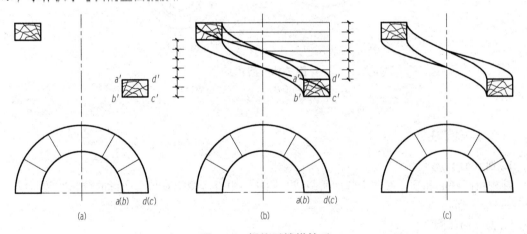

图 7-17　螺旋形楼梯扶手

（a）已知条件；（b）求以 *AD* 和 *BC* 为母线的平螺旋面；（c）整理图形

【分析】　　以矩形 *ABCD* 为断面的螺旋形楼梯扶手，实际上是由 1/2 导程的平螺旋面和内外圆柱面所组成的。直线 *AB* 和 *CD* 的运动轨迹形成内、外圆柱面，直线 *AD* 和 *BC* 的运动轨迹是空心平螺旋面。只要作出以直线 *AD* 和 *BC* 为母线的两个空心平螺旋面的正面投影，就可以得到螺旋形楼梯扶手的正面投影。

解：

（1）将水平投影同心半圆 6 等分，并将 *AD* 上升的高度 6 等分，求出以直线 *AD* 为母线的空心平螺旋面的投影。

（2）同理，将 *BC* 上升的高度 6 等分，求出以直线 *BC* 为母线的空心平螺旋面的投影，如图 7-17（b）所示。

（3）判别可见性，整理图形，完成正面投影，如图 7-17（c）所示。

7.2　曲面立体的投影

在建筑工程中，常见的曲面立体是回转体。回转体是由回转面围成或由回转面和平面围成的立体，主要包括圆柱、圆锥、球、环等。本节主要研究回转体的图示方法与表面定点问题。

回转面是母线绕轴线旋转所形成的曲面。母线上任意点回转时的轨迹是一个圆周，称为纬圆。纬圆所在的平面垂直于轴线，纬圆的半径为母线上的点到轴线的距离。回转面上半径最大的纬圆称为赤道圆；回转面上半径最小的纬圆称为喉圆，如图 7-18 所示。

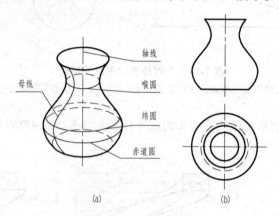

图 7-18　回转面

（a）回转面的形成；（b）回转面的投影

7.2.1　圆柱

1. 圆柱的形成

圆柱由圆柱面和顶、底两个圆面所组成。圆柱面由直母线绕着与之平行的轴线回转而成，如图 7-19（a）所示。

2. 圆柱的投影

圆柱的投影与圆柱的空间位置有关，如图 7-19 所示，当圆柱的轴线铅垂时，圆柱的上、下底面与 H 面平行，其 H 面投影反映圆的实形，而与 V 面和 W 面垂直，在 V 面和 W 面上的投影有积聚性，积聚成水平的线段，该线段的长度为上、下底面圆的直径；而圆柱面是一个回转面，与 H 面垂直，其 H 面投影有积聚性，积聚在圆周上，其 V 面和 W 面投影是两个全等的矩形。V 面投影中的 aa_1'、bb_1' 是素线 AA_1 和 BB_1 的投影，是反映圆柱投影轮廓的素线，称为轮廓素线。它将柱面分为前后两个部分，对于 V 面投影，前半个柱面可见，而后半个柱面不可见。同理，W 面投影中的 $c''c_1''$、$d''d_1''$ 是轮廓素线 CC_1 和 DD_1 的投影，它将柱面分为左、右两个部分，对于 W 面投影，左半个柱面可见，而右半个柱面不可见。作图时，先绘制顶面、底面圆的投影，再绘制圆柱面的轮廓素线，如图 7-19（b）所示。

3. 圆柱表面上定点

在圆柱表面上定点，应先根据点的已知投影，分析该点在柱面上的位置，并充分利用圆柱面、顶面和底面圆有积聚性的投影，利用积聚性先将该投影求出，然后利用投影规律求另外一个投影。

【例 7-4】　如图 7-20（a）所示，已知圆柱表面上点 A、B、C 的一个投影，求作其他投影。

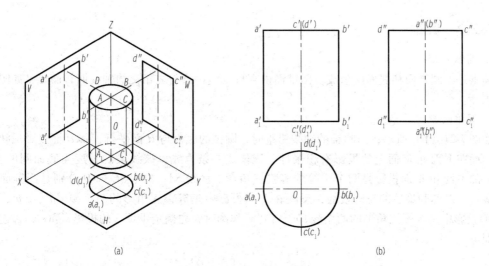

(a)　　　　　　　　　(b)

图 7-19　圆柱的投影

（a）立体图；（b）投影图

【分析】　已知 A 点的 V 面投影 a'，从而可知 A 点应在柱面的左前表面，由 B 点的 W 面投影（b''）可知 B 点在柱面的右后表面上。首先利用积聚性将 A、B 点 H 面投影 a 和 b 求出，然后求第三投影。C 点的位置比较特殊，它在圆柱面的最右轮廓素线上，其投影可以直接求出。

解：

（1）利用"长对正"求出 A 点和 C 点的 H 面投影 a、c，利用"宽相等"求出 B 点的 H 面投影 b，如图 7-20（b）所示。

（2）利用"高平齐，宽相等"求出 A 点的 W 面投影 a''，利用"高平齐，长对正"求出 B 点的 V 面投影 b'，利用"高平齐"求出 C 点的 W 面投影 c''。

（3）判断投影的可见性，A 点在左前表面，所以其 W 面投影可见，以 a'' 表示；B 点在右后表面，所以其 V 面投影不可见，以（b'）表示；C 点在最右轮廓素线上，所以其 W 面投影不可见，以（c''）表示，如图 7-20（c）所示。

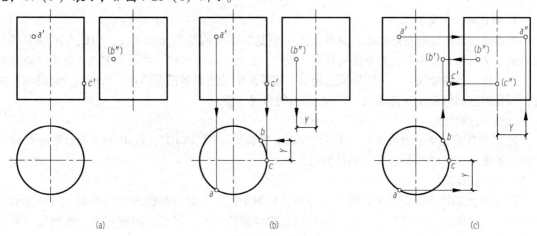

(a)　　　　　　　　　(b)　　　　　　　　　(c)

图 7-20　圆柱面上取点

（a）已知条件；（b）求水平投影；（c）求另一投影，判断可见性

7.2.2 圆锥

1. 圆锥的形成

圆锥是由圆锥面和底面所组成。圆锥面由直母线绕一条与之相交的轴线回转而成，如图 7-21（a）所示。

2. 圆锥的投影

如图 7-21（b）所示，当圆锥的轴线铅垂时，圆锥的底面与 H 面平行，其 H 面投影反映圆的实形，而在 V 面和 W 面上的投影有积聚性，积聚成一条直线，该线段的长度为底面圆的直径；圆锥面的 V 面和 W 面投影是两个全等的等腰三角形，素线 SA、SB、SC、SD 分别是圆锥面的最左、最右、最前和最后的轮廓素线，反映在 V 面投影中是等腰三角形的两个腰 s'a'、s'b'，反映在 W 面投影中是等腰三角形的两个腰 s"c"、s"d"。作图时，先确定锥顶 S 的投影 s' 和 s"，再连接两腰线即可。

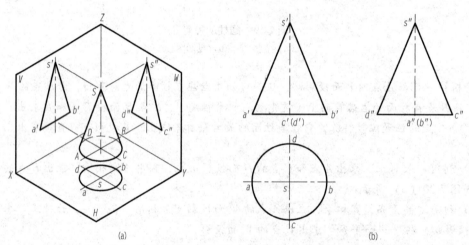

图 7-21　圆锥的投影

（a）立体图；（b）投影图

3. 圆锥表面上定点

圆锥面与圆柱面的投影相比，其最大的区别是圆锥面的投影无积聚性，因此在圆锥表面上定点的方法与圆柱面不同，其方法更具有一般性，在第 3 章中讲过，在面上定点，首先应该在面上过该点作一条辅助线。在圆锥表面上定点，根据圆锥的形成和投影特点，所采用的辅助线有两种：一是圆锥面的素线（直线）；二是圆锥面的纬圆（圆）。

方法一：素线法。

过 M 点作圆锥面的素线 S I，其三面投影分别为 s1、s'1' 和 s"1"，点 M 的三面投影必在素线的同名投影上，即可以求出 M 点另外的投影。

方法二：纬圆法。

作过 M 点的圆锥面的纬圆，该纬圆与圆锥底面平行，同时与圆锥的轴线垂直，当圆锥轴线为铅垂时，该纬圆与 H 面平行，其 H 面投影反映纬圆的实形，且与底面圆同心；纬圆与 V 面和 W 面垂直，其投影积聚成一条直线，长度反映纬圆的直径。

【例 7-5】　已知圆锥表面上点 M 的 V 面投影 m'，分别利用素线法和纬圆法作点 M 的其余投影。

解：

（1）素线法。如图 7-22（a）所示，先过 m' 作素线 S I 的正面投影 $s'1'$，再求出素线的水平投影 $s1$，点 M 在 S I 上，利用"长对正"求出 M 点的 H 面投影 m，然后利用"高平齐，宽相等"求出 M 点的 W 面投影 m''。

（2）纬圆法。如图 7-22（b）所示，先过 m' 作纬圆的正面投影——积聚成一条水平线段，再求出纬圆与轮廓素线交点 1 的水平投影，画出纬圆的实形投影——H 面投影，点 M 在该纬圆上，利用"长对正"求出 M 点的 H 面投影 m，然后利用"高平齐，宽相等"求出 M 点的 W 面投影 m''。

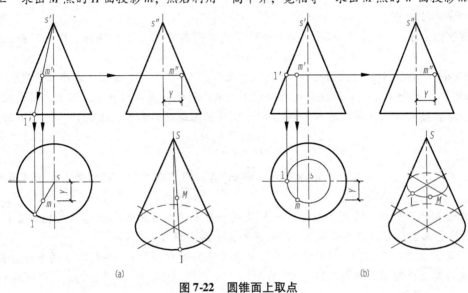

（a）　　　　　　　　　　　　　　　　　　（b）

图 7-22　圆锥面上取点

（a）素线法；（b）纬圆法

7.2.3　圆球

1. 圆球的形成

圆球的表面是圆球面。圆球面由一条圆母线以它的一条直径为轴回转而成，如图 7-23（a）所示。

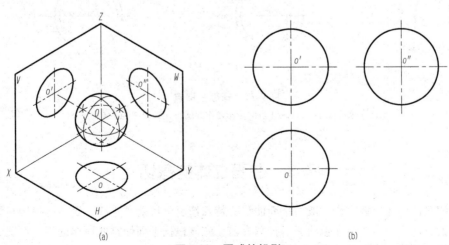

（a）　　　　　　　　　　　　　　　　　　（b）

图 7-23　圆球的投影

（a）立体图；（b）投影图

2. 圆球的投影

圆球的三面投影均为等径的圆，其直径为圆球的直径，如图 7-23（b）所示。

圆球的 *II* 面投影是水平赤道圆的实形投影，水平赤道圆与 *H* 面平行，该圆的 *V* 面和 *W* 面投影积聚成一条水平的直线，分别是投影圆的水平直径，水平赤道圆是区分上、下球面的分界线。同理，圆球的 *V* 面投影是球面上平行于 *V* 面直径最大的纬圆，也是区分前、后球面的分界线；圆球的 *W* 面投影是球面上平行于 *W* 面直径最大的纬圆，也是区分左、右球面的分界线。作图时，先确定球心的三个投影，再画出三个与球等径的圆。

3. 球表面上定点

在球表面上定点，可以利用圆球面上平行于投影面的纬圆（水平纬圆、正平纬圆、侧平纬圆）作图。

【例 7-6】　　如图 7-24（a）所示，已知球表面上点 *A*、*B* 的一个投影，求作其余投影。

【分析】　　已知 *A* 点的 *V* 面投影 *a'* 在轴线上，从而说明 *A* 点在水平赤道圆上，其他投影可以利用该特点直接求出。由 *B* 点的 *W* 面投影 *b"* 可知 *B* 点在球面的右前上表面，其他投影需采用纬圆法求得。

解：

（1）利用"长对正"求出 *A* 点的 *H* 面投影 *a*，再利用"高平齐，宽相等"求出 *A* 点的 *W* 面投影 *a"*。

（2）过 *b"* 作水平纬圆的侧面投影——积聚成一条水平线段，再求出纬圆与轮廓素线交点 1 的水平投影，画出纬圆的实形投影——*H* 面投影，如图 7-24（b）所示。

（3）点 *B* 在该纬圆上，利用"宽相等"求出 *B* 点的 *H* 面投影 *b*，再利用"高平齐，长对正"求出 *B* 点的 *V* 面投影 *b'*，如图 7-24（c）所示。

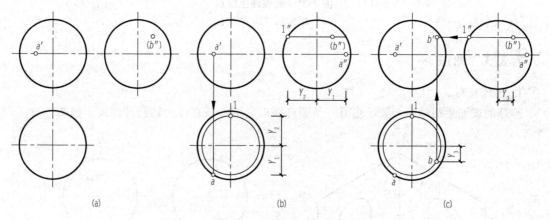

图 7-24　球面上取点

（a）已知条件；（b）求 *A* 点的投影及作纬圆；（c）求 *B* 点的其他投影

7.3　曲面立体的截切

平面切割曲面体，截交线一般为平面曲线，特殊情况下可能是直线。直线的投影只要确定两个端点的投影即可作出，而在求曲线的投影之前，应该根据平面切割曲面体的不同情况，分析截交线的形状，按照曲线投影的求法，先确定曲线上特殊点的投影，如最高点、最低点、最左点、最右点、最前点、最后点等极限位置点以及曲线上其他特殊点的投影，再根据作图的实际情况，选取适当的一般点，作其投影，最后将这些点用光滑曲线依次相连即可绘出截交线的投影。

7.3.1 圆柱的截交线

平面切割圆柱有三种情况，见表 7-1。用截平面切割圆柱体的第一种情况，截平面与圆柱的轴线垂直时，所得的截交线为圆，断面图形为圆形；第二种情况，截平面与圆柱的轴线平行，截平面与圆柱的顶面、底面相切，截交线为两条线段，同时与圆柱面相切，截交线为圆柱的两条素线，断面图形为矩形；第三种情况，截平面与圆柱的轴线倾斜，截交线为椭圆，断面图形为椭圆形。

表 7-1 平面切割圆柱的三种情况

截平面位置	垂直与轴	平行于轴	倾斜于轴
截交线形状	圆	矩形	椭圆
立体图			
投影图			

对于截交线的前两种情况，截平面平行于某一个基本投影面，在所平行的投影面上可以反映断面的实形。而第三种情况，截平面与某一投影面垂直，因此不能在投影中反映断面的实形，可以通过辅助平面法求断面的实形。第三种情况，截交线实形是椭圆，在截平面垂直的投影面上的投影是一倾斜的线段，在截平面倾斜的投影面上的投影，一般情况下其也是椭圆，而且投影的椭圆随着截平面与轴线夹角的变化而变化，特别是当截平面与圆柱轴线夹角为 45°时，其投影椭圆的长、短轴相等，此时投影变为圆，如图 7-25 所示。

【例 7-7】 已知斜截圆柱的正面投影和侧面投影，如图 7-26（a）所示，求作其水平投影。

【分析】 从已知投影可知，圆柱的轴线与 W 面垂直，

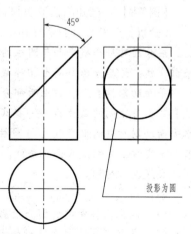

图 7-25 截平面与轴线夹角为 45°

圆柱水平放置，从 V 面投影可以看出，该圆柱是被正垂面切割，截平面与轴线倾斜，且与轴线的夹角不是 $45°$，可以判断出，截交线的水平投影是椭圆。

解：

（1）画出圆柱完整的水平投影。

（2）求截交线水平投影。先求截交线上特殊点的投影。立体图中的 Ⅰ、Ⅱ、Ⅲ、Ⅳ 四点，Ⅰ、Ⅱ 点既是圆柱最低、最高轮廓素线上的点，也是断面椭圆长轴的端点，Ⅲ、Ⅳ 点既是圆柱最前、最后轮廓素线上的点，也是断面椭圆短轴的端点。利用这些点在轮廓素线上的特点，直接求出该四点的水平投影1、2、3、4。

再求适当数量中间点的投影。为了使作图准确，在特殊位置点之间的适当位置取截交线上的一般点。一般情况下，一般点可以对称取，如立体图中的 Ⅴ、Ⅵ、Ⅶ、Ⅷ 四点，利用"长对正，宽相等"求出一般点的水平投影5、6、7、8。

连接截交线。根据 W 面投影上各点的次序 $1''-5''-3''-7''-2''-8''-4''-6''-1''$，将水平投影中的各点依次用光滑曲线相连 $1-5-3-7-2-8-4-6-1$，求得截交线的水平投影。

（3）判断可见性，整理形体的轮廓素线，去掉被截切的部分。圆柱水平投影的最前、最后轮廓素线由右端面到3、4为止，其余部分擦去。水平投影其余所有图线均可见。

（4）检查无误后，按照要求加深图线，完成全图，如图7-26（b）所示。

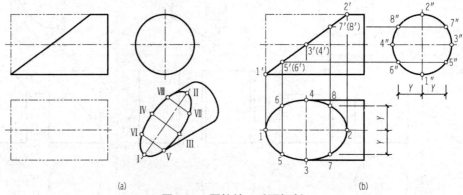

（a） （b）

图7-26 圆柱被正垂面切割

（a）已知条件；（b）作图

【例7-8】 已知圆柱被切割后的正面投影，如图7-27（a）所示，求水平投影和侧面投影。

【分析】 从已知投影可知，圆柱是被多个截平面切割，对于多个截平面切割，求截交线时，应分别对每个截平面与圆柱的相对位置、截交线的形状、投影进行分析，然后依次作出每一条截交线，最后求出每两个相邻截平面交线的投影。对于本题，圆柱被两个侧平面和一个不连续的水平面切割掉左上、右上两部分，形成榫头形状。由于圆柱轴线铅垂，所以侧平面切割所得的截交线由与顶面的截交线——直线、与圆柱面的截交线——圆柱的两条素线（直线）组成；用水平面切割所得的截交线为与圆柱面的截交线——两段不连续的圆弧。此外，三个截平面之间有两条交线，分别是两条正垂线。从正面投影可以看出，两个侧平面的切割位置对称，因此，所得截交线左右对称。

解：

（1）画出圆柱完整的侧面投影。

（2）求截交线的水平投影和侧面投影。

1）求用水平面切割所得的截交线——圆弧 Ⅰ Ⅱ Ⅲ。利用"长对正"先求水平投影1、3，弧

123 反映实形，在圆柱面的积聚投影上；再利用"高平齐，宽相等"求出 1″、3″；连接截交线，侧面投影 1″–2″–3″ 是一条水平线段。

2）求用侧平面切割所得的截交线——线段 Ⅲ Ⅳ、Ⅳ Ⅴ、Ⅴ Ⅰ。利用"长对正"先求水平投影 4、5，其中 45 是截平面与顶面的交线，反映截交线的实长。与圆柱面的截交线为圆柱面上两条素线的一部分，其水平投影分别积聚成一点 5 (1)、4 (3)。再求侧面投影，侧面投影中分别过 1″、3″点作截交线 1″5″、3″4″ 的投影，与顶面的交线 Ⅳ Ⅴ 的侧面投影 4″5″ 与圆柱顶面圆的积聚投影重合。连接截交线，水平投影连接 4–5，侧面投影连接 3″–4″–5″–1″。

3）求水平截面与侧平截面的交线——直线 Ⅰ Ⅲ。其水平投影 13 与 45 重合；侧面投影 1″3″ 与 1″2″3″ 重合。

4）利用对称性将截交线对称的右半部分画出。

（3）判断可见性，整理形体的轮廓素线，去掉被截切的部分。圆柱侧面投影的转向轮廓素线完整。水平投影其余所有图线均可见。

（4）检查无误后，按照要求加深图线，完成全图，如图 7-27（b）所示。

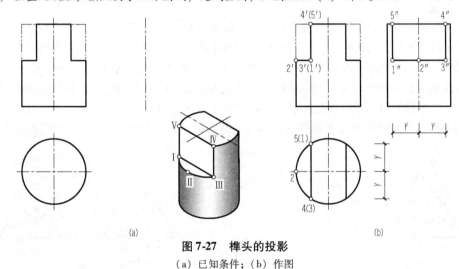

(a)　(b)

图 7-27　榫头的投影
（a）已知条件；（b）作图

7.3.2　圆锥的截交线

平面切割圆锥有五种情况，见表 7-2。

表 7-2　圆锥截交线投影

截平面位置	垂直于轴	倾斜于轴且与圆锥面上所有素线相交	平行于圆锥面上的一条素线	平行于圆锥面上的两条素线	通过锥顶
截交线形状	圆	椭圆	抛物线	双曲线	过锥顶的两条相交素线
立体图					

续表

截平面位置	垂直于轴	倾斜于轴且与圆锥面上所有素线相交	平行于圆锥面上的一条素线	平行于圆锥面上的两条素线	通过锥顶
截交线形状	圆	椭圆	抛物线	双曲线	过锥顶的两条相交素线
投影图					

第一种情况，截平面与圆锥的轴线垂直时，所得的截交线为圆，断面图形为圆形；第二种情况，截平面倾斜于圆锥的轴线，且与圆锥面上所有素线都相交时，所得的截交线为椭圆，断面图形为椭圆形；第三种情况，截平面平行于圆锥面上的一条素线时，截交线为抛物线；第四种情况，截平面平行于圆锥面上的两条素线时，截交线为双曲线；第五种情况，截平面通过圆锥的锥顶时，截交线为圆锥面上两条相交的素线，断面图形为三角形。

【例 7-9】 已知圆锥被正垂面切割，如图 7-28（a）所示，补画水平投影和侧面投影。

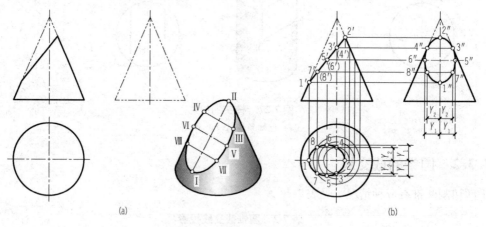

图 7-28 圆锥被正垂面切割
（a）已知条件；（b）作图

【分析】 从已知投影可知，切割圆锥的正垂面与圆锥面的所有素线都相交，属于平面切割圆锥的第二种情况，截交线为椭圆。正垂面与圆锥最左和最右轮廓素线的交点，为椭圆长轴的端点，而椭圆短轴垂直于 V 面，垂直平分椭圆长轴。

解：

（1）画出圆锥完整的侧面投影。

（2）求截交线水平投影和侧面投影。

先求截交线上特殊点的投影。立体图中的 Ⅰ、Ⅱ、Ⅲ、Ⅳ四点，Ⅰ、Ⅱ点既是圆锥最左、最右轮廓素线上的点，也是断面椭圆长轴的端点，Ⅲ、Ⅳ点是圆锥最前、最后轮廓素线上的点。利用此特点直接求出该四点的水平投影1、2、3、4和侧面投影1″、2″、3″、4″。Ⅴ、Ⅵ是断面椭圆短轴的端点，但该点不在圆锥的轮廓素线上，可以利用纬圆法求其水平投影5、6和侧面投影5″、6″。

再求适当数量中间点的投影。为了使作图准确，在特殊位置点之间的适当位置取截交线上的一般点。立体图中的Ⅶ、Ⅷ两点，利用纬圆法求出一般点的水平投影7、8和侧面投影7″、8″。

连接截交线。将水平投影和侧面投影中的各点用光滑曲线相连。

（3）判断可见性，整理形体的轮廓素线，去掉被截切的部分。

圆锥侧面投影的最前、最后轮廓素线由底面到3″、4″为止，其余部分擦去。侧面及水平投影其余所有图线均可见。

（4）检查无误后，按照要求加深图线，完成全图，如图7-28（b）所示。

【例7-10】 已知带切口的圆锥体的正面投影，如图7-29（a）所示，补画水平投影和侧面投影。

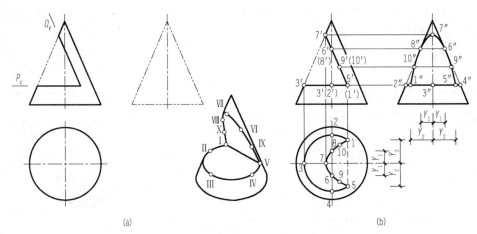

图7-29 圆锥被正垂面与水平面切割

（a）已知条件；（b）作图

【分析】 从已知投影可知，圆锥被水平面 P 和正垂面 Q 切割，水平面 P 垂直于圆锥的轴线，截交线为圆，但没有完全截断圆锥，截交线为优弧，H 面投影反映实形，V 面、W 面投影均为一条与轴平行的水平线段。正垂面 Q 平行于圆锥的最右轮廓素线，截交线为抛物线。P 面与 Q 面都与 V 面垂直，此两截平面的交线为正垂线，其水平投影被圆锥实体所挡，为虚线。当用多个截平面切割立体，求每个截平面所得截交线时，可以求出特殊点的投影，再适当求出一般点，然后用光滑曲线相连即可。

解：

（1）画出圆锥完整的侧面投影。

（2）求截交线水平投影和侧面投影。

1）求用水平面 P 切割所得的截交线——圆弧Ⅰ Ⅱ Ⅲ Ⅳ Ⅴ。其 H 面投影反映实形，在 V 面投影中量取半径，画出纬圆的水平投影，利用"长对正"，求出圆弧起点、迄点的水平投影1、5；再利用"高平齐，宽相等"求出1″、5″；连接截交线，侧面投影1″－2″－3″－4″－5″是一条水平线段。

2）求用正垂面 Q 切割所得的截交线——抛物线Ⅴ ⅨⅥ Ⅶ Ⅷ Ⅹ Ⅰ。利用"长对正，宽相等"

先求Ⅶ点的水平投影7和侧面投影7″，然后利用"高平齐"，求出Ⅵ、Ⅷ两点的侧面投影6″、8″，再利用"宽相等"求出此两点的水平投影6、8；求一般点的投影，在 V 面投影中前、后取9′、10′两点，并量取其纬圆半径，在 H 面投影中绘制该纬圆的实形投影，利用"长对正"求出其水平投影9、10，最后用"长对正，宽相等"求出其侧面投影9″、10″。用光滑曲线连接截交线，水平投影连接 5 − 9 − 6 − 7 − 8 − 10 − 1，侧面投影连接 5″ − 9″ − 6″ − 7″ − 8″ − 10″ − 1″。

3）求水平面 P 与正垂面 Q 的交线——直线ⅠⅤ。其水平投影15被圆锥实体所遮挡，绘制成虚线；侧面投影1″5″与1″2″3″4″5″重合。

（3）判断可见性，整理形体的轮廓素线，去掉被截切的部分。

圆锥侧面投影的最前、最后轮廓素线由底面到2″、4″为止，由锥顶到6″、8″为止，其余部分擦去。侧面及水平投影中，除15画虚线外，其余所有图线均可见。

（4）检查无误后，按照要求加深图线，完成全图，如图7-29（b）所示。

7.3.3　球的截交线

用平面切割球只有一种情况，也就是无论用怎样的平面切割球其截交线都是圆，断面图形都是圆形，只不过当截平面与投影面平行时，在所平行的投影面上反映实形，当截平面与投影面倾斜时，其投影为椭圆，见表7-3。

表7-3　球的截交线投影

截平面位置	投影面的平行面	投影面的垂直面
截交线形状	圆	圆
立体图	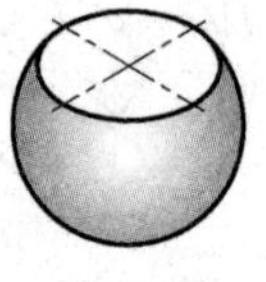	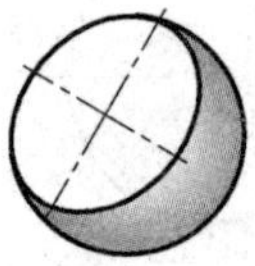
投影图	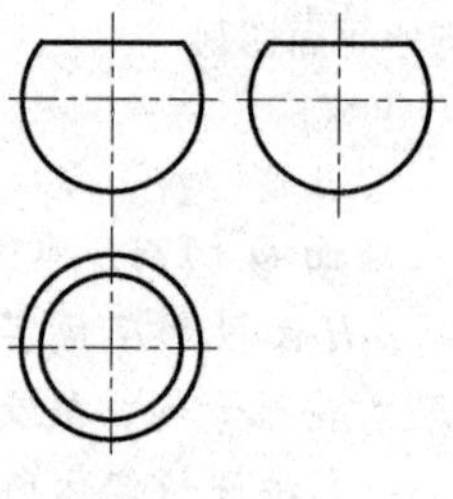	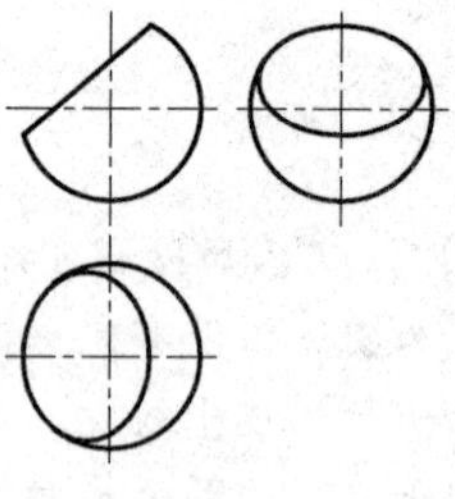

【例7-11】　已知圆球被正垂面切割，如图7-30（a）所示，补画水平投影和侧面投影。

【分析】　从已知投影可知，用正垂面切割球，属于平面切割球的第二种情况，截交线为圆，其 H、W 面投影为椭圆。

解：

（1）画出圆球完整的水平投影和侧面投影。

（2）求截交线水平投影和侧面投影。

1）求截交线上特殊点的投影。立体图中的Ⅰ、Ⅱ、Ⅴ、Ⅵ、Ⅶ、Ⅷ六点都是圆球的三面投影上直径最大纬圆上的点，其投影可以利用此特点直接求出。Ⅰ、Ⅱ两点既是球面上平行于 V 面直径最大纬圆上的点，也是截交线的最低、最高，最左、最右的点，同时还是断面圆投影所得椭圆短轴的端点；Ⅴ、Ⅵ两点是球面上平行于 H 面直径最大纬圆（赤道圆）上的点；Ⅶ、Ⅷ两点是球面上平行于 W 面直径最大纬圆上的点。此外，Ⅲ、Ⅳ两点，既是断面圆投影所得椭圆长轴的端点，也是截交线的最前、最后的点。Ⅲ、Ⅳ两点的投影需要采用纬圆法，首先，在 V 面投影中作过 3'、4' 两点的水平纬圆的投影，为与轴平行的水平线段，截取纬圆半径，先在 H 面投影中画出纬圆的实形投影，再利用"长对正"，求得水平投影 3、4 两点，然后利用"高平齐，宽相等"求得侧面投影 3"、4" 两点。

2）再求适当数量中间点的投影。本题所求特殊点位置比较均匀，绘制截交线的其余投影已经满足需要，不再取中间点。

3）连接截交线。将 W 面投影上各点依次相连 1" - 5" - 3" - 7" - 2" - 8" - 4" - 6" - 1"，再将水平投影中的各点依次相连 1 - 5 - 3 - 7 - 2 - 8 - 4 - 6 - 1。

（3）判断可见性，整理形体的轮廓素线，去掉被截切的部分。

圆球的水平投影的转向轮廓素线由右面到 5、6 为止，其余部分擦去。侧面投影的转向轮廓线由下面到 7"、8" 为止，其余部分擦去。水平投影及侧面投影中其余所有图线均可见。

（4）检查无误后，按照要求加深图线，完成全图，如图 7-30（b）所示。

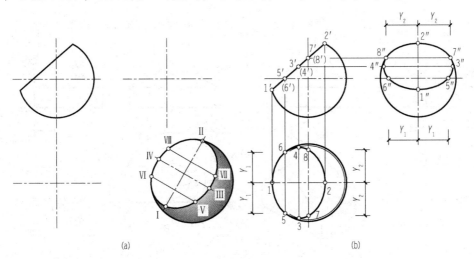

(a)　　　　　　　　　　　　(b)

图 7-30　球被正垂面切割

（a）已知条件；（b）作图

7.3.4　回转体的截交线

回转体是由母线绕一轴线旋转而形成的。母线上每个点的运动轨迹都是圆，求回转体的截交线，可以采用纬圆法。

【例 7-12】　已知被截切的回转体的侧面投影，如图 7-31（a）所示，求作水平投影和正面投影。

【分析】　从已知投影可知，此回转体被正平面切割，截交线的正面投影反映断面实形，截交线的水平投影为一条与轴平行的水平线段。

解：

（1）画出回转体完整的水平投影和正面投影。

（2）求截交线水平投影和正面投影。

1）截交线的水平投影有积聚性，为水平的直线段，根据"宽相等"画出水平投影。

2）求截交线的正面投影。实际上，可以将此回转体分为三部分，上下两部分为圆柱，中间部分为一回转面，切割平面切割到下面半径较大的圆柱和中间的回转面。切割圆柱面所得的是两条素线ⅠⅡ、ⅥⅦ，利用"长对正"，求出1′2′、6′7′；切割回转面所得的是一平面曲线，Ⅳ点是截交线的最高点，也在回转面最前面的轮廓素线上，其正面投影可以通过"高平齐"直接求出4′。再求适当数量中间点的投影Ⅲ、Ⅴ。利用纬圆法首先从侧面投影中对称取3″、5″两点，然后截取通过该两点纬圆的半径，在H面投影中画出该纬圆的实形投影，求得Ⅲ、Ⅴ两点的水平投影3、5，最后利用"高平齐，长对正"求得此两点的正面投影3′、5′两点。用光滑曲线连接2′-3′-4′-5′-6′各点，得到截交线的正面投影。

（3）判断可见性，整理形体的轮廓素线，去掉被截切的部分。

正面投影中2′、6′两点之间应用虚线相连。因为2′6′是圆柱面与回转面的交线，在截平面之前的部分已切掉，在截平面之后的部分仍然存在，但在截平面后面，为不可见，所以用虚线相连。

（4）检查无误后，按照要求加深图线，完成全图，如图7-31（b）所示。

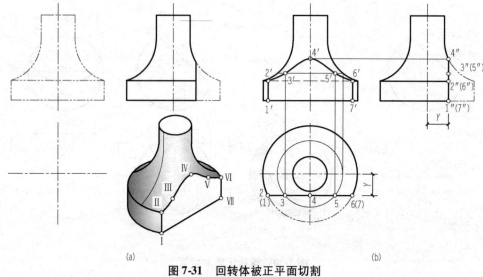

图7-31　回转体被正平面切割

（a）已知条件；（b）作图

本章要点

（1）曲线、曲面及曲面立体的形成。

（2）绘制常见曲线、曲面的投影图。

（3）基本回转体投影的绘制方法及其在其表面上定点。

（4）圆柱、圆锥及球面上的截交线的绘制方法。

第 8 章

两立体相贯

两立体相交，称为两立体相贯。相交立体表面的交线称为相贯线，参与相贯的立体叫作相贯体。相贯线上的点是两立体表面上的共有点，称为相贯点。

两立体相贯的基本形式有两平面立体相贯、平面立体与曲面立体相贯和两曲面立体相贯，如图 8-1 所示。

在两立体相贯中，一个立体的棱线与另一个立体表面的交点称为贯穿点，如图 8-1（a）、（b）中都存在贯穿点。

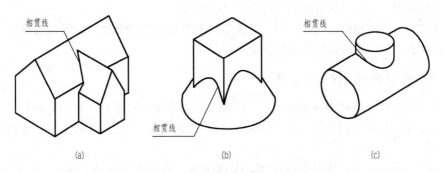

图 8-1　两立体相贯

（a）两平面立体相贯；（b）平面立体与曲面立体相贯；（c）两曲面立体相贯

8.1　两平面立体相贯

8.1.1　相贯线的特点

两平面立体相贯，其相贯线一般情况下是由直线段围成的封闭的空间折线多边形，如图 8-2（a）所示，此种形式称为互贯。当一个平面立体全部贯穿另一个平面立体时，称为全贯，如图 8-2（b）所示，其相贯线为平面折线多边形。若两个立体有公共表面时，所产生的相贯线是不封闭的，如图 8-2（c）所示，但我们可以认为相贯线是封闭于公共面的。构成折线的每条线段，均是两个平面立体有关棱面的交线，而每一个折点就是贯穿点，是一个立体的棱线与另一个立体棱面的交点。折线段的数量与参与相贯的平面立体的棱面数量有关，而折点的数量即贯穿点的数量。

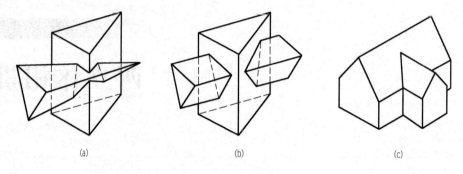

图 8-2　相贯线的特点

（a）相贯线为空间封闭的折线段；（b）相贯线为平面封闭的折线段；（c）相贯线不封闭

8.1.2　相贯线的求法

1. 交点法

交点法是求出两平面立体中棱线的贯穿点，将处在两个立体同一表面上的点依次连接，区分可见与不可见，分实线与虚线连接成相贯线。

2. 交线法

交线法是求出两平面立体各表面的交线，组成相贯线。

由此可以看出，求相贯线问题，实际上就是求棱线与表面的交点、表面与表面的交线问题，可以利用积聚投影特性或用辅助平面法求交点或交线。

8.1.3　相贯线作图的注意事项

（1）只有位于甲立体的同一表面上，同时位于乙立体同一表面上的点才能相连。

（2）判断相贯线可见的原则是产生该段相贯线的两立体表面的同面投影同时可见，否则，不可见。

（3）相贯线求出之后，还要整理图形，完成全图。确定两个立体的每一条棱线是否完整，在两立体投影重叠处，将不可见的棱线（棱面）绘制成虚线，并将棱线连接到相应的贯穿点上，在连接时注意判断其可见性。

【例 8-1】　如图 8-3（a）所示，求作两棱柱的相贯线。

【分析】　如图 8-3（b）立体图所示，三棱柱 ABC 的 B、C 棱线与三棱柱 DEF 相交，三棱柱 DEF 的 E 棱线与三棱柱 ABC 相交，两棱柱互贯，其相贯线为一个由封闭的空间折线段形成的空间多边形；三条棱线参与相贯，贯穿点共有六个；由于竖直放置的三棱柱棱面的 H 面投影有积聚性，相贯线的水平投影必落在积聚投影中，能直接确定。

解：

（1）求贯穿点。利用竖直棱柱棱面 H 面投影的积聚性，得贯穿点 I、Ⅱ、Ⅲ、Ⅳ、Ⅴ、Ⅵ的 H 面投影 1、2、3、4、5、6，再作 I、Ⅱ、Ⅲ、Ⅳ点的 V 面投影 1′、2′、3′、4′。利用辅助平面法求贯穿点 Ⅴ、Ⅵ的 V 面投影 5′、6′。

（2）连接贯穿点，绘制相贯线的 V 面投影。将位于甲立体同一表面上又位于乙立体同一表面上的贯穿点相连，1′—5′—2′—4′—6′—3′—1′，如图 8-3（c）所示。

（3）判别可见性。在 V 面投影中，棱面 BC 为不可见，故相贯线 $2'4'$、$1'3'$ 不可见，绘制成虚线，其余均可见，绘制成实线。

（4）整理图形，完成正面投影。棱线 A 完整，其 V 面投影完整。B、C、E 棱分别连接到贯穿点，检查无误后，加深各投影中的棱线，完成全图，如图 8-3（d）所示。

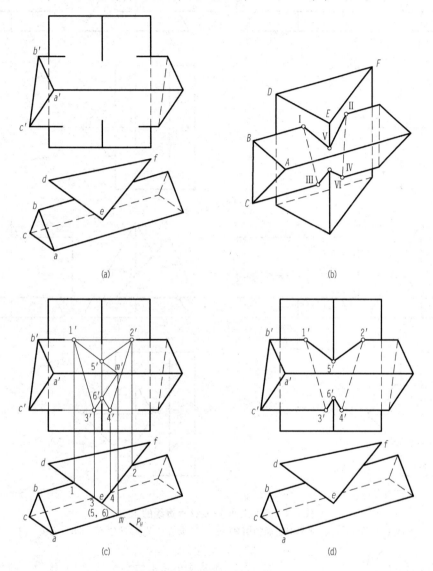

（a）　　　　　　　　　　　　　　（b）

（c）　　　　　　　　　　　　　　（d）

图 8-3　两棱柱相贯线的求法

（a）已知条件；（b）立体图；（c）求贯穿点；（d）完成全图

【例 8-2】　如图 8-4（a）所示，求作三棱柱与四棱锥的相贯线。

【分析】　如图 8-4（a）所示，三棱柱与四棱锥相贯。由于三棱柱棱面的 V 面投影有积聚性，相贯线的 V 面投影为已知。三棱柱的三个棱面有积聚性，因此相贯线可以用交线法来求，分别求 P、Q 平面与四棱锥的相贯线即可。

解：

（1）求棱面 P 的相贯线。P 平面与四棱锥的四个表面相交，相贯线即四条。利用棱面 P 的

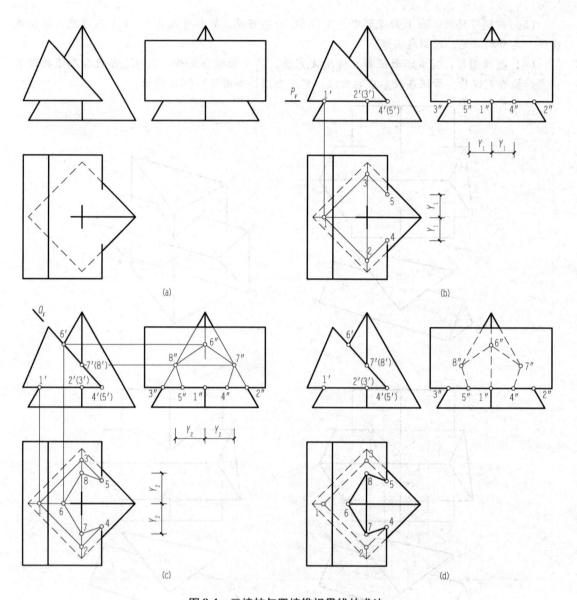

图 8-4 三棱柱与四棱锥相贯线的求法

（a）已知条件；（b）求与 P 平面的相贯线；（c）求与 Q 平面的相贯线；（d）完成全图

积聚性，可以先确定 $1'-2'-4'$ 和 $1'-3'-5'$，再求贯穿点 Ⅰ 的水平投影 1，棱面 P 与棱锥底面平行，因此四条相贯线分别平行于四棱锥相应的底边，过 1 作四棱锥左前、左后底边的平行线，与四棱锥的前后棱线的投影交于 2、3 点。再分别过 2、3 作四棱锥右前、右后底边的平行线，交三棱柱右棱线于 4、5 点，然后求出此四段相贯线的 W 面投影，如图 8-4（b）所示。

（2）求棱面 Q 的相贯线。同理，Q 平面与四棱锥的四个表面相交，相贯线也为四条。首先求贯穿点 Ⅵ 的水平投影 6 与侧面投影 6″，然后求贯穿点 Ⅶ、Ⅷ 的侧面投影 7″、8″，再利用"宽相等"求出其水平投影 7、8，连接四段相贯线的水平投影 $4-7-6-8-5$ 和侧面投影 $4″-7″-6″-8″-5″$，如图 8-4（c）所示。

（3）判别可见性。在 H 面投影中，因为三棱柱棱面 P 的 H 面投影不可见，相贯线 $4-2-$

1 - 3 - 5 不可见，绘制成虚线，棱面 Q 与四棱锥四个棱面的投影均可见，相贯线 4 - 7 - 6 - 8 - 5 可见，绘制成实线。在 W 面投影中，4″- 2″- 1″- 3″- 5″落在三棱柱下棱面的积聚投影中，积聚成一条直线，相贯线 4″- 7″- 6″- 8″- 5″在棱面 Q 上，侧面投影不可见，绘制成虚线。

（4）整理图形，完成水平与侧面投影。分析三棱柱与四棱锥的每一条棱线，分别将参与相贯的棱连接到贯穿点，四棱锥的最右棱线完整，其侧面投影应绘制成虚线。检查无误后，按照要求对图线进行加工，完成全图，如图 8-4（d）所示。

8.2 平面立体与曲面立体相贯

8.2.1 相贯线的特点

平面立体与曲面立体相贯，一般情况下，相贯线是由若干条平面曲线组成的空间封闭线环。有时当平面立体的某个棱面与圆柱面或圆锥面的交线为素线时，该段相贯线为直线，此时相贯线是由平面曲线和直线组合而成的空间封闭线环。同样，当平面立体与曲面立体有公共表面时，相贯线也可以不封闭。

8.2.2 相贯线的求法

相贯线上每段平面曲线或直线，就是平面立体的某一个棱面与曲面立体表面的交线，即该棱面切割曲面立体所得的截交线，相邻两个平面曲线之间的转折点就是平面立体的棱线与曲面立体的贯穿点。

作图时，先求贯穿点，再根据求曲面立体上截交线的方法，求出每段曲线或直线。实际上，求平面立体与曲面立体的相贯线，可归纳为求截交线和贯穿点的问题。

【例 8-3】 如图 8-5（a）所示，求作四棱柱与圆锥的相贯线。

【分析】 如图 8-5（a）所示，四棱柱与圆锥相贯。相当于用四棱柱的四个棱面切割圆锥，其中两个为正平面，两个为侧平面，其截交线均为双曲线，正平面 P 所得的相贯线 V 面投影反映双曲线的实形，侧平面 Q 所得的相贯线 W 面投影反映双曲线的实形，且所得的图形前后、左右对称。

解：

（1）求贯穿点及棱面 P 的相贯线。利用圆锥表面取点的方法求贯穿点 Ⅰ、Ⅲ 的正面投影 1′、3′。求 P 平面所得相贯线——双曲线的正面投影和侧面投影，先求双曲线最高点 Ⅱ 的侧面投影 2″，再利用"高平齐"求得正面投影 2′。接下来求曲线上一般点的投影，在双曲线水平投影上对称地取两点 Ⅶ、Ⅷ，本题采用素线法求出该两点的正面投影。依次连接 1′- 7′- 2′- 8′- 3′、1″- 7″- 2″- 8″- 3″，求得相贯线的正面投影和侧面投影，最后求出前后对称的另一条相贯线，如图 8-5（b）所示。

（2）求棱面 Q 的相贯线。同理，先求双曲线最高点 Ⅳ 的正面投影 4′，再利用"高平齐"求得侧面投影 4″。依次连接 1′- 4′- 5′、1″- 4″- 5″，求得相贯线的正面投影和侧面投影，然后求出左右对称的另一条相贯线，如图 8-5（c）所示。

（3）整理图形，完成正面投影和侧面投影。检查无误后，按照要求加深图线，完成全图，如图 8-5（d）所示。

【例 8-4】 如图 8-6（a）所示，求作三棱柱与圆柱的相贯线。

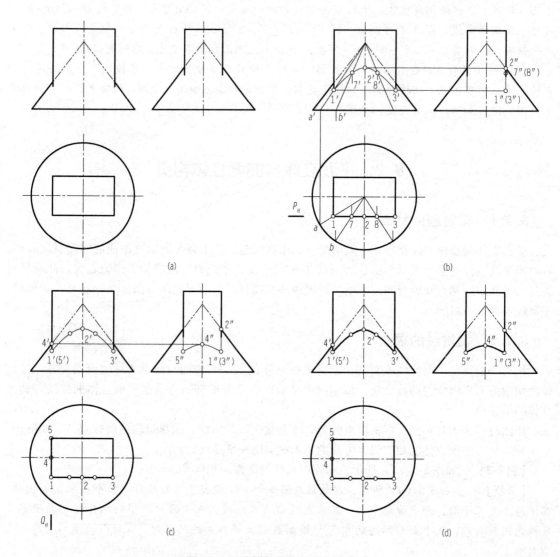

图 8-5　四棱柱与圆锥相贯线的求法

（a）已知条件；（b）求贯穿点及与 P 平面的相贯线；（c）求与 Q 平面的相贯线；（d）完成全图

【分析】　如图 8-6（a）所示，三棱柱与圆柱相贯。相当于用三棱柱的水平面、侧平面和正垂面切割圆柱，正垂面 P 所得的相贯线为椭圆弧，正垂面与圆柱轴线的夹角小于 45°，所以 W 面投影也是椭圆弧；水平面 Q 所得的相贯线为圆弧，H 面投影反映其实形；侧平面 S 所得的相贯线为圆柱的两条素线，是两条直线。

解：

（1）求棱面 P 的相贯线。利用圆柱表面取点的方法求贯穿点 Ⅰ、Ⅲ 的侧面投影 1″、3″。首先求椭圆弧最前点 Ⅱ 的侧面投影 2″。接下来可以求椭圆弧上一般点的投影，本题略。依次连接 1″–2″–3″，求得相贯线的侧面投影，然后求出前后对称的另一条相贯线，如图 8-6（b）所示。

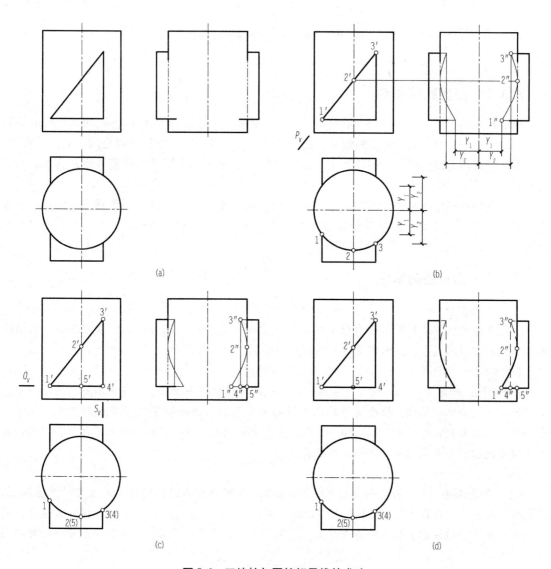

图 8-6　三棱柱与圆柱相贯线的求法

（a）已知条件；（b）求贯穿点及与 P 平面的相贯线；（c）求与 Q、S 平面的相贯线；（d）完成全图

（2）求棱面 Q、S 的相贯线。棱面 Q 所得的相贯线为圆弧，圆弧的最前点Ⅴ和最右点Ⅳ的侧面投影 $5''$、$4''$，依次连接 $1''-5''-4''$，求得相贯线的侧面投影，再作出与其左右对称的另一条相贯线；连接 $3''-4''$，即棱面 S 所得的相贯线，如图 8-6（c）所示。

（3）判别可见性。在 W 面投影中，相贯线上 $1''2''$、$1''5''$ 两段可见，绘制成实线，相贯线上 $2''$ $3''$、$3''4''$、$4''5''$ 段均在圆柱的右半表面，侧面投影不可见，绘制成虚线。

（4）整理图形，完成水平投影与侧面投影。首先整理三棱柱的每一条棱线，分别连接到贯穿点，同时注意棱线的可见性，注意三棱柱最高的棱线，其侧面投影与贯穿点 $3''$ 连接时为不可见，绘制成虚线。然后整理圆柱的轮廓素线，其最前和最后轮廓素线Ⅱ点以上和Ⅴ点以下可见，绘制成直线。检查无误后，按照要求加深图线，完成全图，如图 8-6（d）所示。

8.3 两曲面立体相贯

8.3.1 相贯线的特点

两曲面立体相贯，其相贯线一般情况下是封闭的空间曲线，如图8-1（c）所示。组成相贯线的所有点，均为两曲面立体表面的共有点。求两曲面立体相贯线的实质就是求一系列共有点，然后同面投影用光滑曲线依次相连即可。在特殊情况下相贯线可能是平面曲线或是直线，这一部分在下一节中讨论。

为了比较准确地作出相贯线，在求共有点时，应该先求出相贯线上的特殊点，如最高、最低、最左、最右、最前、最后及轮廓线上的点等，再适当求一些一般点，以使相贯线能光滑作出。

8.3.2 相贯线的求法

1. 利用积聚性

利用立体表面投影的积聚性直接求出相贯线上的一系列点，即采用表面取点求解。从该曲面立体的积聚投影入手，作出相贯线一系列点的投影，同面投影用光滑曲线相连即可。

【例8-5】 如图8-7（a）所示，求作两圆柱的相贯线。

【分析】 如图8-7（a）所示，半径较大水平的半圆柱与半径较小铅垂的圆柱相贯。水平半圆柱的侧面投影有积聚性，铅垂圆柱的水平投影有积聚性，因此相贯线水平投影与侧面投影是已知的，只需求相贯线的正面投影即可。在相贯线上取一系列点，将这些点的正面投影求出，再用光滑曲线相连即可求出相贯线的正面投影。

解：

（1）求特殊点。Ⅰ、Ⅲ两点是相贯线的最高点，同时在铅垂圆柱的最左和最右轮廓素线上，是相贯线的最左点和最右点。V面投影可以直接求出$1'$、$3'$。Ⅱ、Ⅳ两点是相贯线的最低点，同时也在铅垂圆柱的最前和最后轮廓素线上，是相贯线的最前点和最后点。V面投影可以利用"高平齐"直接求出$2'$、$4'$。

（2）求一般点。为了使相贯线作图准确，在相贯线上应该根据实际绘图情况取一般点。本题，在相贯线上对称地取四个一般点Ⅴ、Ⅵ、Ⅶ、Ⅷ，先确定H面投影5、6、7、8，然后利用"宽相等"求出其W面投影$5''$、$6''$、$7''$、$8''$，最后利用"高平齐，长对正"求出一般点V面投影$5'$、$6'$、$7'$、$8'$。

（3）连线判别可见性。以Ⅰ、Ⅲ两点为分界，$1'-5'-2'-6'-3'$可见，绘制成实线，$3'-7'-4'-8'-1'$不可见，与所绘实曲线重合，如图8-7（b）所示。

2. 利用辅助面法

作两曲面立体相贯线的另一种方法是辅助面法。用辅助面法求相贯线投影的原理是三面共点。在适当的位置选择合适的辅助面，使它分别与两相交立体表面相交得到两条截交线，两条截交线的交点就是辅助面与两相交立体表面的共有点，即相贯线上的点，如图8-8所示。改变辅助面的位置，重复作若干个辅助面，得到足够的共有点相连接而成相贯线。

可以选择平面或球面作为辅助面，但无论选择平面还是球面，选择辅助面的原则都是使所选择的辅助面与相交两立体表面的截交线的投影简单、易画，如直线或圆，如图8-9所示。

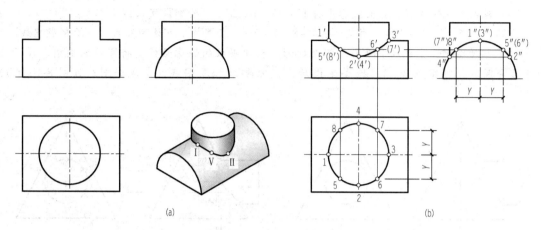

图8-7 两圆柱相贯线的求法

（a）已知条件；（b）求相贯线

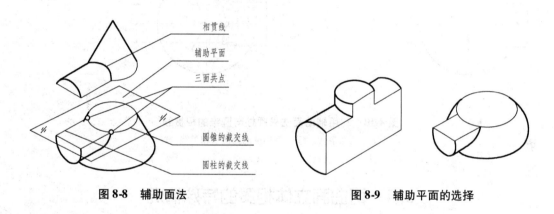

图8-8 辅助面法　　　　　　　　**图8-9 辅助平面的选择**

【例8-6】 如图8-10（a）所示，求作圆柱与圆锥的相贯线。

【分析】 如图8-10（a）所示，水平放置的圆柱与圆锥相贯。圆柱的侧面投影有积聚性，因此相贯线侧面投影是已知的。此题可以利用积聚性求解，也可以利用辅助面法求解。本题采用辅助面法求解，采用水平的辅助平面去切割相贯体，切割圆柱所得的截交线为圆柱的素线——两条直线，切割圆锥所得的截交线为圆，素线与圆的交点即相贯线上的点。

解：

（1）求特殊点。圆柱与圆锥的轴线垂直相交，因此相贯线前后对称。Ⅰ、Ⅱ两点既是水平圆柱最低与最高轮廓素线上的点，也是相贯线上的最低点、最高点，还是圆锥最左轮廓素线上的点。其正面投影与水平投影可以直接求出。Ⅲ、Ⅳ两点是水平圆柱最前与最后轮廓素线上的点，其正面投影与水平投影采用辅助平面求解。水平的 P 平面通过圆柱的轴线，切割圆锥所得纬圆的半径为 R_1，其水平投影圆与圆柱最前、最后轮廓素线的交点即Ⅲ、Ⅳ两点的水平投影3、4，利用"长对正"求得其正面投影 $3'$、$4'$。

（2）求一般点。分别采用辅助平面 Q、R 切割相贯体，求一般点的正面投影与水平投影。先确定其侧面投影 $5''$、$6''$、$7''$、$8''$（本题中该四点上下、前后对称），再分别以 R_2、R_3 为半径绘制纬圆的水平投影——圆，然后用"宽相等"求出这四点的水平投影5、6、7、8，最后利用"长对正，高平齐"求出正面投影 $5'$、$6'$、$7'$、$8'$。

（3）连线判别可见性。正面投影中将 $1'-7'-3'-5'-2'$ 绘制成实曲线。水平投影中以 3、4 两点为界，$3-5-2-6-4$ 绘制成实线，$4-8-1-7-3$ 在圆柱不可见的表面上，绘制成虚线。

（4）整理图形，完成水平投影与侧面投影。整理圆柱的轮廓素线，将圆柱的最前、最后轮廓素线分别连到贯穿点 3、4。检查无误后，按照要求加深图线，完成全图，如图 8-10（b）所示。

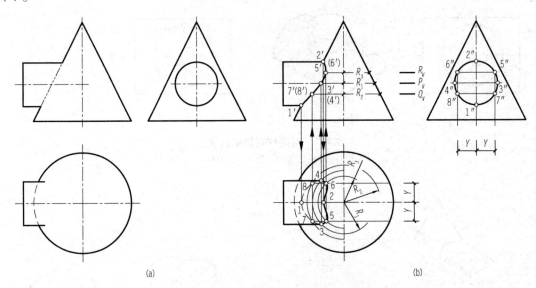

图 8-10　利用辅助面法求圆柱与圆锥的相贯线

（a）已知条件；（b）利用辅助面法求相贯线

8.4　两曲面立体相贯的特殊情况

两曲面立体相贯，在特殊情况下相贯线可能是平面曲线或是直线，某些投影可能为直线，当投影为直线时，只需确定投影线段两个端点的投影，然后连成直线即可。

8.4.1　两圆柱的轴线平行

当两个圆柱的轴线平行时，两圆柱面的相贯线为圆柱的素线，如图 8-11 所示，相贯线为两条相互平行的素线 I II、III IV 和圆弧 I III。

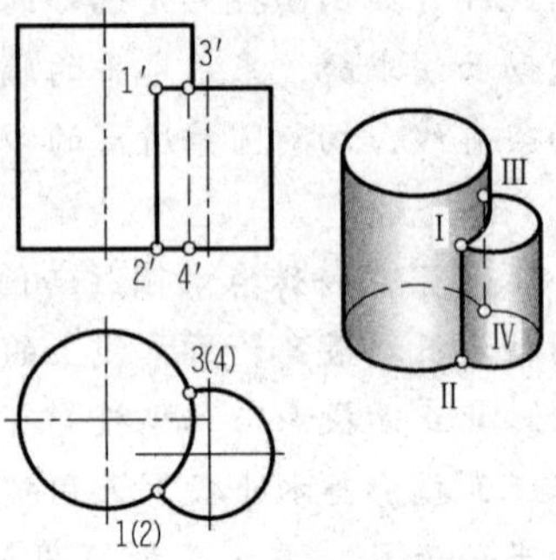

8.4.2　两圆锥面共锥顶

当两个圆锥面共锥顶时，其相贯线为圆锥的素线——直线，如图 8-12 所示，相贯线为两条相交直线 S I、S II。

8.4.3　同轴回转体

当回转体共轴时，其相贯线为圆，并且圆所在的平面垂直于轴线，如图 8-13 所示。

图 8-11　两圆柱的轴线平行

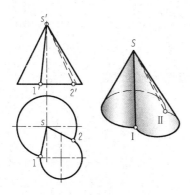

图 8-12　两圆锥面共锥顶

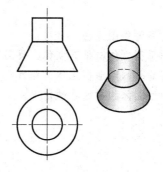

图 8-13　同轴回转体

8.4.4　两回转体共内切于圆球面

当两个二次曲面（如圆柱、圆锥面）共切于另一个二次曲面（如圆球面）时，则此两个二次曲面的相贯线是平面曲线。当曲线（相贯线）所在的平面垂直于某个投影面时，在该投影面上的投影为直线。

（1）当两个等直径圆柱轴线正交时，相贯线为两个大小相等的椭圆，如图 8-14（a）所示。相贯线的 V 面投影为两相交直线段。

（2）当两个等直径圆柱轴线斜交时，相贯线为两短轴相等、长轴不等的椭圆，如图 8-14（b）所示。相贯线的 V 面投影仍为两条长度不等的直线段。

（3）圆柱与圆锥的轴线正交时，相贯线为两个大小相等的椭圆，如图 8-14（c）所示。相贯线的 V 面投影为两条相交的直线段。

（4）圆柱与圆锥的轴线斜交时，相贯线为两个大小不相等的椭圆，如图 8-14（d）所示。相贯线的 V 面投影仍为两条长度不等的直线段。

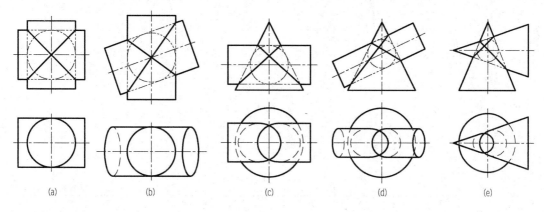

(a)　　　　(b)　　　　(c)　　　　(d)　　　　(e)

图 8-14　两回转体共内切于圆球面

（5）当两个圆锥的轴线正交时，相贯线为两个大小不相等的椭圆，如图 8-14（e）所示。相贯线的 V 面投影为直线段。

本章要点

（1）相贯线的作图方法。
（2）绘制平面立体与平面立体、平面立体与曲面立体的相贯线。
（3）绘制简单的两曲面立体的相贯线。
（4）两曲面立体相贯的特殊情况。

第 9 章

轴测投影

图 9-1 （a）所示为形体的三面正投影图，图 9-1 （b）所示为同一形体的轴测投影图。比较这两种图可以看出：三面正投影图能够准确地表达出形体的形状，且作图简便，但直观性差，需要具备画法几何基础知识才能看懂；而轴测投影图的立体感较强，但度量性差，作图较为烦琐。

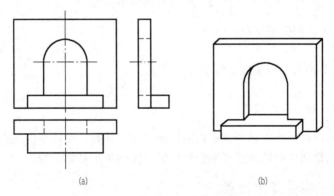

(a)   (b)

图 9-1　三面正投影图与轴测投影图
（a）三面正投影图；（b）轴测投影图

工程上广泛采用的是多面正投影图，为弥补直观性差的缺点，常常要画出形体的轴测投影图。所以轴测投影图是一种辅助图样。

9.1　基本知识

9.1.1　轴测投影图的形成

图 9-2 所示为轴测投影图的形成过程。将形体连同确定其空间位置的直角坐标系，用平行投影法，沿 S 方向投射到选定的一个投影面 P 上，所得到的投影称为轴测投影。用这种方法绘制的图形，称为轴测投影图，简称轴测图。

投影面 P 称为轴测投影面。确定形体的坐标轴 OX、OY 和 OZ 在轴测投影面 P 上的投影 O_1X_1、O_1Y_1 和 O_1Z_1 称为轴测投影轴，简称轴测轴。轴测轴之间的夹角称为轴间角。

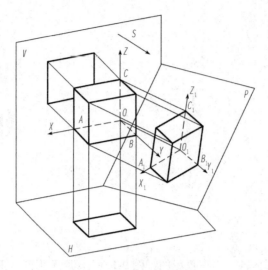

图 9-2 轴测投影图的形成

轴测轴上某线段长度与其实长的比值，称为轴向变形系数。

$\dfrac{O_1A_1}{OA}=p$，称为 X 轴向变形系数。

$\dfrac{O_1B_1}{OB}=q$，称为 Y 轴向变形系数。

$\dfrac{O_1C_1}{OC}=r$，称为 Z 轴向变形系数。

如果已知轴间角，便可作出轴测轴；再给出轴向变形系数，便可画出与空间坐标轴平行的线段的轴测投影。所以轴间角和轴向变形系数是画轴测图的两组基本参数。

9.1.2 轴测投影的基本性质

轴测投影是在单一投影面上获得的平行投影，所以，它具有平行投影的一切性质。在此应特别指出：

（1）平行的两条直线，其轴测投影仍相互平行。因此，形体上平行于某坐标轴的直线，其轴测投影平行于相应的轴测轴。

（2）平行的两条线段长度之比，等于其轴测投影长度之比。因此，形体上平行于坐标轴的线段，其轴测投影与其实长之比，等于相应的轴向变形系数。

9.1.3 轴测投影的分类

根据投射线和轴测投影面相对位置的不同，轴测投影可分为以下两种：

（1）正轴测投影：投射线 S 垂直于轴测投影面 P；

（2）斜轴测投影：投射线 S 倾斜于轴测投影面 P。

根据轴向变形系数的不同，轴测投影又可分为以下 3 种：

（1）正（或斜）等轴测投影 $p=q=r$；

（2）正（或斜）二等轴测投影 $p=r\neq q$ 或 $p=q\neq r$ 或 $p\neq q=r$；

（3）正（或斜）三测投影 $p\neq q\neq r$。

其中，正等轴测投影、正二等轴测投影和斜二等轴测投影在工程上常用，本章只介绍正等轴测投影和斜二等轴测投影。

9.2　正等轴测投影

投射方向 S 垂直于轴测投影面 P，若三个坐标轴与 P 面倾角相等，则形体上三个坐标轴的轴向变形系数相等，此时在投影面 P 上所得的投影称为正等轴测投影，简称正等测。

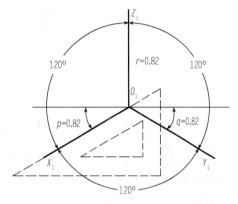

图 9-3　正等测的轴间角和轴向变形系数

9.2.1　轴间角和轴向变形系数

正等测的轴向变形系数 $p = q = r = 0.82$，轴间角 $\angle X_1 O_1 Z_1 = \angle X_1 O_1 Y_1 = \angle Y_1 O_1 Z_1 = 120°$。画图时，规定把 $O_1 Z_1$ 轴画成铅垂位置，因而 $O_1 X_1$ 轴及 $O_1 Y_1$ 轴与水平线均成 $30°$，故可直接用三角板作图，如图 9-3 所示。

为作图方便，常采用简化变形系数，即取 $p = q = r = 1$。这样便可按实际尺寸画图，但画出的图形比原轴测投影大些，各轴向长度均放大 $\dfrac{1}{0.82} \approx 1.22$ 倍。图 9-4 是按轴向变形系数为 0.82 画出的正等测图。图 9-5 是按简化轴向变形系数为 1 画出的正等测图。

图 9-4　按轴向变形系数为 0.82 画出的正等测图

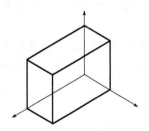

图 9-5　按轴向变形系数为 1 画出的正等测图

9.2.2　点的正等测投影的画法

图 9-6 中点 A（X_A，Y_A，Z_A）的三面正投影图，依据轴测投影基本性质及点的投影与坐标的关系，便可作出图 9-7 所示的点 A 的正等测投影图。其作图步骤如下：

（1）作出正等轴测轴 $O_1 Z_1$、$O_1 X_1$ 及 $O_1 Y_1$。

（2）在 $O_1 X_1$ 轴上截取 $O_1 a_{X1} = X_A$。

（3）过点 a_{X1} 作直线平行于 $O_1 Y_1$ 轴，并在该直线上截取 $a_{X1} a_1 = Y_A$。

（4）过点 a_1 作直线平行于 $O_1 Z_1$ 轴，并在该直线上截取 $A_1 a_1 = Z_A$，得 A_1，点 A_1 即空间点 A 的正等测图。

应指出的是，如果只给出轴测投影 A_1，不难看出，点 A 的空间位置不能唯一确定。实际上点的空间位置是由它的轴测投影和一个次投影确定的，所谓次投影是指点在坐标面上的正投影的轴测投影。如点 A 的空间位置就是由 A_1 和 A 在 XOY 坐标面上的正投影 a 的轴测投影 a_1 来确定的。

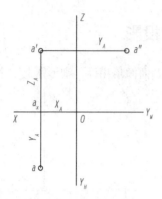

图 9-6　点的正投影图

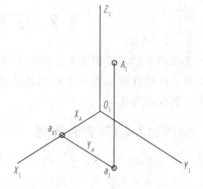

图 9-7　点的正等测图

【例 9-1】　已知斜垫块的正投影图，如图 9-8 所示，画出其正等测图。

解：

（1）在斜垫块上选定直角坐标系。

（2）如图 9-9（a）所示，画出正等轴测轴，按尺寸 a、b，画出斜垫块底面的轴测投影。

（3）如图 9-9（b）所示，过底面的各顶点，沿 O_1Z_1 方向，向上作直线，并分别在其上截取高度 h_1 和 h_2，得斜垫块顶面的各顶点。

（4）如图 9-9（c）所示，连接各顶点画出斜垫块顶面。

（5）如图 9-9（d）所示，擦去多余作图线，描深，即完成斜垫块的正等测图。

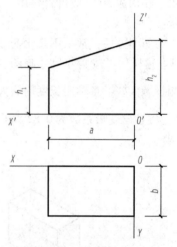

图 9-8　斜垫块的正投影图

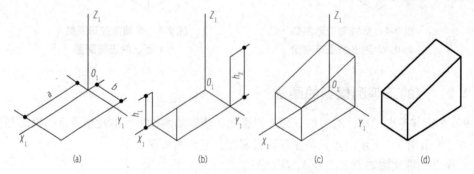

(a)　　　　　(b)　　　　　(c)　　　　　(d)

图 9-9　斜垫块的正等测图作图过程

【例 9-2】　已知基础墩的正投影图，如图 9-10 所示，画出其正等测图。

【分析】　由正投影图可以看出，基础墩由长方体和四棱台叠加而成，前后、左右对称。该基础墩上各棱线中，只有四棱台的棱线是倾斜的，可通过作端点轴测投影的方法画出。为简化作图，可选择长方体的上底面中心为坐标原点。

解：

（1）如图 9-10 所示，在长方体上底面选定直角坐标系。

（2）如图 9-11（a）所示，画出正等轴测轴，根据正投影图，画出矩形上底面的正等测图。

（3）如图 9-11（b）所示，沿 O_1Z_1 轴的方向，向下画出长方体的高度。

（4）如图 9-11（c）所示，根据尺寸 a、b，确定锥台各侧棱线与矩形块上底面的交点的位置。

（5）如图 9-11（d）所示，根据尺寸 c、d 和 h，画出四棱台上底面的正等测图。

（6）如图 9-11（e）所示，画出棱台的四条棱线，擦去多余作图线，描深可见线。

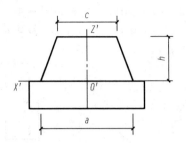
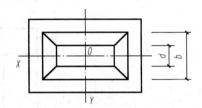

图 9-10　基础墩的正投影图

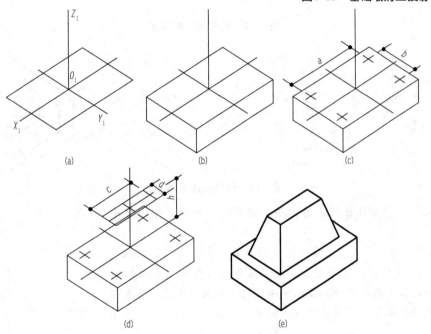

图 9-11　基础墩正等测图的作图过程

【例 9-3】　已知台阶的正投影图，如图 9-12 所示，画出其正等测图。

【分析】　由正投影图可看出，该台阶是由一侧栏板和三级踏步组合而成。为简化作图，可选择其前端面的右下角为坐标原点。

解：

（1）如图 9-12 所示，在台阶上选定直角坐标系。

（2）如图 9-13（a）所示，画出轴测轴，根据正投影图画出台阶前端面的轴测投影。

（3）如图 9-13（b）所示，过前端面的各角点沿 O_1Y_1 轴方向，由前向后作直线平行于 O_1Y_1 轴，并对应截取长度 a 和 b。

（4）如图9-13（c）所示，画出踏步的正等测。

（5）如图9-13（d）所示，画出栏板的正等测。擦去多余作图线，描深可见线，即完成台阶的正等测图。

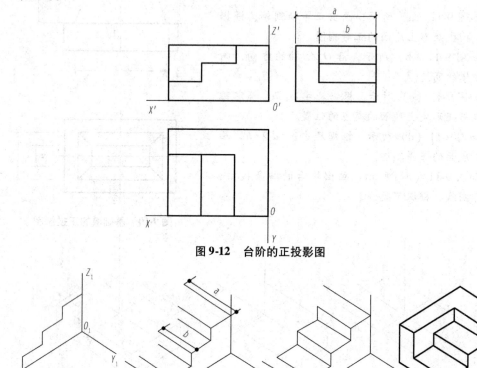

图9-12　台阶的正投影图

图9-13　作台阶的正等测图

（a）　　　　　　　　（b）　　　　　　　　（c）　　　　　　　　（d）

【例9-4】　已知形体的正投影图，如图9-14所示，画出其正等测图。

【分析】　形体由矩形底块和楔形板组成。坐标原点和坐标轴的确定如图9-14所示。可以看出，楔形板各侧棱线都不与坐标轴平行，其轴测投影的长度并不按正等测轴向变形系数缩变。画这些棱线时应先沿轴测量，画出棱线端点的轴测投影。

解：

（1）如图9-15（a）所示，画出正等测轴，根据正投影图，画出矩形底块的轴测投影。

（2）如图9-15（b）所示，作楔形板上、下底面的轴测投影。

1）自原点 O_1 沿 O_1Z_1 轴向上量取20 mm得点 E_1。

2）过点 E_1 作 O_1X_1 轴平行线，并在其上自点 E_1 向右量取6 mm得点 A_1，再量取6 mm，得点 B_1。

3）分别过点 A_1 和点 B_1 作 O_1Y_1 轴的平行线，分别沿 O_1Y_1 方向量取楔形板上底面的长度尺寸，得点 C_1 和点 D_1。平面图形 $A_1B_1C_1D_1$ 即上底的轴测投影。

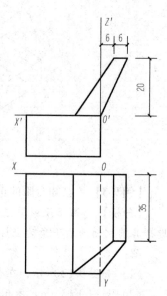

图9-14　形体的正投影图

4）在 $O_1X_1Y_1$ 面上，作出楔形板下底面的轴测投影。

（3）如图 9-15（c）所示，作出各侧棱线，擦去多余作图线，描深可见线，即完成形体的正等测图。

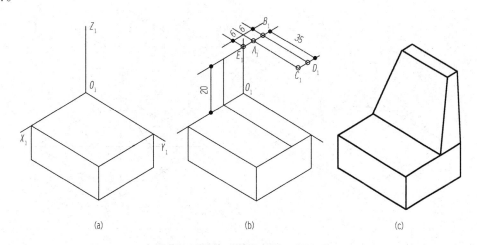

（a）　　　　　　　　　（b）　　　　　　　　　（c）

图 9-15　形体正等测图的作图过程

9.2.3　圆的正等测投影的画法

一般情况下，圆的正等测投影为椭圆。画圆的正等测投影时，一般以圆的外切正方形为辅助线，先画出外切正方形的轴测投影——菱形，然后用四心法画出近似椭圆。

现以图 9-16 所示水平位置的圆为例，介绍圆的正等测投影的画法。其作图步骤如下：

（1）在图 9-16 所示的正投影图上，选定坐标原点和坐标轴，并沿坐标轴方向作出圆的外切正方形，得正方形与圆的四个切点 A、B、C 和 D。

（2）如图 9-17（a）所示，画出正等轴测轴 O_1X_1 和 O_1Y_1。沿轴截取 $O_1A_1 = OA$，$O_1B_1 = OB$，$O_1C_1 = OC$，$O_1D_1 = OD$，得点 A_1、B_1、C_1 和 D_1。

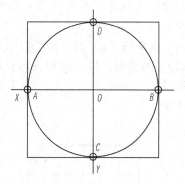

图 9-16　水平圆的正投影图

（3）如图 9-17（b）所示，过点 A_1、点 B_1 作直线平行于 O_1Y_1 轴，过点 C_1、点 D_1 作直线平行于 O_1X_1 轴，交得菱形 $A_1C_1B_1D_1$，此即圆的外切正方形的正等测投影。

（4）如图 9-17（c）所示，以点 O_0 为圆心，以 O_0B_1 为半径作圆弧 B_1D_1；以点 O_2 为圆心，以 O_2A_1 为半径作圆弧 A_1C_1。

（5）如图 9-17（d）所示，作出菱形的对角线，线段 O_2A_1、O_0B_1 分别与菱形长对角线交于点 O_3、点 O_4。以点 O_3 为圆心，O_3A_1 为半径作圆弧 A_1D_1；以点 O_4 为圆心，O_4C_1 为半径作圆弧 C_1B_1。

以上四段圆弧组成的近似椭圆，即所求圆的正等测投影。

图 9-18 所示三个坐标面上相同直径圆的正等测投影，它们是形状相同的三个椭圆。

每个坐标面上圆的轴测投影（椭圆）的长轴方向与垂直于该坐标面的轴测轴垂直；而短轴与该轴测轴平行。

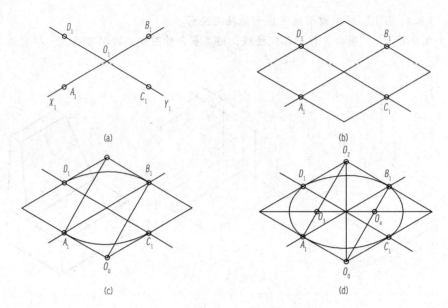

图 9-17　圆的正等测图的近似画法

圆正等测图的近似画法，也适用于平行坐标面的圆角。

图 9-19（a）所示平面图形上有四个圆角，每一段圆弧相当于整圆的 1/4。其正等测如图 9-19（b）所示。每段圆弧的圆心是过外接菱形各边中点（切点）所作垂线的交点。

图 9-19（c）所示是平面图形的正等测。圆弧 D_1B_1 是以 O_2 为圆心，R_2 为半径画出；圆弧 B_1C_1 是以 O_3 为圆心，R_3 为半径画出。D_1、B_1、C_1 等各切点，均利用已知的 r 来确定。

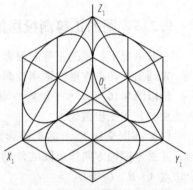

图 9-18　各坐标面圆的正等测投影

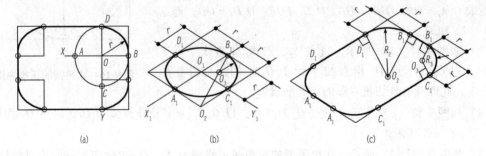

图 9-19　圆角正等测图画法

9.2.4　曲面立体正等测投影图的画法

【例 9-5】　已知柱基的正投影图，如图 9-20 所示，画出其正等测图。

【分析】　由正投影图可以看出，柱基由方形底块和圆柱墩叠合而成。为简化作图，取方形底块的上底面中心为坐标原点。

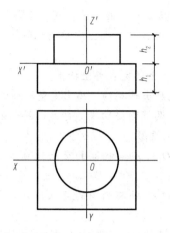

图 9-20 柱基的正投影图

解:

（1）如图 9-20 所示，在柱基上选定直角坐标系。

（2）如图 9-21（a）所示，画出轴测轴，根据正投影图，画出方形底块上底面的正等测投影。

（3）如图 9-21（b）所示，沿 O_1Z_1 轴方向，向下量取尺寸 h_1，画出底块的厚度。

（4）如图 9-21（c）所示，画出坐标面 XOY 内的柱墩底圆和高度为 h_2 处的顶圆的正等测投影。

（5）如图 9-21（d）所示，作出两椭圆的公切线，擦去多余作图线，描深可见线，即完成柱基的正等测图。

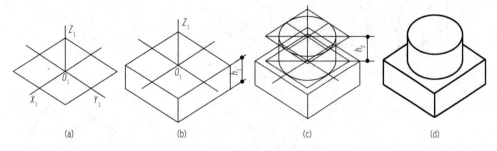

| (a) | (b) | (c) | (d) |

图 9-21 作柱基的正等测图

【例 9-6】 画出图 9-22 所示圆柱左端被切割后的正等测图。

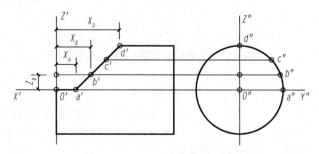

图 9-22 带斜截面圆柱的正投影图

【分析】 圆柱被水平面截切后切口为矩形，被正垂面截切后切口为椭圆，且该椭圆对过圆柱轴线的正平面成对称关系。作图时，可先画出完整圆柱体。

解：

（1）如图 9-22 所示，在圆柱体上选定直角坐标系。

（2）如图 9-23（a）所示，先画出轴测轴，画出完整圆柱体两端面的投影。

（3）如图 9-23（b）所示，作两椭圆公切线，再画出圆柱轴测投影。

（4）作截交线上若干点的轴测投影。

1）如图 9-23（b）所示，过 O_1Y_1 轴与椭圆的交点作直线平行于 O_1X_1 轴，并在该直线上量取长度 X_A，得点 A_1。

2）如图 9-23（c）所示，过 O_1Z_1 轴与椭圆的交点作直线平行于 O_1X_1 轴，并在该直线上量取长度 X_D，得点 D_1。

3）如图 9-23（d）所示，自原点 O_1，沿 O_1Z_1 轴向上量取长度 Z_B 得点 B_0，再过点 B_0 在 $Z_1O_1Y_1$ 面内作直线平行于 O_1Y_1 轴，过该直线与椭圆的交点作直线平行于 O_1X_1 轴，并在其上量取长度 X_B，得点 B_1。

（5）如图 9-23（e）所示，同法求得 C_1 点。根据截交线的对称性，作出已知点 A_1、B_1、C_1 的对称点。

（6）如图 9-23（f）所示，依次光滑连接各点，擦去多余作图线，描深可见线，即完成带切口圆柱的正等轴测图。

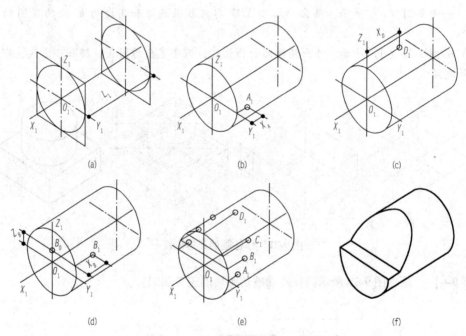

图 9-23 作带斜截面圆柱的正等测图

【例 9-7】 画出图 9-24 所示形体的正等测图。

【分析】 由图 9-24 可知，所给形体为复杂形体。为画出它的正等测，将该形体看作由带拱形缺口的底板、底板上方的 L 形体和位于 L 形体中的正四棱柱三个简单形体组合而成。复杂形体的画法，可分别画出它的各简单形体的正等测。

解：

（1）如图 9-24 所示，在形体上选定坐标系。

（2）如图 9-25（a）所示，画出正等轴测轴，根据正投影图，先在 $X_1O_1Y_1$ 面上画出底板的上底面，然后沿 O_1Z_1 轴向下测量，画出底板厚度。

（3）如图 9-25（b）所示，在已画出的底板上，画出拱形缺口。

（4）如图 9-25（c）所示，在 $X_1O_1Y_1$ 面上画出 L 形体的底面，沿 O_1Z_1 轴向上测量，画出其高度。

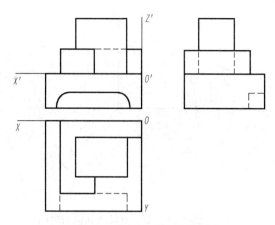

图 9-24　形体三面的正投影图

（5）如图 9-25（d）所示，在 $X_1O_1Y_1$ 面上画出四棱柱体的底面，沿 O_1Z_1 轴向上量取高度，完成形体的正等测图。

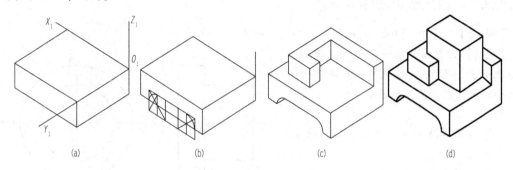

| (a) | (b) | (c) | (d) |

图 9-25　作形体的正等测图

9.3　斜二等轴测投影

当投射方向 S 倾斜于轴测投影面 P，形体上有一个坐标面平行于轴测投影面 P 时，两个坐标轴的轴向变形系数相等，在 P 面上所得到的投影称为斜二等轴测投影，简称为斜二测。

如果 $p = r$（$\neq q$），即坐标面 XOZ 平行于 P 面，得到的是正面斜二测；如果 $p = q$（$\neq r$），即坐标面 XOY 平行于 P 面，得到的是水平斜二测。

9.3.1　斜二测的轴间角和轴向变形系数

图 9-26 所示为正面斜二测的轴间角和轴向变形系数。坐标面 XOZ 平行于正平面，轴间角 $\angle X_1O_1Z_1 = 90°$，轴向变形系数 $p = r = 1$，$q = 0.5$。

为简化作图及获得较强的立体效果，选轴间角 $\angle X_1O_1Z_1 = \angle X_1O_1Y_1 = \angle Y_1O_1Z_1 = 135°$，即 O_1Y_1 轴与水平线成 $45°$；选轴向变形系数 $q = 0.5$。

图 9-27 所示为水平斜二测的轴间角和轴向变形系数。坐标面 XOY 平行于水平面，轴间角 $\angle X_1O_1Y_1 = 90°$，轴向变形系数 $p = q = 1$，Z_1 轴向的变形系数可取任意值。选 O_1X_1 轴与水平线成 $30°$ 或 $60°$。为简化作图，有时选轴向变形系数 $r = 1$。

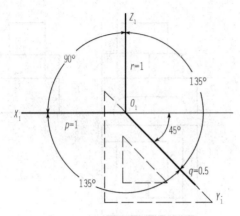

图 9-26 正面斜二测的轴间角和
轴向变形系数

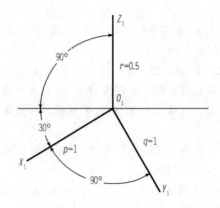

图 9-27 水平斜二测的轴间角和
轴向变形系数

9.3.2 斜二测投影图的画法

【**例 9-8**】 画出图 9-28 所示回转体的斜二测图。

【**分析**】回转体只在一个方向上有圆。为简化作图,设回转轴线与 OY 轴重合,并取小圆端面圆心为坐标原点。

解:

(1) 如图 9-28 所示,在回转体上选定直角坐标系。

(2) 如图 9-29(a)所示,画出正面斜二测轴测轴,沿 O_1Y_1 轴量取 $O_1A_1 = \dfrac{1}{2}$

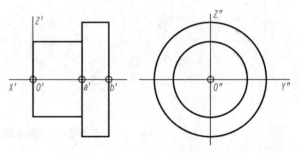

图 9-28 回转体的正投影图

OA,得点 A_1;量取 $A_1B_1 = \dfrac{1}{2}AB$,得点 B_1。

(3) 如图 9-29(b)所示,分别以点 O_1、点 A_1、点 B_1 为圆心,根据正投影图量取各圆的半径,画出各圆。

(4) 如图 9-29(c)所示,作出每一对等直径圆的公切线。

(5) 如图 9-29(d)所示,擦去多余作图线,描深可见线,即完成形体的正面斜二测图。

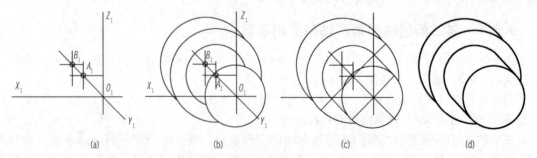

(a) (b) (c) (d)

图 9-29 回转体的正面斜二测作图

【例 9-9】　画出图 9-30 所示建筑形体的水平斜二测图。

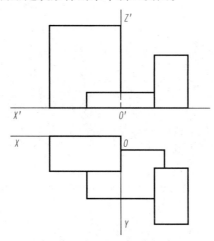

图 9-30　建筑形体的正投影图

解：

（1）如图 9-30 所示，在建筑形体上选定直角坐标系。

（2）如图 9-31（a）所示，画出轴测轴，根据正投影图，画出其水平投影的水平斜二测图。

（3）如图 9-31（b）所示，过平面图形各角点，向上作 O_1Z_1 轴平行线，截取各高度，画出各基本立体的水平斜二测图。

（4）如图 9-31（c）所示，擦去多余作图线，描深可见线，即完成建筑形体的水平斜二测图。

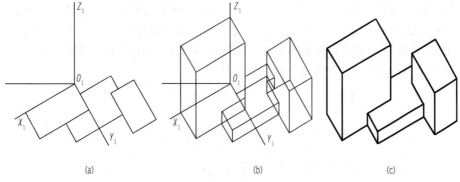

（a）　　　　　　　　　　　（b）　　　　　　　　　　　（c）

图 9-31　作建筑形体的水平斜二测图

本章要点

（1）轴测投影图的形成及在工程中的辅助作用；轴测投影的基本性质和分类。

（2）常用的正等轴测投影图和斜二等轴测投影图的画法。

第 10 章

标高投影

    工程建筑物是在地面上修建的，在设计和施工中，常常需要绘制表示地面起伏状况的地形图，以便在图纸上解决有关的工程问题。由于地面的形状往往比较复杂，且地形的高差与平面（长宽）尺度相差很大，用多面正投影法表示，作图困难，且不易表达清楚，因此，在生产实践中常采用标高投影法来表示地形面。

10.1 概述

    在多面正投影中，当物体的水平投影确定以后，其正面投影的主要作用是提供物体各特征点、线、面的高度。若能在物体的水平投影中标明它的特征点、线、面的高度，就可以完全确定物体的空间形状和位置。如图 10-1（a）所示，选择水平面 H 为基准面，设其高度为零，点 A 在 H 面上方 4 m，点 B 在 H 面下方 3 m，若在 A、B 两点的水平投影 a、b 的右下角标明其高度数值 4 和 -3，就可得到 A、B 两点的标高投影图，如图 10-1（b）所示。高度数值 4 和 -3 称为高程或标高，其单位以"m"计，在图上一般不需注明。

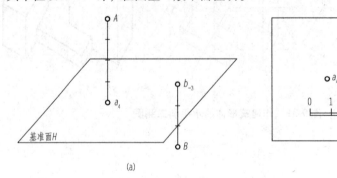

图 10-1　点的标高投影

    在物体的水平投影上加注某些特征面、线及控制点的高程数值和比例来表示空间物体的方法称为标高投影法。它是一种单面正投影图。在标高投影图中，必须标明比例或画出比例尺，否则就无法根据单面正投影图来确定物体的空间形状和位置。

    除了地形面以外，一些复杂曲面也常用标高投影法来表示。

10.2　直线和平面的标高投影

10.2.1　直线的标高投影

1. 直线的表示法

在标高投影中，直线的位置是由直线上的两个点或直线上一点及该直线的方向确定。因此，直线的表示法有以下两种：

（1）直线的水平投影并加注直线上两点的高程，如图 10-2（b）所示。

（2）直线上一个点的标高投影并加注直线的坡度和方向，如图 10-2（c）所示。图中直线的方向用箭头表示，箭头指向下坡，1∶2 表示该直线的坡度。

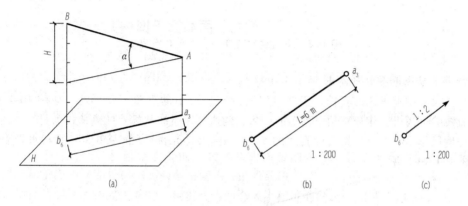

图 10-2　直线的标高投影

2. 直线的坡度

直线上任意两点的高差与其水平距离之比称为该直线的坡度，用符号 i 表示，即

$$坡度（i）= \frac{高差（H）}{水平距离（L）} = \tan\alpha$$

上式表明两点间水平距离为 1 个单位时两点间的高差即坡度。

图 10-2（a）中，直线 AB 的高差 $H = 6 - 3 = 3$（m），按比例量得其水平距离 $L = 6$ m，所以该直线的坡度 $i = \dfrac{H}{L} = \dfrac{3}{6} = \dfrac{1}{2}$，可写成 1∶2，如图 10-2（c）所示。

当两点间的高差为 1 个单位时，它的水平距离称为平距，用符号 l 表示，即

$$平距（l）= \frac{水平距离（L）}{高差（H）} = \cot\alpha = \frac{1}{i}$$

由此可见，平距和坡度互为倒数，即 $i = \dfrac{1}{l}$。坡度越大，平距越小；反之，坡度越小，平距越大。

【例 10-1】　求图 10-3 所示直线 AB 的坡度与平距，并求出直线上点 C 的高程。

解：先求坡度与平距。

$$H_{AB} = 24.3 - 12.3 = 12.0（m）$$

$$L_{AB} = 36.0 \text{ m}（用给定的比例尺量得）$$

$$i = \frac{H_{AB}}{L_{AB}} = \frac{12.0}{36.0} = \frac{1}{3}; \qquad l = \frac{1}{i} = 3$$

又量得 $L_{AC} = 15.0$ m，因为直线上任意两点间坡度相同。由

$$\frac{H_{AC}}{L_{AC}} = i = \frac{1}{3}; \qquad H_{AC} = L_{AC} \times i = 15.0 \times \frac{1}{3} = 5.0 \ (\text{m})$$

故 C 点的高程为 $24.3 - 5.0 = 19.3$ （m）。

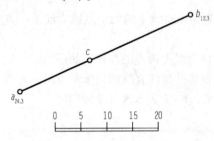

图 10-3　求直线的坡度、平距及 C 点高程

3. 直线的实长和整数标高点

在标高投影中求直线的实长，仍然可以采用正投影中的直角三角形法，如图 10-4（a）所示，以直线的标高投影作为直角三角形的一条直角边，以直线两端点的高差作为另一直角边，用给定的比例尺作出斜边后，斜边即直线的实长。斜边和标高投影的夹角为直线与水平面的倾角 α，如图 10-4（b）所示。

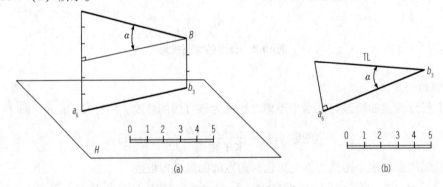

图 10-4　求线段的实长与倾角

在实际工作中，常遇到直线两端的标高投影的高程并非整数，需要在直线的标高投影上作出各整数标高点。

【**例 10-2**】　如图 10-5 所示，已知直线 AB 的标高投影 $a_{4.3}b_{7.8}$，求直线上各整数标高点。

解：平行于直线 AB 作一辅助的铅垂面，采用标高投影比例尺作相应高程的水平线（水平线平行于 ab），最高一条为 8，最低一条为 4。根据 A、B 两点的高程在铅垂面上画出直线 AB，其与各整数标高的水平线交于 C、D、E 各点，自这些点向 $a_{4.3}b_{7.8}$ 作垂线，即得 c_5、d_6、e_7 各整数标高点。AB 反映实长，它与水平线的夹角反映该线与水平面的倾角（图 10-5）。

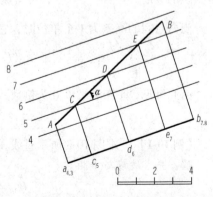

图 10-5　求直线上各整数标高点

10.2.2　平面的标高投影

1. 平面上的等高线和坡度线

在标高投影中，预定高度的水平面与所表示表面（平面、曲面、地形面）的截交线称为等高线。如图10-6（a）所示，平面上的水平线即平面上的等高线，也可看成水平面与该平面的交线。在实际应用中常取整数标高的等高线，它们的高差一般取整数，如1 m、5 m 等，并且把平面与基准面的交线，作为高程为零的等高线。图10-6（b）所示为平面 P 上的等高线的标高投影。

从标高投影图中可以看出，平面上的等高线是一组相互平行的直线，当相邻等高线的高差相等时，其水平间距也相等。图10-6（b）中相邻等高线的高差为1 m，它们的水平间距就是平距。

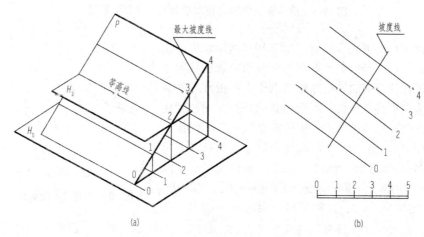

图10-6　平面上的等高线和坡度线

如图10-6（a）所示，平面上的坡度线和平面上的水平线垂直，根据直角投影定理，它们的水平投影应相互垂直，如图10-6（b）所示。坡度线的坡度就是该平面的坡度。

工程上有时也将坡度线的投影附以整数标高，并画成一粗一细的双线，称为平面的坡度比例尺，如图10-7所示。P 平面的坡度比例尺用 P_i 表示。

2. 平面的表示法

在正投影中，所介绍的用几何元素表示平面的方法在标高投影中仍然适用。在标高投影中，常采用平面上的一条等高线和平面的坡度表示平面。

图10-8（a）表示一个平面。知道平面上的一条等高线，就可定出坡度线的方向。由于平面的坡度已知，该平面的方向和位置就确定了。

如果作平面上的等高线，则可利用坡度求得等高线的平距，然后作已知等高线的垂线，在垂线上按图中所给比例尺截取平距，再过各分点作已知等高线的平行线，即可作出平面上的一系列等高线，如图10-8（b）所示。

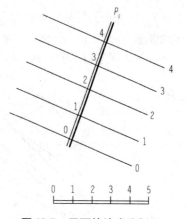

图10-7　平面的坡度比例尺

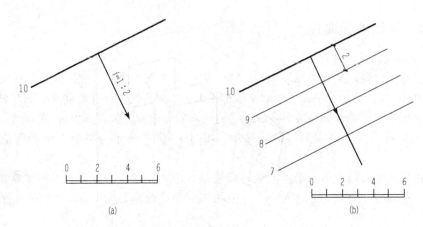

图 10-8　用平面上的等高线和平面的坡度表示平面

　　用坡度比例尺也可表示平面，如图 10-9 所示。坡度比例尺的位置和方向一经给定，平面的方向和位置也就随之确定。过坡度比例尺上的各整数标高点作它的垂线，就是平面上的相应高程的等高线。但要注意的是，在用坡度比例尺表示平面时，标高投影的比例尺或比例一定要给出。

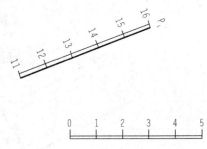

图 10-9　用坡度比例尺表示平面

　　有时还用平面上的一条非等高线和该平面的坡度表示一个平面。图 10-10（a）所示为一高为 5 m 的水平场地及一坡度为 1:3 的斜坡引道。斜坡引道两侧的倾斜平面 ABC 和 DEF 的坡度均为 1:2，这种倾斜平面可由平面内一条倾斜直线的标高投影加上该平面的坡度来表示，如图 10-10（b）所示。图中 a_2b_5 旁边的箭头只是表明该平面向直线的某一侧倾斜，并不代表平面的坡度线方向，坡度线的准确方向需作出平面上的等高线后才能确定，所以用虚线表示。图 10-11（b）表示了上述平面上等高线的作法。该平面上标高为 2 m 的等高线必通过 a_2，而过 b_5 则有一条标高为 5 m 的等高线，这两条等高线之间的水平距离 $L = l \times H = 2 \times 3 = 6$（m）。以 b_5 为圆心，以 $R = 6$ m 为半径（按图中所给比例尺量取），在平面的倾斜方向画圆弧，再过 a_2 作直线与圆弧相切，就得到标高为 2 m 的等高线，立体图如图 10-11（c）所示。三等分 a_2b_5，可得到直线上标高为 3 m、4 m 的点，过各分点作直线与 2 m 等高线平行，就得到一系列相应的等高线。

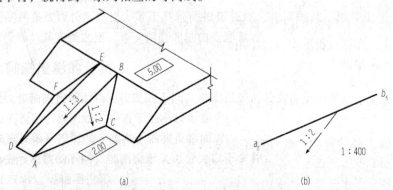

图 10-10　用平面上一条非等高线和平面的坡度表示平面

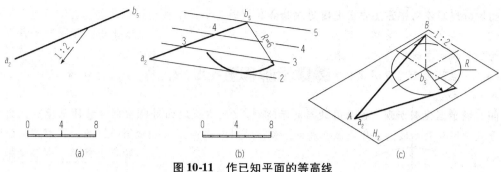

图 10-11 作已知平面的等高线

（a）已知条件；（b）作已知平面的等高线；（c）立体图

3. 平面与平面的交线

在标高投影中，求两平面的交线，通常采用水平面作为辅助面。

如图 10-12（a）所示，水平辅助面与 P、Q 两平面的截交线是两条相同高程的等高线，这两条等高线的交点就是两平面的共有点，分别求出两个共有点并将其连接起来，就可求得交线。

如图 10-12（a）所示，已知两平面，求它们的交线，可分别在两平面内作出相同高程的等高线 20 m 和 25 m（或其他相同高程），如图 10-12（c）所示，分别得到 a、b 两个交点，连接 a、b 两点，则 ab 即所求两平面交线的标高投影。

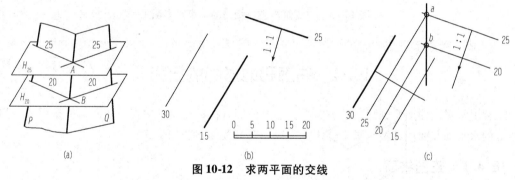

图 10-12 求两平面的交线

（a）立体图；（b）已知条件；（c）作两平面交线

10.3 立体的标高投影

在标高投影中，平面立体由其棱面、棱线和顶点的标高投影来表示。

在工程中，把建筑物相邻两坡面的交线称为坡面交线，坡面与地面的交线称为坡脚线（填方）或开挖线（挖方）。

【例 10-3】 已知主堤和支堤相交，顶面标高分别为 3 m 和 2 m，地面标高为 0 m，各坡面坡度如图 10-13（a）所示，试作相交两堤的标高投影图。

【分析】 作相交两堤的标高投影图，需求三种线：各坡面与地面交线，即坡脚线；支堤顶面与主堤坡面的交线；主堤坡面与支堤坡面的交线，如图 10-13（b）所示。

解：

作图步骤如下 ［图 10-13（c）］：

（1）求坡脚线。以主堤为例，先求堤顶边缘到坡脚线的水平距离 $L = H/i =$ （3 − 0）/1 = 3（m），再沿两侧坡面坡度线方向按 1：300 比例量取，过零点作顶面边缘的平行线，即得两侧坡面的坡脚线。以同样方法作出支堤的坡脚线。

（2）求支堤顶面与主堤坡面的交线。支堤顶面标高为 2 m，与主堤坡面交线就是主堤坡面上标高为 2 m 的等高线中的 a_2b_2 一段。

（3）求主堤坡面与支堤坡面的交线。它们的坡脚线交于 c_0、d_0，连 c_0、a_2 和 d_0、b_2 即得坡面交线 c_0a_2 和 d_0b_2。

（4）将最后结果加深，画出各坡面的示坡线。（图中长短相间的细实线叫作示坡线，其与等高线垂直，用来表示坡面，短线画在高的一侧。）

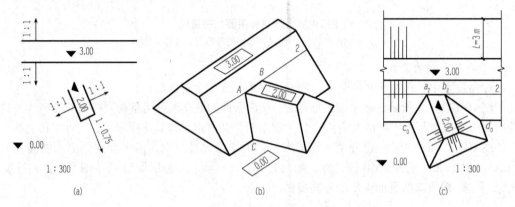

图 10-13　求支堤与主堤相交的标高投影图

10.4　曲面和地形面的投影

工程上常见的曲面有锥面、同坡曲面和地形面等。在标高投影中表示曲面，就是用一系列高差相等的水平面与曲面相截，画出这些截交线（等高线）的投影。

10.4.1　正圆锥面

如图 10-14 所示，正圆锥面的等高线都是同心圆，当高差相等时，等高线间的水平距离相等。当锥面正立时，等高线越靠近圆心，其标高数字越大；当锥面倒立时，等高线越靠近圆心，其标高数字越小。圆锥面示坡线的方向应指向锥顶。

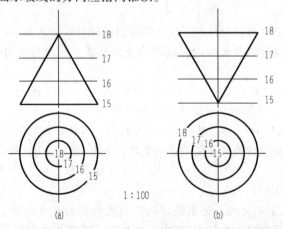

图 10-14　正圆锥面的标高投影图

在土石方工程中，常在两坡面的转角处采用坡度相同的锥面过渡，如图 10-15 所示。

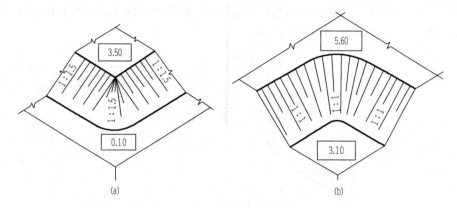

图 10-15　转角处锥面过渡示意图

10.4.2　地形面

1. 地形等高线图

如图 10-16 所示，由于地形面是不规则曲面，所以它的等高线是不规则的曲线。地形等高线有下列特征：

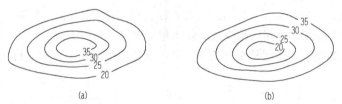

图 10-16　地形面表示法

（a）山丘；（b）洼地

（1）等高线一般是封闭曲线（在有限的图形范围内可不封闭）。

（2）除悬崖、峭壁外，等高线不相交。

（3）同一地形图内，等高线越密地势越陡；反之，等高线越稀疏地势越平坦。

用这种方法表示地形面，能够清楚地反映地形的起伏变化以及坡向等。图 10-17 中，右方环状等高线，中间高、四面低，表示有一山头；山头东北面等高线密集、平距小，说明这里地势陡峭；西南面等高线稀疏、平距较大，说明这里地势平坦，坡向是北高南低。相邻两山头之间，形状像马鞍的区域称为鞍部。地形图上等高线高程数字的字头按规定应朝向上坡方向。相邻等高线之间的高差称为等高距，图 10-17 中的等高距为 5 m。

在一张完整的地形等高线图中，为了便于看图，一般每隔四条有一条画成粗线，这样的粗线称为计曲线。

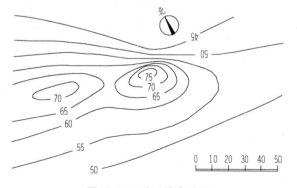

图 10-17　地形等高线图

2. 地形断面图

用铅垂面剖切地形面，剖切平面与地形面的截交线就是地形断面，并画上相应的材料图例，称为地形断面图。其作图方法如图 10-18 所示。

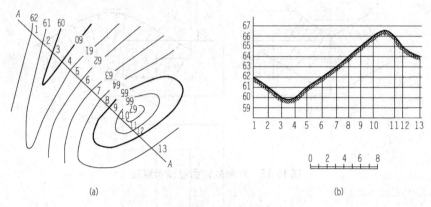

(a)   (b)

图 10-18　地形断面图的画法

（1）过 $A-A$ 作铅垂面，它与地面上各等高线的交点为 1，2，3，…，如图 10-18（a）所示。

（2）以 $A-A$ 剖切线的水平距离为横坐标，以高程为纵坐标，按等高距及比例尺画一组平行线，如图 10-18（b）所示。

（3）将图 10-18（a）中的 1，2，3，…各点转移到图 10-18（b）中最下面一条直线上，并由各点作纵坐标的平行线，使其与相应的高程线相交得到一系列交点。

（4）光滑连接各交点，即得地形断面图，并根据地质情况画上相应的材料图例。

本章要点 ⫽⫽⫽

（1）标高投影法的适用范围。

（2）直线与平面、立体的标高投影画法，曲面和地形面的投影画法。

第 11 章

阴影

长期的自然生活使人们对光和影有着本能的感受。凭经验，大多数人都能知道一个简单的几何形体在一个平面上的落影的形状。但这种感觉对建筑学的学生、建筑表现图画家和建筑设计师而言是远远不够的。建筑设计中更为常见的是组合体的落影以及形体在不同表面上的落影。为了正确表达设计意图，准确地绘制阴影图是非常有必要的。

11.1 阴影的基本知识

11.1.1 阴影的形成和基本概念

在自然环境中，光线由光源发出射向空间中的物体。物体受到光线直接照射的表面称为阳面，物体不受光线直接照射的表面称为阴面。物体上阴面和阳面的分界线称为阴线。光线被物体遮挡而在其后方空间产生的阴暗区域称为影区（影区是一个立体的概念）。一个原本可以受光的阳面，由于其他物体遮挡光线而使其不能受光，影区和阳面相交产生物体在这个阳面上的落影（影子）。落影的轮廓线称为影线，影线实际上就是阴线的落影。承受影子的阳面称为承影面。阴和影总称为阴影。画出物体的阴影也就是说画出物体自身的阴面以及落影，如图11-1 所示。

阴线和影线一一对应。但也有特殊情况，如果阴线位于物体的凹角处，则这条阴线不能落影，不会产生影线，如图 11-1 中棱线 AB，虽然是阴面和阳面的交线，但这条线位于一个凹角内，它并不落影。

11.1.2 在正投影面中加绘阴影的作用

在建筑绘画中，阴影对于表现建筑形象起着非常重要的作用。

（1）在建筑图样中，尤其是建筑立面图中加绘阴影尤为重要。如果没有阴影，绝大部分建筑构件如挑檐、门窗洞口、凹廊等的凹凸关系根本无法在立面图中表现出来。

图 11-2 所示是三个建筑形体的投影图。图 11-2（a）为它们的立面图，三个形体的立面图形相同，如果不看平面图只看建筑立面图不能辨别出这三个建筑形体的不同。图 11-2（b）为加绘阴影的建筑立面图，即使只有立面图也能使观察者很容易地分辨出三个形体的形状特点。

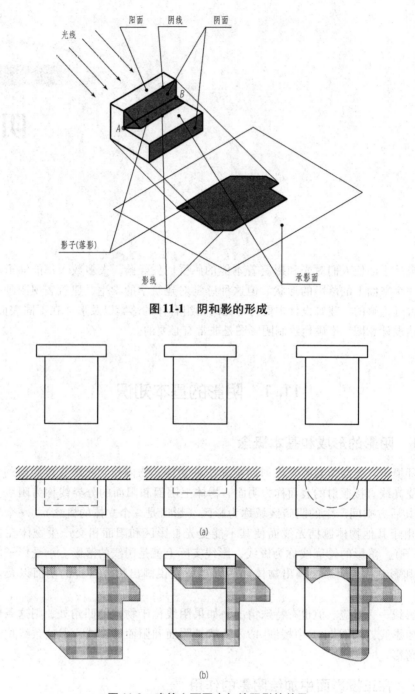

图 11-1　阴和影的形成

图 11-2　建筑立面图中加绘阴影的效果

（a）未画阴影的立面图；（b）加绘阴影的立面图

（2）在建筑表现图中绘制阴影不仅有助于人们对建筑的理解，而且可以使建筑表现图更加生动、自然，增强其艺术感染力。

（3）阴影可以表现建筑建成之后在自然环境中的样貌，有利于加深设计过程中客户和建筑师之间的相互理解。

需要特别指出的是，在正投影图中加绘形体的阴影，实际上是在正投影图中画出阴和影的正投影。因此，绘制阴影的正投影图也同样遵循正投影图的绘制原则。

11.1.3 常用光线

日常生活中的光源为太阳，太阳光线为辐射状光线，由于太阳距离人们无限远，可视太阳光线为平行光线。光线的方向可以任意选取，但为了作图方便，我们选取正方体的体对角线方向的光线作为常用光线方向，即从正方体的左、前、上方角点射向右、后、下方角点的方向。这个方向的光线和 H 面、V 面、W 面的倾角均为 $35°15'53''$。最关键的是，这样的光线方向在三个投影面上的投影与投影轴成的夹角均为 $45°$，可以方便地使用 $45°$ 三角板来绘制。常用光线的空间情况和正投影图如图 11-3 所示，空间光线用字母 L 表示，光线的投影用 l' 表示。选择这样的光线的另一个优点在于可以通过影子的宽窄表现投影物的实际深度，从而使立面投影图也能显现出三度空间的关系。

图 11-4 所示为常用光线的真实倾角的作法及其单面作图方法。

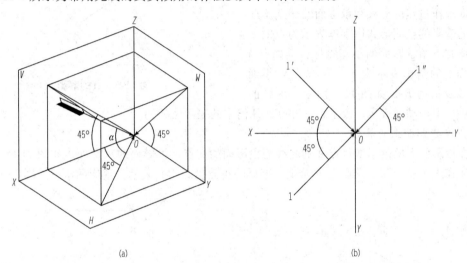

(a)   (b)

图 11-3 常用光线

（a）常用光线的空间情况；（b）常用光线的正投影图

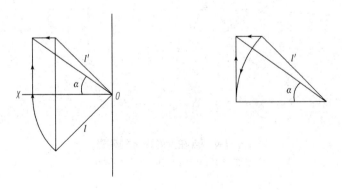

图 11-4 常用光线的真实倾角及其单面作图

本书中若不做特别说明时，光线均指的是常用光线，即光线在投影面上的投影与投影轴成45°的倾角。

11.2 点、直线、平面形的落影

11.2.1 点的落影

空间一点在任何承影面上的落影是一个点。点在承影面上，点的影子是自身。

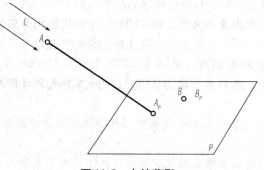

在光线的照射下，空间一点遮挡住一条光线，这样就在点的后方承影面上形成一个暗点，这个暗点即点在这个承影面上的影。但为了语言叙述方便，可以简单地说点的落影是通过该点的光线和承影面的交点。求作点的落影的实质即求作过点的光线和承影面的交点。

点的落影的空间形式用字母表示为点的大写字母加右下角承影面的小写脚标，例如点 A 在 P 平面上的落影表示为 A_p，点 B 在 P 平面上的落影表示为 B_p，如图 11-5 所示。落影的

图 11-5 点的落影

投影用小写字母加撇表示，表示方法和画法几何中的表示法相同。

1. 点在投影面上的落影

点在投影面上的落影即过点 A 的光线与投影面的交点。投影面即承影面。如图 11-6（a）所示，点 A 在 V 面上落影，落影表示为 A_v，落影的正面投影用 a_v' 表示，落影的水平投影用 a_v 表示。

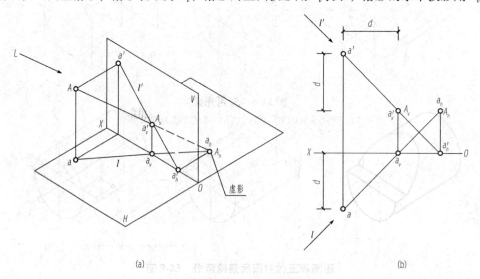

（a）　　　　　　　　　　　　　　　　　　（b）

图 11-6 点在投影面上的落影

（a）点的落影空间图；（b）点的落影投影图

如果把投影面想象成透明的，过点 A 的光线穿过 V 面，在后 H 面上落影，形成的影点 A_h 称为 A 的虚影（并非真实的影点，而是假想得到的）。虚影一般不必画出，但某些时候为了解题方

便需要作出虚影。

2. 点在投影面的平行面上的落影

由于空间光线是正方体的体对角线方向，空间光线走过的路径的长度、宽度、高度方向的距离是相等的，如图 11-6（b）所示。

点在投影面的平行面上的落影可以利用上述特性作出。利用这个特性，可以在一个投影面上绘制阴影图。如图 11-7 所示，点 A 落影在长方体的前表面上，已知方盖盘凸出下方长方体的尺寸为 d，利用点 A 和其落影 A_0 间的距离的长度、深度、高度相同的特点，在 V 面投影中可直接作出 a'_0，进而作出方盖盘在长方体前表面上的落影。此特性在已知点和承影面之间距离的情况下，可利用单面作图作出点的一面落影。但需要注意的是，利用此特性进行单面作图的前提是承影面是投影面或投影面的平行面，对于承影面是其他情况，例如投影面的垂直面不能利用此特性进行单面作图。

3. 点在投影面的垂直面上的落影

点在投影面的垂直面上的落影，可利用承影面具有投影积聚性的那面投影作图，如图 11-8 所示。

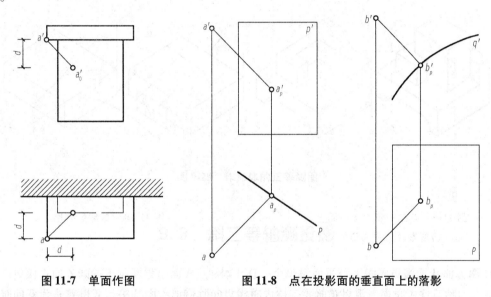

图 11-7　单面作图　　　　图 11-8　点在投影面的垂直面上的落影

再次强调，所要求作的是落影的投影，即落影在 H 面、V 面、W 面上的投影。

4. 点在一般位置平面上的落影

求作点在承影面上落影的实质是求作过该点的光线和承影面的交点。当承影面不具备积聚性，求作点的落影就转变成为求作一条常用光线方向的直线和一般位置承影面的交点的问题，也就是一般位置直线和一般位置平面相交的问题。该部分知识见画法几何相应章节。在这里，我们称这种方法为截平面法。

如图 11-9 所示，求作点 A 在一般位置承影面 P 上的落影。即求过点 A 的光线和 P 平面的交点，属于一般位置直线和一般位置平面相交问题。作图分为三个步骤：首先包含一般位置直线的一面投影作一辅助面，辅助面要求是投影面的垂直面。本处包含光线的水平投影，作一铅垂面，铅垂面的水平投影和光线的水平投影重合。其次求辅助面和 P 平面的交线。该铅垂面和 P 平面交于 M、N 两点，求出 MN 的 H 面投影和 V 面投影，MN 为铅垂面和承影面 P 的交线，铅垂面是包含过点 A 的光线作的辅助平面，则点 A 和承影面 P 的交点一定位于 MN 上。最后求 MN 和过点

A 的光线的交点。MN 和光线是在一个平面内，它们都属于铅垂的辅助平面，不平行则相交，在 V 面投影中求出 $m'n'$ 和过 a' 的光线的正投影的交点 k'，定出 k，点 K 为点 A 在 P 平面上的落影。

简单地说，截平面法的三个步骤：包线作面、面面交线、线线交点。

11.2.2　直线的落影

在光线的照射下，直线遮挡住的光线形成一个影区平面，这个影区平面和承影面相交，产生的交线即直线在这个承影面上的落影。为了叙述方便，可以简单地把直线的落影过程形容为过直线的光平面和承影面相交后产生交线（影线）的过程。

当承影面为平面的时候，直线在承影面上的落影为一直线。在特殊情况下，当直线的方向和光线方向相同时，直线的落影是一个点。根据承影面的不同，直线的落影可能是直线也可能是曲线。直线在承影面上，直线的落影就是它自身，如图 11-10 所示。

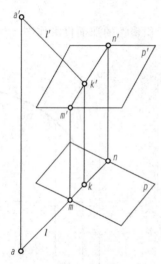

图 11-9　点在一般位置平面上的落影（截平面法）

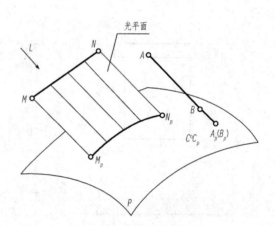

图 11-10　直线的落影

1. 基本概念

求作直线在平面上的落影的实质是作过直线的光平面和承影面的交线，属于面面相交求交线的问题。

2. 直线在平面上的落影情况

直线在平面上落影，影线一般情况下为一条直线，为了求得这条影线，最基本的方法是通过确定影线上两个点的位置，连接而成所求影线，如果直线或承影面具有特殊性还可以利用它们自身的特殊性（例如积聚性）来求得落影。

（1）直线在一个投影面上的落影。一条直线段在一个投影面上的落影是一条直线段，只要作出直线段上两个点的落影，连成直线即直线段在这个投影面上的落影，如图 11-11 所示。

（2）直线在投影面垂直面上的落影。由于投影面具有特殊性，可以利用承影面的积聚性先求出直线段在这个有积聚性的投影面上的落影的投影，然后求出另一面落影的投影。如图 11-12 所示，作 AB 在 P 平面上的落影，P 平面为铅垂面，利用 P 平面的水平投影的积聚性，AB 在 P 平面上落影的水平投影一定在 P 平面的水平积聚投影上，可先作出 a_p、b_p，进而作出 A、B 在 P 平面上落影的正面投影。

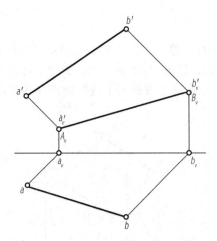

图 11-11 直线在投影面上落影

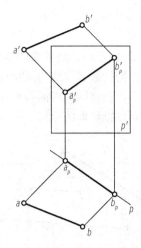

图 11-12 直线在投影面的垂直面上落影

（3）直线在一般位置平面上的落影。由于是一般位置线和一般位置面相交问题，没有积聚性可利用，需要使用两次截平面法求出两个交点，连接成直线即直线段在一般位置平面上的落影。

（4）直线在相交的两个承影面上的落影。直线在相交的两个承影面上的落影，影子发生转折，折影点（影子转折的点）位于两个承影面的交线上。

如图 11-13 所示，AB 在两个相交的平面 P 和 Q 上落影，由于两个平面都为投影面的垂直面，水平投影具有积聚性，AB 分别在两个平面上落了两段线。由于 P、Q 平面为铅垂面，AB 落影的 H 面投影积聚在 P、Q 平面的水平积聚投影上，只需作出其 V 面投影即可。利用点在投影面垂直面上落影的知识可作出 A、B 的落影点的两面投影。关键是作出折影点的投影。折影点位于两平面的交线上，交线的水平投影已知，于是，折影点的水平投影即可得到，利用返回光线法（已知影点反推阴点），定出产生折影点的阴点，推出这个阴点的 V 面投影，进而作出折影点的 V 面投影，连接折影点和 A 点、B 点的同面投影即 AB 在 P、Q 平面上的落影。

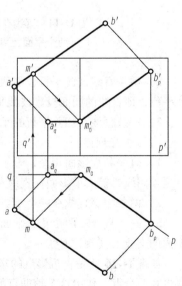

图 11-13 直线在相交的两个平面上的落影

（5）直线在两个平行的承影面上的落影。分别求出直线两个端点在不同承影面上的落影，利用过渡点把两段平行的影子连接起来，如图 11-14 所示，M 点落影于 P 平面的边线上 m'_p 点，由于这条边线也要落影，则这条边线带着 m'_p 再落影一次，即得到影点 m'_q，m'_p 为 M 点在 Q 平面上落影的过渡点，m'_p 和 m'_q 为 M 点在两个平面上落的两个影点。

可利用虚影或辅助点辅助作图，如图 11-14 所示，作出 B 点在 Q 平面上的虚影。

（6）直线在两个不平行也不直接相交的承影面上落影。直线的落影为两段线，这两段线不平行也不直接相交。先分别求出直线两个端点的实际落影，如果承影面是投影面的垂直面，可利用积聚投影确定过渡点的位置，再连接成直线的落影。如果没有积聚性可利用，可利用辅助点或虚影的方法作出直线在一个平面上的落影，再利用过渡点定出另一承影面的影线。

3. 直线的落影规律

（1）平行规律。

1）直线和承影面平行，则直线的落影和该直线平行且等长（规律1）。引申：直线和承影面平行，则直线落影的投影和直线的同面投影平行且等长，如图11-15所示。投影面平行线在该投影面上落影，该落影和直线的同面投影平行且等长，且在这个投影面上直线的投影和落影之间的距离等于直线到该投影面的距离。

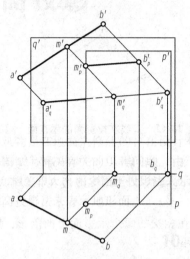

图 11-14 直线在平行的
两个平面上落影

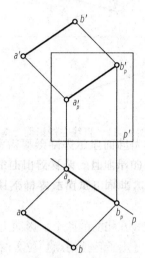

图 11-15 直线在和
其平行的平面上落影

2）两条直线彼此平行，则两直线在一个承影面上的落影彼此平行（规律2）。引申：直线彼此平行，即直线的同面投影彼此平行，则直线在一个承影面上落影的同面投影彼此平行。

3）一条直线在相互平行的承影面上落影，各段落影相互平行（规律3），如图11-14所示。

（2）相交规律。

1）直线和承影面相交，影子过交点（规律4）。如果直线和承影面在有限范围内没有相交，可延长阴线或扩大承影面使直线和承影面相交。

2）两条相交直线在一个承影面上落影，则落影的交点即两直线交点的落影（规律5）。

3）一条直线在两个相交平面上落影，则两段落影必然相交，落影的交点（折影点）位于两平面的交线上（规律6）。

如图11-16所示，折影点的求法有多种，最容易理解的是利用辅助点的方法，即在直线上任意再找一个点，作出这个辅助点的落影。图11-16（a）中的辅助点 N 落影于 H 面，与同样落影于 H 面的 A 的影点连接即可推出折影点。如图11-16（b）所示，利用相交规律4延长阴线（或者扩大承影面）求出阴线和承影面的交点，这个交点的影子也是自身。也可以作出直线在一个承影面上的落影线，继而求出折影点，如图11-16（c）所示。

（3）垂直规律。投影面的垂直线在任何承影面上的落影在它所垂直的投影面上的投影是一条与光线投影方向相同的45°直线，且该落影在其他两个投影面上的投影为对称形状（规律7）。

需要注意的是，这里所说的落影的投影是直线，由于承影面的不同，落影的空间形状也可能是曲线或折线。

由于过投影面的垂直线的光平面是投影面的垂直面，并且更重要的是这个垂直面是另外两

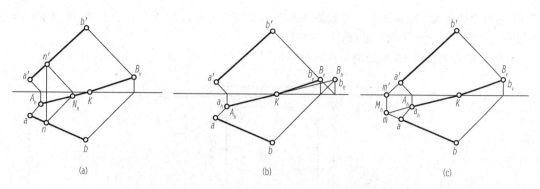

图 11-16 一条直线在相交的两个平面上落影

(a) 虚影点法；(b) 延长阴线求交点；(c) 辅助点法

个投影面所形成的空间夹角的角平分面，这个光平面上的图形向其他两个投影面投影后得到的图形成对称形。

规律 7 包含以下几点含义：

1）铅垂线在任何承影面上落影的水平投影是一条与光线水平投影方向相同的 45°直线；

2）正垂线在任何承影面上落影的正面投影是一条与光线正面投影方向相同的 45°直线；

3）侧垂线在任何承影面上落影的侧面投影是一条与光线的侧面投影方向相同的 45°直线；

4）对于承影面是投影面的垂直面的情况，规律 7 可引申：一条直线是投影面的垂直线，承影面是另一投影面的垂直面，直线在该承影面上的落影在第三个投影面上的投影和垂直面的积聚投影成对称形。

如图 11-17 所示，铅垂线在房屋形体和地面上落影，A 点落影于房屋坡面上，B 点由于和地面相交，影子就是 B 点自身，AB 一共落影三段线。利用垂直规律，AB 落影的水平投影虽然是三段线，但由于过 AB 的光平面是铅垂面，故 AB 落影的水平投影看上去为一条 45°线。AB 落影于坡面上的影线可用截平面法求得。从图中可看出，AB 落影线的 V 面、W 面投影具有对称性。

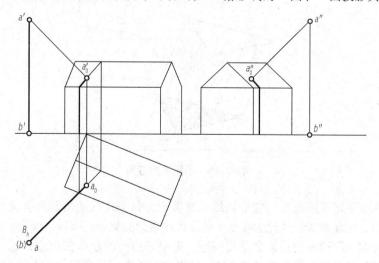

图 11-17 铅垂线的落影

如图 11-18 所示，AB 为侧垂线，组合平面为铅垂面，过 AB 的光平面为侧垂面，并且是 H 面、V 面的交平分面。这个平面上的图形向 H 面和向 V 面作投影后得到的图形具有对称性。由

于 AB 在组合铅垂面上的落影的水平投影和组合铅垂面的水平积聚投影重合，故 AB 落影的 V 面投影和组合铅垂面的水平积聚投影具有对称性。

注意，圆心到直线 AB 的距离也具有对称性。

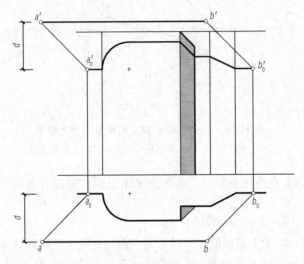

图 11-18　侧垂线在铅垂面上的落影

11. 2. 3　平面形的落影

1. 基本概念

当光线照射过来，平面多边形遮挡光线，在平面的后方形成一个立体的影区，这个立体的影区和承影面相交，在承影面上形成了平面多边形的影子，如图 11-19 所示。

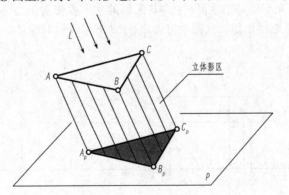

图 11-19　平面形的落影

平面形的阴线是组成平面形的轮廓边线，其影子为每条边线的落影围合而成的图形，影线和阴线一一对应，平面形落影的轮廓线是平面形边线落影的集合。所以，求作平面形的落影问题可以转化成求作组成平面形的边线的落影问题，把每条边线的影线依次连接起来即平面形的落影。组成这个落影的影线可以是直线或曲线，这取决于承影面是平面还是曲面。组成这个落影的图形可以是一个封闭的图形或多个断开的图形，这取决于平面形在一个或多个承影面上落影。

2. 平面形阴面、阳面的判断

平面受光的一面为阳面，背光的一面为阴面。在绘制平面形的阴影投影图时，可以将平面形的阴面和影子涂上颜色，用以和阳面的投影区分开。

（1）平面为投影面的垂直面时，可利用有积聚性的那面投影结合光线的同面投影判断平面的阴阳面。

如图 11-20 所示，平面为正垂面，通过正面具有积聚性的投影，结合光线的正面投影方向即可判断投影面的垂直面哪面受光哪面背光。

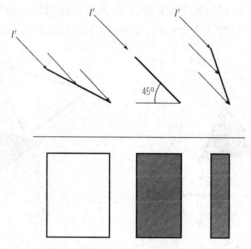

图 11-20　判断投影面的垂直面的阴阳面

（2）平面为一般位置平面时，可利用平面的各顶点标记的旋转顺序和落影的各顶点标记的旋转顺序是否相同加以判断。平面和落影的各顶点标记旋转顺序相同，该平面为阳面。反之，旋转顺序不同，该平面为阴面。

如图 11-21（a）所示，由于承影面是阳面，平面形在承影面上的落影的各顶点顺序只能与同为阳面的平面图形的受光面顺序一致，而与平面图形的阴面顺序相反。

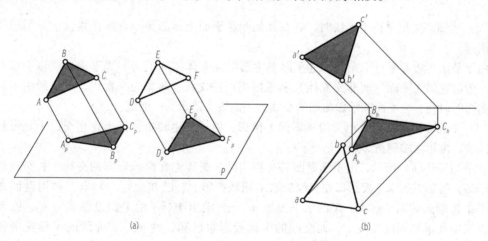

(a)　　　　　　　　　　　　　　(b)

图 11-21　判断平面形的阴阳面

（a）立体图；（b）投影图

如图 11-21（b）所示，作出三角形 *ABC* 的落影，*H* 面投影 *abc* 的端点旋转顺序和落影端点的旋转顺序相同，可知三角形 *abc* 为三角形 *ABC* 阳面的投影，而 *V* 面投影 *a′b′c′* 的端点旋转顺序和落影的端点旋转顺序相反，可知三角形 $a'b'c'$ 是三角形 ABC 阴面的投影。

（3）平面与光线方向一致时，平面的两个面均为阴面。

3. 平面形的落影情况

（1）平面多边形在和它平行的承影面上落影，落影和平面多边形形状相同、大小相等。可利用直线落影的平行规律 1 作平面形各边的落影，如图 11-22（a）所示。

特殊情况，当这个和平面多边形平行的承影面为投影面时，平面多边形在该投影面上落影，落影和平面多边形的该面投影形状完全相同，均反映平面多边形的实形，如图 11-22（b）所示。

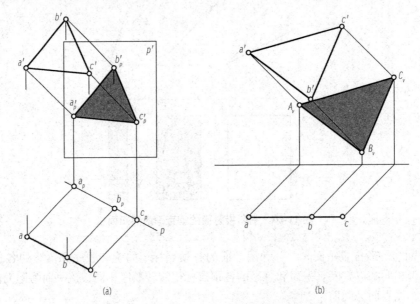

图 11-22 平面在其平行的承影面上的落影

（a）平面在平行的平面上的落影；（b）平面在平行的投影面上的落影

（2）平面多边形平行于光线时，它在任何承影平面上落影为一直线，并且平面图形的两面均为阴面。

由于平面多边形平行于光线，过平面多边形的光立体实际上为一光平面，则该平面多边形的落影为过它的光平面（而非光立体）和承影平面的交线，落影为一直线。当承影面不是平面而是曲面的时候，光平面和承影曲面的交线为一曲线，落影为一曲线。

（3）平面多边形在两个相交的承影面上落影，影子发生转折，折影点在交线上。可利用返回光线法、虚影法求得折影点。

如图 11-23（a）所示，由于承影面具有积聚性，折影点在两承影面的交线上，交线的水平投影已知，折影点的水平投影即在交线的水平积聚投影上，已知影点求阴点，利用返回光线法求出产生折影点的两个点 M、N 的水平投影 m、n，定出 M、N 的 V 面投影 m'、n'，因为已知折影点发生在承影面的交线上，而交线的 V 面投影也已知，过 m'、n' 光线的 V 面投影和交线的 V 面投影交于两点 m'_l、n'_l，折影点的 V 面投影求得，ABC 端点的落影即 ABC 在两相交平面上的落影。

如图 11-23（b）所示，三角形 ABC 落影于 H 面、V 面，影子发生转折，折影点在 OX 轴上，分别作出 ABC 的真实落影点，A、C 落影于 V 面，B 落影于 H 面，利用虚影法，作出 B 在 V 面上的虚影 B_v，和 A_v、C_v 相连，得到 OX 轴上的折影点 M_l、N_l，过 M_l、N_l 分别连接 A、B、C 的真实影点即得三角形 ABC 在两相交投影面上的落影。

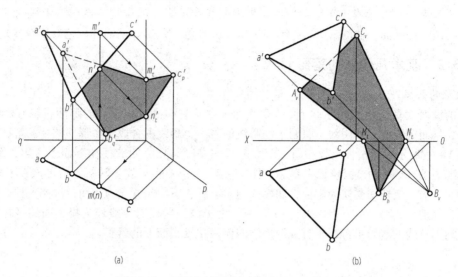

图 11-23 平面多边形在两相交平面上的落影

（a）返回光线法；（b）虚影法

（4）平面多边形在两个平行或不直接相交的承影面上落影。可以利用过渡点对返回光线、辅助点法求出其在两平面上的落影。广义的辅助点可以是平面多边形边上的任意一点，或者端点的虚影，或者多边形边和承影面的交点（扩大承影面或延长阴线得到的交点）。

11.3 平面立体的阴影

11.3.1 概述

1. 基本概念

在光线照射下，平面立体上受光的棱面为阳面，背光的棱面为阴面，阳面与阴面的交线为阴线。在阴面一侧的空间形成棱柱形的立体影区，这个立体影区的各个棱面实际上是通过立体上各条阴线而形成的光平面，这个棱柱形的立体影区与承影面相交，就是立体的落影。能够落影的阴线的影子组成平面立体的影子。

2. 平面立体阴影的特点

（1）凹角的阴线不落影。一般情况下，每条阴线都要落影，即阴线和影线一一对应，但也有特殊情况，当形成阴线的阴阳两个平面组成的二面角为凹角时，这样的阴线不落影，即凹角的阴线不落影。

（2）平面立体的影子是封闭的。平面立体的影子实际上是过平面立体的阴线的棱柱形光立体和承影面相交形成的影子。平面立体和承影面不相交的情况下，其影子自身封闭；平面立体和承影面相交的情况下，影子封闭于立体和承影面的交点处。

3. 一般步骤

求作平面立体阴影的一般步骤如下：

（1）读懂平面立体，将立体的各组成部分的形状、大小、相对位置关系分析清楚。

（2）判断平面立体上的阴面和阳面，把阴面涂上颜色，确定阴线。注意，凹角的阴线不落影。

（3）分析每条阴线落影于哪个承影面，根据阴线和承影面的位置关系求出阴线的落影。影线所围成的图形即平面立体的落影，把落影区域涂上颜色（落影和阴面的颜色有所区分）。

11.3.2 基本几何体的落影

1. 棱柱的落影

棱柱的棱面大多是投影面的平行面或垂直面，利用它们具有积聚性的那面投影判断这些是是否受光，从而确定棱柱的阴线。只要求出阴线的落影，影线围合成的图形即棱柱的落影。

如图 11-24 所示，四棱柱在投影面上落影。图 11-24（a）为四棱柱在 V 面上落影，图 11-24（b）为四棱柱在 H、V 两个投影面上落影；图 11-24（b）中影子发生转折，折影点在 OX 轴上。四棱柱的左、前、上棱面受光为阳面，四棱柱的右、后、下棱面背光为阴面，故四棱柱的阴线为六条棱线，分别为 AB、BC、CD、DE、EF、FA。由于该四棱柱的棱线均为投影面的平行线或垂直线，可利用直线的落影平行、垂直规律绘制四棱柱在投影面上的落影。

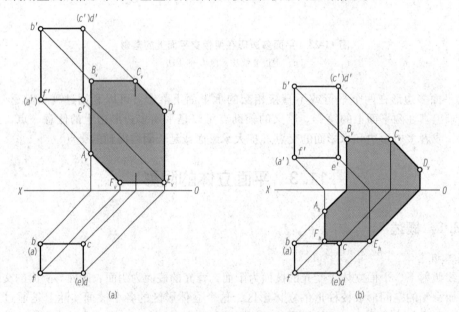

图 11-24　四棱柱在投影面上落影
（a）四棱柱在一个投影面上落影；（b）四棱柱在两个投影面上落影

如图 11-25 所示，四棱柱底面位于 H 面上，后棱面与 V 面重合，其落影如图 11-25（a）所示，为了使落影更加清晰，常将 OX 轴一分为二，并拉开些距离，V 面上的 OX 轴表示 H 面的积聚投影位置，常用来表示地面线，H 面上的 OX 轴表示 V 面的积聚投影位置，常用来表示墙面线，此处不用标注 OX 轴符号。

如图 11-26（a）所示，作三棱柱的落影。

三棱柱贴附于 V 面，通过水平积聚投影可知，三棱柱除下棱面为阴面，其余均为阳面，阴线为 AB、BC 两条。由于 A、C 两点位于 V 面上，而 V 面为阳面，利用直线落影的相交规律 4 可知，A、C 的影子就是其自身。只需作出 B 的落影点即可。连接 A_vB_v、B_vC_v 即可得三棱柱的落影。

如图 11-26（b）所示，通过水平积聚投影可知，三棱柱的右侧棱面和下棱面为阴面，故三棱柱的阴线为三条，分别为 AB、BC、CD。A、D 的影子是其自身，只需作出 B、C 的落影，由于

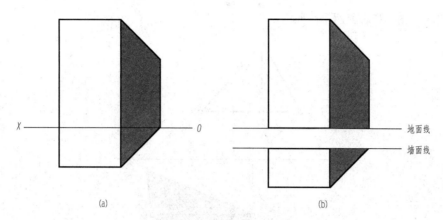

图 11-25　四棱柱的落影

BC 是铅垂线，BC 平行于 V 面，其在 V 面上的落影和其自身平行且等长，作出一点 B 的落影，利用直线落影的平行规律 1 可快速作出 C 的落影，连接各影点即得三棱柱的落影。

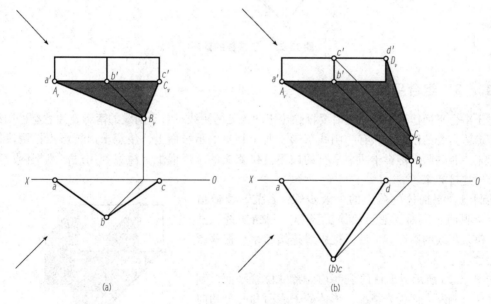

图 11-26　三棱柱的落影

2. 棱锥的落影

棱锥的各个棱面通常不是特殊位置平面，判断棱面是否受光时没有积聚投影可以利用，不易直接判断棱面的受光情况以及阴线。采取的方法是，先作出棱锥顶点以及底面的落影，连接顶点的落影及底面各端点的影线，作出各棱线的落影，则影线中的最外轮廓线就是真正的影线，反推出影线所对应的棱线即阴线。

在作建筑形体的落影时，当无法通过投影判断阴线时，可利用此方法作出可能的几条阴线的落影，影线的最外轮廓线即真正的影线，产生这条影线的阴线即真正的阴线。

如图 11-27 所示，三棱锥 $SABC$，底面平行于 H 面，是阴面。由于三个侧棱面在 H 面、V 面上没有积聚性可利用，不易判断其是否受光，作出锥顶 S 点及锥底平面 ABC 的落影，过锥顶的影点 S_h 作 S_hA_h、S_hB_h、S_hC_h，影线 S_hA_h 和 S_hC_h 为外轮廓线，反推出 SA、SC 为阴线，三棱锥的后侧面为阴面，左前和右前两个棱面为阳面。

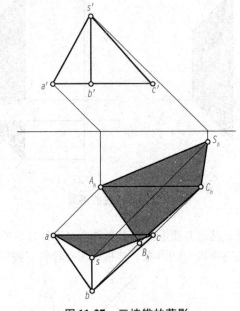

图 11-27　三棱锥的落影

11.3.3　组合平面体的落影

对于组合平面体，分析阴线时要排除位于凹角处的阴线。对于阴线的落影，注意有些阴线会落影于形体自身的阳面上，有些阴线落影于两个相交的承影面上，注意求出折影点把两段影子连接起来，有些阴线落影于两个平行的或不直接相交的承影面上，注意利用过渡点把两段不相交的影子连接起来。

绘制组合平面体的落影的一般步骤：首先，读懂形体，分析阴面、阳面，把阴面涂上颜色，判断阴线。其次，作每条阴线的落影。最后，把影线连接起来，把落影区涂上颜色。

如图 11-28 所示，形体的表面均为特殊位置平面，利用积聚性可判断表面受光情况。形体的下表面和两个朝向右侧的表面为阴面，阴线为 AB、BC、CD、DE、PF、FG、GQ。关键是 CD、DE 两条阴线的落影。C 点落影于 V 面，D 点落影于形体自身的阳面上，E 点由于和阳面相交，影子是自身。D、E 都在形体自身的阳面上落影，直接连接 D、E 的影点 d'_0 和 e'_0 得 DE 的落影。C、D 落影于两个平行平面上，影子发生跳动，产生过渡点，这两段影子靠过渡点 k'_0 和 K_v 连接起来。利用 CD 和承影面平行的特性作出两段影线。

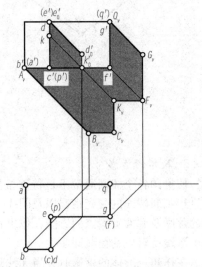

图 11-28　组合平面体的落影

11.3.4　建筑形体的落影

建筑形体的表面通常为投影面的垂直面和平行面，对其的阴面、阳面的判断较为简单，如若遇到一般位置平面无法判断其为阴面或阳面时，可作出该部分形体的各棱边的落影，影子的最外轮廓线即真正的阴线的影子，继而判断出该平面为阴面或阳面。判断方法同棱锥阴线的判定方法。

如图 11-29 所示，作窗台的阴影。此时需要注意的是 AB 线落影于两个平行的平面上，影子发生跳动，两段影线靠过渡点相连。除利用双面作图方法绘制阴影外，还可以利用前面提到的点在投影面平行面上的落影的单面作图方法绘制。

如图 11-30 所示，作台阶的阴影。A 点在 H 面上落影，影子是其自身，C 点落影点同样是其自身。AB 和 BC 的落影线均为几段折线。此题需要注意的是 B 的落影位置。B 的落影位置不好断定，需要试验得到。B 可能落影于踢面 N，也可能落影于踏面 Q，只有当 B 点的两面落影点都落在同一个平面上的时候它才真正在这个面上落影，最后验证得到 B 在踢面 N 上落影。AB 是铅垂线，BC 是正垂线，利用直线落影的垂直规律 7 绘制这两条直线的落影。

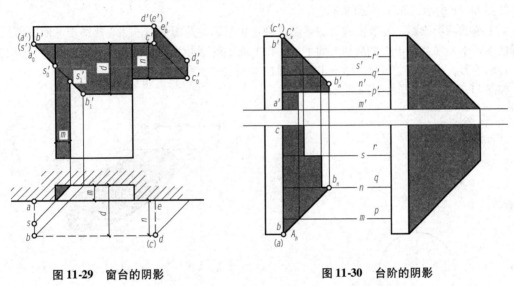

图 11-29　窗台的阴影　　　　　　　图 11-30　台阶的阴影

11.4　曲线、曲面和曲面体的阴影

11.4.1　曲线的落影

1. 基本概念

曲线落影的实质为过曲线上各点的光线组成的光曲面（特殊情况下为光平面）和承影面的交线。曲线的落影为曲线上一系列点的落影的集合。求作曲线落影可将曲线上一系列点的落影求得，依次光滑连接即可。为力求准确，可先求出曲线上具有特征的点的落影（端点，落影的最前、最后、最左、最右点，落影与光线相切的点），然后适当地作出一些曲线上均匀分布的点的落影。

2. 平面曲线的落影

（1）平面曲线落影的特征。

1）当平面曲线所在的平面平行于光线方向时，该曲线在承影平面上的落影为一条直线。

当平面曲线所在平面和光线方向相同时，过平面曲线的光线形成一个光平面，该平面曲线在承影面上的落影实质上为过平面曲线的光平面和承影面的交线，即当承影面为平面的时候，光平面和承影面的交线为一直线。

2）当平面曲线和承影面平行时，该曲线在此承影平面上的落影和该曲线形状相同、大小相等。

（2）圆周的落影。圆周为一平面曲线，当其与承影面平行的时候，它的落影为和其自身平行且相等的圆周。当圆周与光线平行的时候，其影子在承影平面上的落影为一直线。

圆周落影的实质为过圆周上各点的光线组成的光曲面（或光平面）和承影面相交的交线。

建筑上常见的圆周为和投影面成特殊位置的圆周。例如水平圆周，平行于水平面，过水平圆周的光曲面为一斜圆柱面，该水平圆周在水平面上的落影的实质为该斜圆柱状的光曲面和水平面的交线，交线为和水平圆周平行且相等的圆周。该水平圆周在正立面上的落影为该斜圆柱与正立面的交线，通过画法几何的知识可知，其截交线为一椭圆。

如图 11-31 所示，作正平圆的落影。

正平圆的两面投影，先求出圆心的落影，确定正平圆的落影平面。圆心落影于 V 面，可知正平圆也落影于 V 面，由于正平圆和 V 面平行，在 V 面上的落影为和其自身相等的正圆，利用求得的圆心的落影，半径不变画圆，即所求正平圆在 V 面上的落影。

如图 11-32 所示，作水平圆的落影。

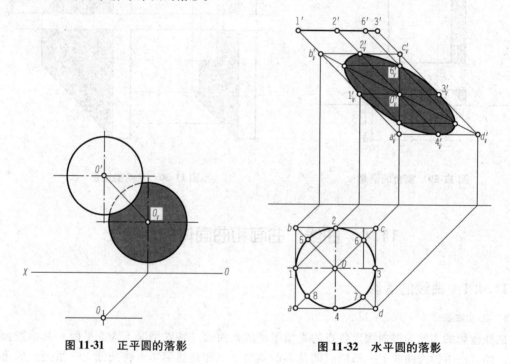

图 11-31　正平圆的落影　　　　　图 11-32　水平圆的落影

水平圆在 V 面上的落影为椭圆，利用八点法求水平圆的落影椭圆。如图 11-32 所示，首先，作出圆心的落影；其次，作出水平圆的外切正方形，作出外切正方形的 V 面落影，$1'_v 2'_v 3'_v 4'_v$ 为外切正方形落影边的中点，即 1、2、3、4 在 V 面上的落影；再次，作出 6 的正面投影位置，利用求点的落影方法求出 6 在 V 面的落影 $6'_v$，作出 5、7、8 点在 V 面的落影；最后，用光滑曲线连接此 8 个点即水平圆在 V 面上的落影。

水平圆 V 面落影的特点如下：

1）$1'_v 3'_v$平行于 OX 轴，且和直径等长。线段 13 是平行于 OX 轴的侧垂线，线段 13 平行于 V 面，利用直线的落影规律 1，其 V 面落影和线段 13 的 V 面投影平行且等长。

2）$a'_v c'_v$垂直于 OX 轴，且和直径等长。由于 AC 的水平投影 ac 是和光线水平投影方向相同的 45°方向的水平线，过它的光平面是垂直于 H 面的等分 XOY 角的 45°平面，该光平面和 V 面相交的交线是一条和 OX 轴垂直的直线，长度等于 13，等于圆直径。

3）在立面图中，以 O'_v 为圆心，$O'_v c'_v$ 为半径画圆弧和 $O'_v 2'_v$ 交于 m 点，$6'_v$ 和 m 点等高。

图 11-33 为已知圆心落影的水平圆在 V 面落影的单面作图方法。

在平面图中，6 分 OC 成的比例为 $\dfrac{O6}{OC}=\dfrac{1}{\sqrt{2}}$，由于是平行光线，落影中 $6'_v$ 分 $O'_v c'_v$ 成相同比例，

即 $O'_v c'_v=\sqrt{2}O'_v 6'_v$，由于 $O'_v m=\sqrt{2}O'_v 6'_v$，故 $O'_v c'_v=O'_v m$。由于 $\dfrac{O'_v c'_v}{O'_v 2'_v}=\dfrac{1}{\sqrt{2}}$，故以 O'_v 为圆心，$O'_v c'_v$ 为

半径画圆弧和 $O'_v 2'_v$ 交于 m 点，则 $\dfrac{O'_v m}{O'_v 2'_v}=\dfrac{1}{\sqrt{2}}$。先求得 m 点，再推出 $6'_v$ 以及相应的 $5'_v$、$7'_v$、$8'_v$。

如图 11-34 所示，作紧靠在 V 面上的水平半圆的落影。

由于水平半圆紧靠在 V 面上，其落影直接落于 V 面，并过 $1'$、$5'$ 两点（直线落影规律 4）。由于是半个圆，落影为半个椭圆，此处不用作外切正方形，可直接利用点的落影方法求出 5 个特殊点的落影，用光滑曲线连接成半个椭圆即可。

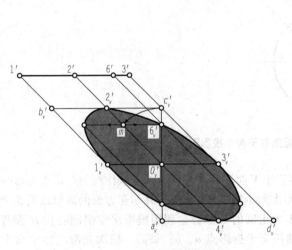

图 11-33　水平圆落影的单面作图

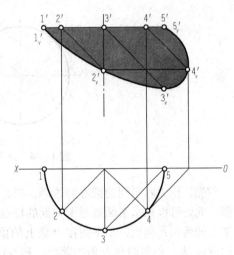

图 11-34　半圆的落影

紧靠在 V 面上的半圆的 V 面落影特点如下：

（1）1、5 点落影是自身，即 $1'$ 与 $1'_v$ 重合。

（2）2 点落影于 $3'$ 正下方。

（3）3 点落影于 $5'$ 正下方。

（4）4 点落影和 2 点落影等高，即 $2'_v 4'_v$ 连线平行于 OX 轴。

紧靠在 V 面的水平半圆的 V 面落影的单面作图：首先在 V 面投影中画半圆，利用 45°线定出 $2'4'$ 的位置；其次按照落影特点依次找出 5 个点的落影位置；最后光滑连接 5 个影点成落影半椭圆，如图 11-35 所示。

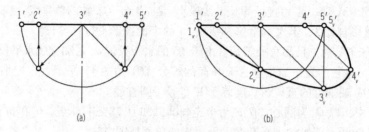

图 11-35 半圆落影的单面作图

如图 11-36 所示，作水平圆的落影。

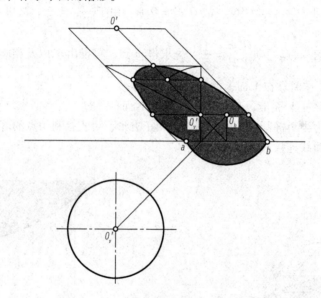

图 11-36 水平圆落影于两个投影面上

首先，作出水平圆的圆心的落影，圆心落影于 V 面；其次，利用八点法作圆的外切正方形的落影，此处可根据水平圆落影于 V 面的特点利用单面作图法快速作出外切正方形的落影以及 5 个特殊点的落影；再次，水平圆在 H 面上的落影为正圆的一部分，利用虚影法作出圆心在 H 面落影的虚影 O_h，绘制圆在 H 面的落影，和 OX 轴相交于折影点 a、b；最后，依次光滑连接 V 面上的 7 个点，完成 V 面的落影，并把 H 面、V 面上的落影涂上颜色。

11.4.2 圆柱的阴影

圆柱由圆柱面和上下两个底面组成。圆柱面上的阴线为外切于柱面的光平面和柱面相切的两条素线。这两条素线把圆柱面分为两半，一半受光，另一半背光。圆柱上底面为阳面，下底面为阴面。一个悬空圆柱的完整阴线为四条线，上、下底圆周的两条半圆形阴线和圆柱面上的两条素线组成的封闭线。

如图 11-37 所示，一垂直于 H 面的圆柱，和柱面相切的光平面为铅垂面，和柱面相切于过 A、B 两点的两条素线。光平面的 H 面投影为 45°直线，在 H 面投影中作 45°直线与圆柱的水平投影切于 a、b 两点，由此求得阴线的 V 面投影 a'、b'。由 H 面投影可直接看出，柱面左前方一半为阳面，右后方一半为阴面。在 V 面投影中把可见的阴面涂上颜色。圆柱的顶面为阳面，底面为阴面，故顶面圆周介于 $a'b'$ 之间的右后半个圆周为阴线，底面圆周介于 $a'b'$ 之间的左前半个圆周为阴线。作出两个圆心 O_1、O_2 的落影 O_{1h}、O_{2h}，其落影于 H 面，两条阴线在 H 面上的落影为形状相同、大小相等的半个圆周。以 O_{1h}、O_{2h} 为圆心，圆柱底圆半径为半径作出上、下两个半圆阴线的落影。柱面的两条阴线在 H 面上的落影为 45° 直线，与上、下底圆的落影相切，最后，把圆柱的落影涂上颜色，不可见的部分不涂。

图 11-38 所示为圆柱面阴线的 V 面投影单面作图：在圆柱上、下底面中任意底面作一半径相等的半圆，过圆心作两条不同方向的 45° 直线，与半圆交于两点，由此点引向圆柱的底圆 V 面投影得到 a'、b' 两点，过此两点的素线即圆柱面的阴线。

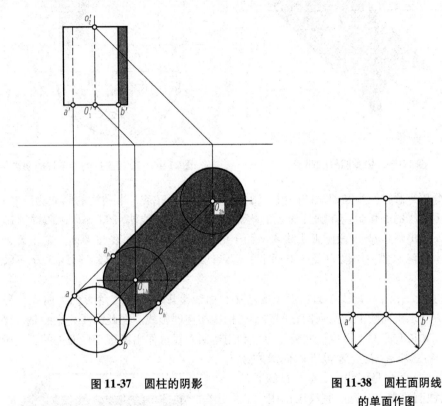

图 11-37　圆柱的阴影　　　　　　图 11-38　圆柱面阴线
　　　　　　　　　　　　　　　　　　　　的单面作图

如图 11-39 所示，作垂直于 H 面的正圆柱的落影。

首先，确定阴线，根据 H 面投影确定 a、b 的位置，进而作出阴线的 V 面投影，并涂上颜色；其次，绘制上底面半圆阴线的落影，上底面圆心落影于 V 面，上底圆在 V 面上的落影为椭圆，利用八点法绘制落影椭圆（利用落影椭圆的特点单面作图绘制椭圆），由于阴线为 a、b 两点间的半个圆，故 V 面落影只需绘出 a'_v、b'_v 两点间的半个椭圆；再次，圆柱面上的两条阴线的落影为直线，绘制出这两条阴线在 H 面、V 面上的落影直线，V 面投影中，直影线和落影椭圆相切于 a'_v、b'_v 两点；最后，把落影涂上颜色。

如图 11-40 所示，作带有圆盖盘的半圆柱的阴影。

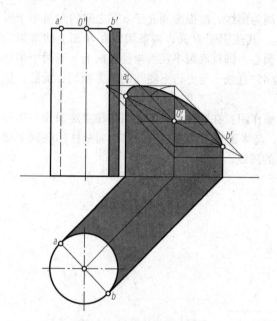

图 11-39　铅垂圆柱的阴影

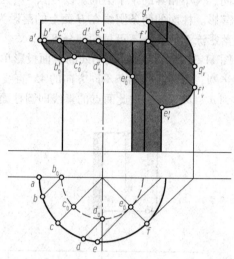

图 11-40　带圆盖盘的半圆柱的阴影

首先，分析半圆柱及半圆盖盘的阴线，圆盖盘的阴线为三条，半圆柱的阴线为一条；其次，作出圆盖盘下边缘的圆弧阴线在圆柱面上的落影，利用返回光线法可知 *bcde* 段阴线落影于圆柱面上；再次，作出圆盖盘 *ab* 段圆弧阴线在 *V* 面上的落影以及 *ef* 段阴线在 *V* 面上的落影，同时绘制出圆盖盘上边缘右侧一小段阴线在 *V* 面上的落影；最后，绘制圆柱自身阴线在 *H* 面以及 *V* 面上的落影。

此处关键点为作出 *bcde* 段在圆柱面上的落影。曲线落影于曲面，落影仍为曲线，利用曲线落影的基本方法求出曲线上一系列的点的落影，依次相连即影线。在此需要注意的是，要找出落影的特殊点，如果有必要，再找一些辅助点。利用返回光线可作出落影于柱面上的影线所对应的阴线的两个端点 *b*、*e*。*b* 点落影于柱面最左素线，*e* 点落影于柱面自身阴线。c_0 点为过圆心的 45° 光线和圆柱面的交点，返回光线求出阴点 *c*，由落影的对称性可知，*c* 到 c_0 的距离最短，即 c_0' 点位置最高。由对称性可知，落于圆柱最前素线和最左素线的影点的高度应一致，故返回光线作出阴点 *d*，*b*、*c*、*d*、*e* 为四个特殊位置点，分别作出这四个点的 *V* 面投影位置及其落影位置，并依次光滑连接即圆盖盘落影于圆柱面上的影线。

还需注意的是，影线 $g'f_v'$ 和与其相连的两段曲线影线相切。圆盖盘 *AB* 段阴线落影于 *V* 面，影线为曲线。圆柱自身阴线有小部分落影于 *H* 面，不可见。

如图 11-41 所示，作带长方形盖盘的半圆柱

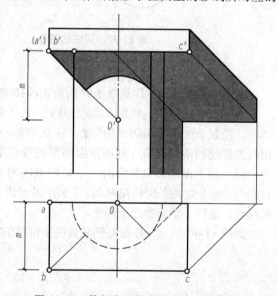

图 11-41　带长方形盖盘的半圆柱的阴影

的阴影。

　　首先，分析阴线，长方形盖盘的阴线为四条直线，半圆柱的阴线为右前方一条素线；其次，作出圆盖盘阴线在圆柱面及 V 面的落影，作出圆柱阴线在 H、V 面的落影；最后，整理图形，把阴面和影区涂上不同的颜色。

　　此处关键点为作 AB、BC 的落影。AB 为正垂线，正垂线在任何承影面上的落影的正面投影为和光线正投影方向相同的 45°线，AB 在 V 面和圆柱面上落影，其落影的正面投影为一条 45°线。BC 中有一段在圆柱面上落影，BC 为侧垂线，根据直线的落影规律 7，BC 在柱面上落影的 H 面投影和 V 面投影为对称形状，因为 AB 在柱面上落影的 H 面投影和柱面的 H 面投影重合，为一段正圆弧，故 AB 在柱面上落影的 V 面投影为和 H 面投影对称的一段正圆弧，找到相应圆心的对称位置即可作出 AB 在柱面上落影的 V 面投影。

11.4.3　圆锥的阴影

　　圆锥由锥面和下底面组成。锥面的阴线为光平面和锥面的切线，与圆柱面一样，光平面和锥面相切也是切于两条素线。圆锥的素线都过锥顶，和锥面相切的光平面一定过锥顶，影线和圆锥底圆相切于两点。这两个切点向锥顶连线形成两条素线，即圆锥面的两条阴线。这两条阴线把锥面分成两部分：一部分受光；另一部分背光。但需要注意的是，和圆柱不同，锥面的阴面阳面大小并不相等，即圆锥面上的两条阴线不等分圆锥面，一个正立的圆锥面的阳面大于阴面。一个完整的圆锥的阴线由圆锥面上的两条阴线和圆锥底圆的一段圆弧阴线组成。

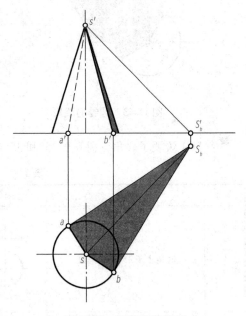

　　圆锥面阴线的作法是先求影线，回推阴线。如图 11-42 所示，首先作出锥顶的落影 S_h，过 S_h 向锥底圆引两条切线得到两个切点 a、b，$S_h a$、$S_h b$ 为圆锥面在 H 面上的影线，sa、sb 即圆锥面阴线的水平投影，推出圆锥面阴线的 V 面投影。

　　如图 11-43 所示，求作圆锥面的阴影。首先，分析圆锥阴线为锥面上的两条素线以及锥底圆的一段圆弧线；其次，作圆锥面阴线，圆锥面阴线的作法是先求影线再作阴线，作出锥顶和底圆圆心的落影

图 11-42　圆锥面的阴影

点 S_h、O_h，画出底圆在 H 面的落影正圆，过 S_h 作落影圆的切线，得到 a_h、b_h 两个切点，$S_h a_h$、$S_h b_h$ 为锥面阴线的落影，a_h、b_h 之间左前方圆弧为圆锥底圆阴线的落影，整理影线，分析影线的可见性；再次，通过 a_h、b_h 返回光线求得 a、b 两个阴点，连接 s 点得到圆锥面阴线的 H 面投影，作出锥面阴线的 V 面投影，并分析可见性；最后，整理图面，把阴面涂上颜色。

　　如图 11-44 所示，作倒立圆锥的阴线。过锥顶 S 反推光线，使光线与锥底面交于 S_0 点，这是锥顶在锥底平面上的虚影。由 S_0 水平投影向底圆作切线得到切点 a、b，再在 V 面投影中求得 a'、b'。连线 SA、SB 即所求阴线，从而也确定了阴面，左前方的小半个锥面为阳面，右后方的大半个锥面为阴面。

　　由此可知，正圆锥的阳面为大半个锥面，倒立圆锥的阳面为小半个锥面。当正圆锥和倒立圆锥的底圆和高度相等的时候，正圆锥的阴面大小和倒立圆锥的阳面大小相同。

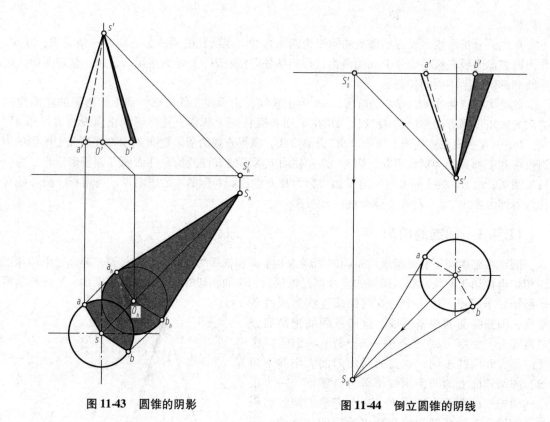

图 11-43　圆锥的阴影　　　　　　　图 11-44　倒立圆锥的阴线

表 11-1 说明了底角分别等于 45°和 35°或小于 35°的正圆锥和倒立圆锥的阴面和阳面的情况。

表 11-1　圆锥的阴面和阳面

序号	情况	图例	阴面大小和位置	阴线位置
1	底角小于 35°的正圆锥		无	无
2	底角等于 35°的正圆锥		一条 45°素线	锥面右后方
3	底角等于 45°的正圆锥		右后 1/4 锥面	最后、最右素线

续表

序号	情况	图例	阴面大小和位置	阴线位置
4	底角等于45°的倒立圆锥	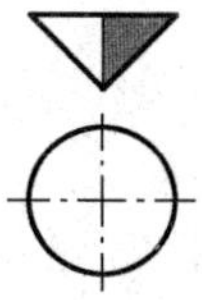	右半及左后共 3/4 锥面	最前、最左素线
5	底角等于35°的倒立圆锥	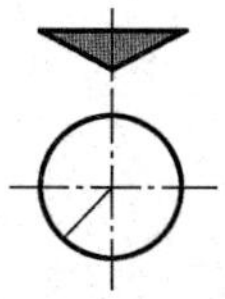	除一条45°素线都是	锥面左前方
6	底角小于35°的倒立圆锥	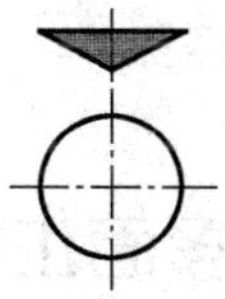	全部锥面都是	无

本章要点

（1）阴影的形成和阴影的投影图的绘制方法。

（2）点、直线、平面形、基本建筑形体的阴影的绘图方法。

（3）曲线、曲面体的阴影的绘图方法，绘制简单曲面体的阴影图。

第 12 章

组合体

工程中的形体种类繁多，有些看上去很复杂，但经过分析，都可以分解成若干个基本几何体，这样对阅读和绘制工程形体的投影图就比较容易了。

12. 1　组合体的多面正投影画法

12. 1. 1　组合体的概念

工程建筑物都是由一些基本形体如棱柱、棱锥、圆柱、圆锥、球所组成的。这些基本形体进行叠加、切割或相交就形成了千差万别的形体。这些由基本形体组合而成的立体称为组合体。

12. 1. 2　组合体的形体分析法

绘制组合体的投影，采用的方法有形体分析法和线面分析法，在本节中重点介绍形体分析法。

1. 形体分析法

将组合体假想分解成若干个基本形体，再分析它们的形状、相对位置以及组合方式，这种分析方法称为形体分析法。

2. 组合体的组合方式

组合体的组合方式可以分为三种：叠加型，如图 12-1（a）所示；切割型，如图 12-1（b）所示；混合型，如图 12-1（c）所示。

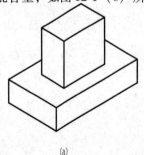
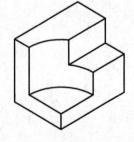

（a）　　　　　　　　　　（b）　　　　　　　　　　（c）

图 12-1　组合体的组合方式

（a）叠加型；（b）切割型；（c）混合型

3. 组合体表面间的过渡关系

组合体表面间的过渡关系可以分为三种：相交，如图 12-2 所示，当两立体相邻表面相交时，在其交界处应画出交线；共面，如图 12-3 所示，当两立体相邻表面共面时，在其交界处不应画线；相切，如图 12-4 所示，当两立体相邻表面相切时［图 12-4（a）平面与柱面相切、图 12-4（b）柱面与球面相切］，在其交界处不应画线。

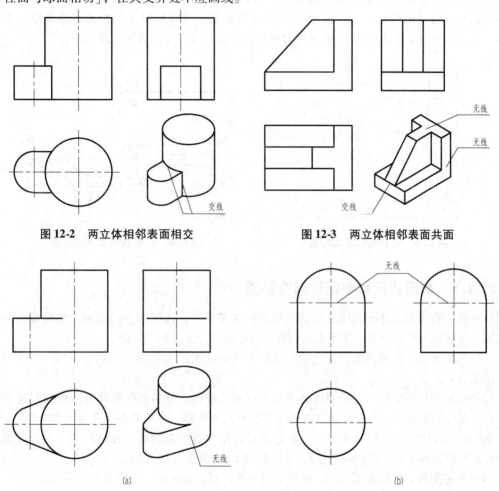

图 12-2　两立体相邻表面相交　　　　　　图 12-3　两立体相邻表面共面

图 12-4　两立体相邻表面相切

（a）平面与柱面相切；（b）柱面与球面相切

12.1.3　确定组合体的主视方向

主视方向是指获得正面投影的投影方向。主视方向的确定对其他各投影的影响较大，选择主视方向可以从以下三个方面考虑：

（1）从形象稳定和绘图方便确定组合体的安放状态。通常使组合体的底面朝下，主要表面平行于投影面。

（2）应使正面投影最能反映组合体的形状特征。

（3）使其他各投影图中不可见的形体最少，即在其他投影图中不可见的虚线越少越好。

12.1.4 确定投影的数量

投影数量确定的原则，是用最少数量的投影把形体表达完整、清晰。对于常见的组合体，一般情况下通过 V、H、W 三面投影即可将形体完整、清晰地表达出来。对于建筑物及其购配件的投影，在保证表达完整清晰的前提下，可以选用单面投影、两面投影、三面投影，甚至更多的投影或其他的投影方法。图 12-5 所示的晒衣架，可以采用 V 面投影，再加以文字说明即可。图 12-6 所示的门轴铁脚，采用 V 面和 H 面投影，即可将该形体表达清楚。

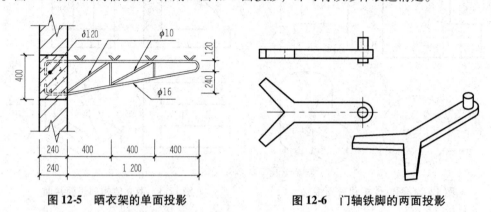

图 12-5　晒衣架的单面投影　　　　　图 12-6　门轴铁脚的两面投影

12.1.5 确定比例和图幅绘制投影图

（1）首先根据组合体的大小、形状和复杂程度等因素，选择适当的比例。然后根据所选择的比例，估算出图形和尺寸标注所占用的面积，以确定合适的图纸幅面。

（2）布置图面。根据图形、标注的尺寸以及其他在图纸上需表达的内容，均匀、合理地布置在图纸上。

（3）绘制投影图底稿。先绘制出各个投影面的基准线，然后根据形体分析的结果逐一地绘制出每一部分的投影。一般先绘制主要形体后绘制次要形体，先绘制较大形体后绘制较小形体，先绘制实心形体后绘制挖切形体，先绘制轮廓后绘制内部细部结构。在绘制某一部分投影的时候，应该先绘制该部分最有特征的投影，然后绘制该部分的其他投影。

（4）加深图线。底稿完成以后，通过认真检查，更改错误后，按照要求加深图线。

（5）标注尺寸。标注方法和步骤详见下节。

（6）读图复核。复核图纸中有无遗漏或多余的图线、有无遗漏的标注等。在复核过程中可以联想出该形体的空间模型，与所绘制的投影图加以比较，提高读图的能力。

（7）填写标题栏、会签栏等栏目中的各项内容，完成全图。

12.1.6 组合体三面图绘制举例

常见的组合体，一般情况下通过 V、H、W 三面投影即可将形体完整、清晰地表达出来。土建工程图中常将组合体的水平投影称为平面图，正面投影称为正立面图，侧面投影称为左侧立面图，统称为组合体的三面图。

【例 12-1】　如图 12-7 所示，绘制挡土墙的三面图。

【分析】　如图 12-7（a）所示方向可以作为该组合体的主视方向。如图 12-7（b）所示，该挡土墙由三部分组成：水平放置的底板Ⅰ、侧平放置的竖板Ⅱ和支撑板Ⅲ。三部分以叠加方式组合，其中Ⅰ与Ⅱ的前后面共面，Ⅱ与Ⅲ的顶面共面。

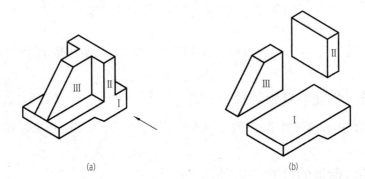

图 12-7　挡土墙的立体图

（a）主视方向；（b）形体分析

解：

（1）布置图面。根据三面图的大小，确定各个投影在图纸上的位置，绘制出各个投影的基准线，如图 12-8（a）所示。

（2）绘制三面图的底稿。分别绘制出挡土墙各个组成部分的三面投影，在绘制过程中注意各个组成部分的相对位置。如图 12-8（b）所示，绘制底板Ⅰ的投影，先绘制底板的 V 面投影，然后绘制 H 面、W 面投影；如图 12-8（c）所示，绘制竖板Ⅱ的投影，先绘制竖板的 W 面投影，然后绘制 H 面、V 面投影；如图 12-8（d）所示，绘制支撑板Ⅲ的投影，先绘制其 V 面投影，然后绘制 H 面、W 面投影。去掉投影图中多余的图线，如图 12-8（e）所示。

（3）按照要求加深图线，完成全图，如图 12-8（f）所示。

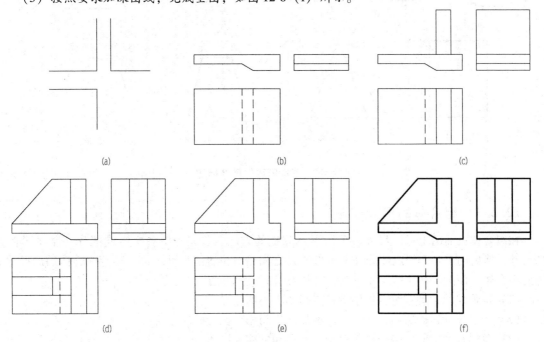

图 12-8　挡土墙三面图的画法

（a）确定各投影的基准线；（b）绘制底板的三面投影；（c）绘制竖板的三面投影；
（d）绘制支撑板的三面投影；（e）去掉多余图线；（f）加深图线，完成全图

12. 2 组合体的尺寸标注

组合体三面图绘制完成以后，只表达了组合体的形状，要反映各部分的大小及其相对位置，还需要在组合体三面图上标注尺寸。

12. 2. 1 尺寸标注的基本要求

在组合体三面图中标注的尺寸要完整、准确、清晰、合理，并符合国家标准关于尺寸标注的有关规定。

12. 2. 2 基本形体的尺寸注法

要学习组合体的尺寸标注，首先应该学习基本形体的尺寸注法。如图 12-9 所示为常见的棱柱、棱锥、棱台、圆柱、圆锥、圆台、球等基本形体的尺寸注法。其中正六棱柱常用的标注有两种方法，如图 12-9（b）、（c）所示。

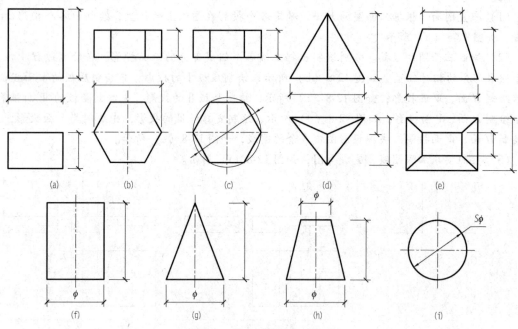

图 12-9 基本形体的尺寸标注

12. 2. 3 组合体的尺寸注法

在组合体三面图上标注尺寸，采用形体分析的方法，首先确定各个组成部分（基本形体）的尺寸，然后确定各个组成部分（基本形体）之间相对位置的尺寸，最后确定组合体的总尺寸。因此组合体三面图上标注的尺寸一般可以分为以下三种类型：

（1）定形尺寸，确定组合体中各基本形体大小的尺寸。

（2）定位尺寸，确定组合体中各基本形体之间相互位置的尺寸。

（3）总体尺寸，确定组合体的总长、总宽和总高的尺寸。

以上三种类型尺寸的划分并非绝对，如某些尺寸既是定形尺寸又是总体尺寸，某些尺寸既是定位尺寸又是定形尺寸，这完全是与组合体的具体情况相关的。

在标注定位尺寸时，应该在长、宽、高三个方向上分别选择尺寸基准，通常情况下是以组合体的底面、大端面、对称面、回转轴线等作为尺寸基准。

现以图 12-10（a）所示的组合体为例，说明组合体三面图尺寸标注的过程。

（1）分析形体。总的来看，该组合体由三部分叠加而成，左右、前后对称。两块侧平的立板Ⅱ叠放在水平的底板Ⅰ上，而且与底板Ⅰ等宽，四块支撑板Ⅲ叠放在底板Ⅰ的上表面，另一面与立板Ⅱ的端面共面。

（2）选尺寸基准。选择对称平面为长度和宽度方向上的尺寸基准，底板Ⅰ的底面为高度方向上的尺寸基准。

（3）尺寸标注。根据形体分析，该组合体由三部分组成，每一部分应标注的尺寸如图 12-10（b）所示。

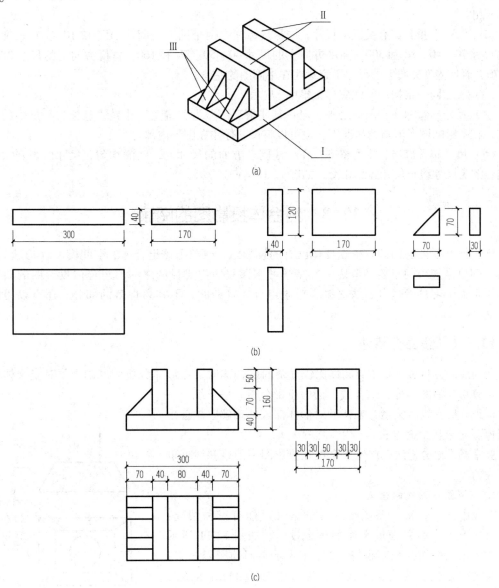

图 12-10　组合体的尺寸标注

（a）立体图；（b）各组成部分的尺寸；（c）组合体尺寸标注

底板Ⅰ：定形尺寸有 300、170 和 40。
立板Ⅱ：定形尺寸有 40、170 和 40。
支撑板Ⅲ：定形尺寸有 70、70 和 30。

标注组合体三面图的尺寸，如图 12-10（c）所示。由于选择对称平面、底板Ⅰ的底面为组合体整体的尺寸基准，因此在标注组合体各个部分尺寸的时候，需要对某些尺寸进行调整。立板Ⅱ高度方向上的定形尺寸可以省略。最后标注总体尺寸。总长与总宽和底板的定形尺寸重合，总高为 160。

12.2.4 组合体尺寸标注应注意的问题

（1）尺寸标注应明显。尺寸应尽量标注在最能反映形体特征的投影上，尽量避免在虚线上标注尺寸。

（2）与两个投影都有关系的尺寸，应尽量标注在两个图形之间。如图 12-10（c）长度方向上的尺寸 70、40、80 和 300，高度方向上的尺寸 40、50、70 和 160，宽度方向上的尺寸 30、50 和 170，而且宽度方向上的尺寸不宜标注在平面图的左侧。

（3）表示同一结构的尺寸应尽量集中。

（4）尺寸尽量标注在图形之外。但在某些情况下，为了避免尺寸界线过长或与过多的图线相交，在不影响图形清晰的情况下，也可以将尺寸标注在图形内部。

（5）尺寸布置恰当、排列整齐。在标注同一方向的尺寸时，间隔均匀，尺寸由小到大向外排列，避免尺寸线与尺寸界线相交，如图 12-10（c）所示。

12.3 组合体投影图的阅读

组合体投影图的阅读是根据形体已有的投影图，想象出该组合体的空间模型（形状），是培养空间思维能力的重要环节之一，是学习本课程的主要目的之一。组合体投影图的阅读方法除了前面学习的形体分析法之外，对于组合体复杂的、不容易理解的部分，还可以用线面分析法。

12.3.1 线面分析法

所谓线面分析法，是指当阅读比较复杂的组合体时，在形体分析的基础上，对组合体复杂的、不容易理解的部分，结合线、面的投影分析，一条线、一个线框地分析其线面关系，来帮助对形体深入地理解，想象出空间模型（形状）的方法。

要掌握线面分析法，首先要掌握在投影图中图线和线框可能代表的含义。

1. 投影图中图线的含义

在投影图中，某一条图线代表的含义可能有三种情况：第一种情况是代表曲面或平面的积聚投影，如图 12-11 所示图线 1 表示圆柱面的积聚投影，$2'$、$3'$表示平面的积聚投影；第二种情况是代表两个面交线的投影，如图 12-11 所示图线 4；第三种情况是代表曲面轮廓素线的投影，如图 12-11 所示图线 $5'$。

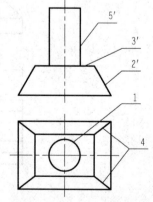

图 12-11　投影图中图线的含义

2. 投影图中图框的含义

在这里，图框指的是封闭的线框，而封闭的线框的含义是表示形体的某一个面。因此，在投影图中，一个封闭的线框代表的含义可能有四种情况：第一种情况是代表平面的实形投影（该平面与投影面平行），如图 12-12 所示 a 框和 e' 框；第二种情况是代表平面的类似形（该平面与投影面倾斜），如图 12-12 所示 b 框；第三种情况是代表曲面或组合面的投影，如图 12-12 所示 c' 框和 d'' 框；第四种情况是代表孔、洞或凸台的投影，如图 12-12 所示 e' 框表示凸台，f 框表示圆孔。

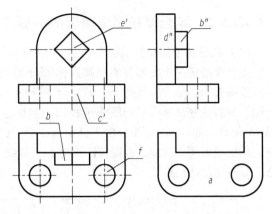

图 12-12　投影图中图框的含义

下面，通过例 12-2 来说明运用线面分析法具体的作图过程。

【例 12-2】　如图 12-13（a）所示，求作组合体的侧立面图。

【分析】　如图 12-13（a）所示，该组合体由若干个棱柱组合而成，并且上半部被正垂面切割。平面图中的封闭线框（10 边形）即被正垂面切割后断面的 H 面投影，其 V 面投影积聚成一条与投影轴倾斜的直线，根据投影规律，该断面的 W 面投影应该与 H 面投影类似。因此，可以利用投影规律，先将该断面的 W 面投影求出（10 边形），然后从该 10 边形的各个顶点向组合体底面作棱线，就可以绘制出该组合体的侧立面图。

解：

（1）作断面的侧面投影。首先在 H 面投影中，对 10 边形的每一个顶点编号。然后将该 10 点的正面投影求出。利用投影规律作出这 10 个点的侧面投影，依次连接，如图 12-13（b）所示。

（2）作棱线和底面的侧面投影。在侧面投影中，从各个顶点向组合体底面作铅垂棱线的投影，注意 $7''$、$8''$、$9''$、$10''$ 点以下应绘制成虚线，反映到该组合体的侧面投影上，$9''$ 点以下为虚线，其余虚线与实线重合。再作底面的侧面投影。

（3）按照要求加深图线，完成全图，如图 12-13（c）所示。

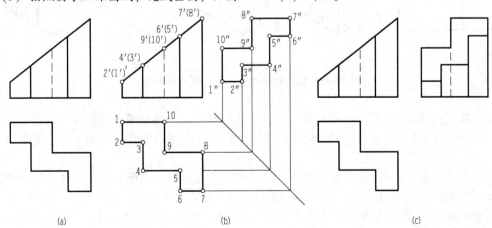

(a)　　　　　　　　　　(b)　　　　　　　　　　(c)

图 12-13　利用线面分析法求解问题
（a）已知条件；（b）作断面的侧面投影；（c）完成全图

12.3.2　组合体投影图阅读的一般步骤

（1）从反映形体特征的投影着手，几个投影综合联系起来，进行形体分析。

组合体的每一个投影只能反映形体部分形状特征，在阅读的时候，应该从最能反映形体特征的投影着手，结合其他几个投影综合来分析。不能只阅读了一两个投影就下结论。如图 12-14 所示，虽然这些形体的平面图完全相同，但通过正立面图反映出它们是形状不同的形体。如图 12-15 所示，虽然知道了形体的平面图与正立面图，但还需通过对侧立面图的阅读，才能想象出它们的空间形状。因此，在阅读图纸时，必须把几个投影图联系起来相互对照，运用形体分析法，分析出形体的形状。

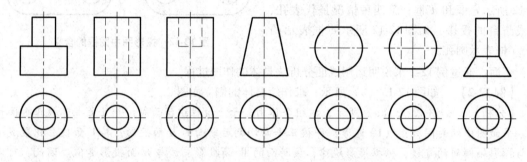

图 12-14　依据一个投影不能确定空间形体

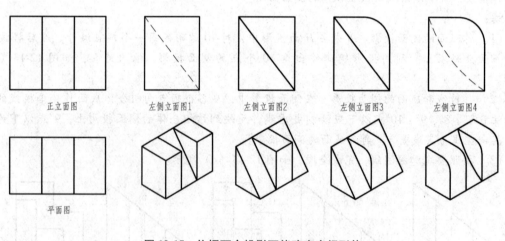

图 12-15　依据两个投影不能确定空间形体

（2）找对应的投影，进行线面分析。对投影图中复杂、不容易理解的部分，利用线面分析方法，找封闭的线框，以及与之对应的线或线框，分析其具体的形状与空间关系，想象出空间模型。

（3）多思，反复对照。组合体的组合方式灵活，变化多样，因此，在组合体三面图的阅读过程中，不可能通过所给的投影一次性地将形体的空间形状想象正确，而是一个反复的过程，首先根据所给的投影，在头脑中建立该组合体的大致轮廓，然后根据投影具体分析每一部分，不断地把所想象的空间形状与投影图对照，边对照边修正，直至与投影图相符合。经过这样不断实践，可以逐步培养空间思维能力。

12.3.3　组合体投影图阅读的实例

组合体投影图的阅读是绘制的逆过程，绘图时是根据形体的模型用正投影法画出形体的投影。而阅读时是根据已绘制的图形，想象出空间形体的模型。在学习实践中，根据组合体的两个投影补画第三投影是训练读图能力的一种有效方法，它包含了由图形到空间模型和由空间模型到图形的反复思维过程。

【例 12-3】　　如图 12-16（a）所示，求作组合体的平面图。

【分析】　　如图 12-16（a）所示，该组合体可以看成由三部分组成。Ⅰ部分为一个大的四棱柱被水平面和正垂面切割掉左上部分，Ⅱ、Ⅲ部分为两个四棱柱叠放在Ⅰ上。

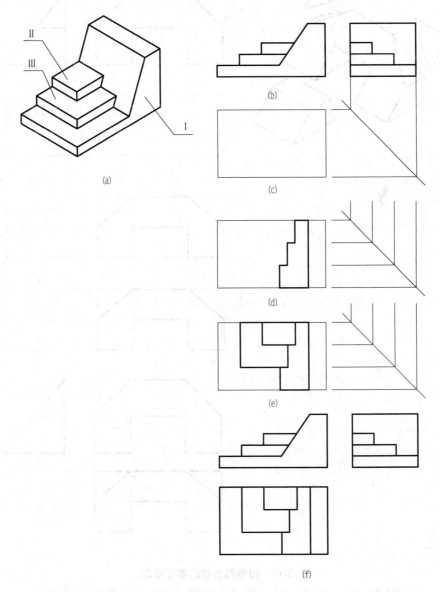

图 12-16　绘制组合体的第三投影

（a）立体图；（b）已知条件；（c）绘制柱完整的 H 投影；（d）作正垂面的 H 投影；

（e）作Ⅱ、Ⅲ部分的 H 投影；（f）加深图线，完成全图

解：

（1）完整地绘制出大的四棱柱的水平投影，如图 12-16（b）、（c）所示。

（2）作正垂面的水平投影。在 W 面投影图中找到正垂面的投影（封闭的线框），利用线面分析的方法，求出该正垂面的平面投影（与侧面投影为类似形），如图 12-16（d）所示。

（3）作 Ⅱ、Ⅲ 部分的水平投影，如图 12-16（e）所示。

（4）按照要求加深图线，完成全图，如图 12-16（f）所示。

【例 12-4】 如图 12-17（a）所示，求作组合体的平面图。

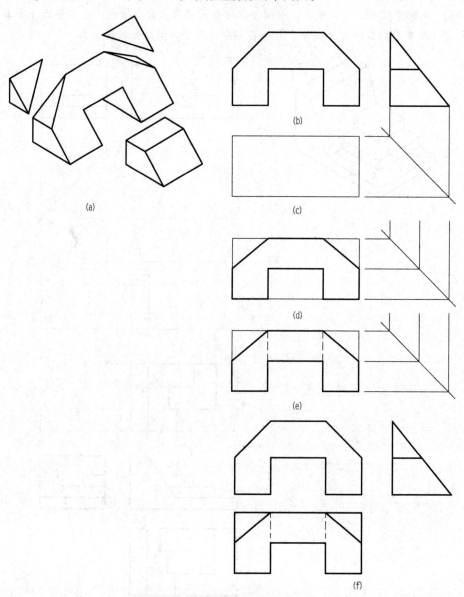

图 12-17 绘制组合体的第三投影

（a）立体图；（b）已知条件；（c）绘制三棱柱完整的 H 投影；（d）作侧垂面的 H 投影；

（e）作其余部分的 H 投影；（f）加深图线，完成全图

【分析】　　如图 12-17（a）所示，该组合体是由三棱柱切割而得，基本形体是顶面、底面与 W 面平行的三棱柱。被两个正垂面切掉两个角，又被两个侧平面与水平面在下面切了一个槽口。正立面图即一个封闭的线框，该线框是三棱柱一个侧面的投影，该面是一个侧垂面，因此其水平投影一定是该图形的类似形，可从其着手，首先绘制，然后再完成其他部分的投影。

解：

（1）绘制出三棱柱完整的水平投影，如图 12-17（b）、（c）所示。

（2）作侧垂面的水平投影。在 V 面投影图中找到侧垂面的投影（封闭的线框），利用线面分析的方法，求出该侧垂面的平面投影（与正面投影为类似形），如图 12-17（d）所示。

（3）作其余部分的水平投影。两个正垂面切割，断面为三角形，其水平投影为类似形，即也为三角形。用两个侧平面与水平面挖切出槽口，在水平投影中增加了两条虚线，如图 12-17（e）所示。

（4）整理图形，去掉多余图线。按照要求加深图线，完成全图，如图 12-17（f）所示。

本章要点

（1）绘制组合体的三面投影图。

（2）阅读常见的组合体的投影图。

（3）组合体的形体分析法和线面分析法。

（4）组合体的尺寸标注方法。

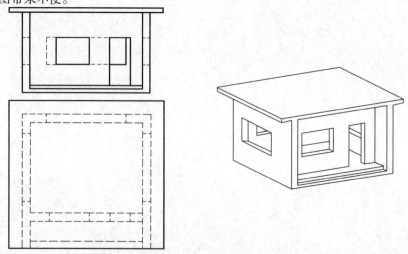（此处为章节标题横幅）

第13章

工程形体的表达方法

前面章节介绍了点、线、面、体的投影规律，要将这些理论应用于工程实践，还必须学习掌握如何运用投影理论表达工程形体。本章将介绍表达工程形体外部形状和内部构造的方法。

13.1 概　述

建筑物或建筑部件、构件等工程形体往往是比较复杂的，许多时候仅用 V、H、W 三面投影不能完全表达清楚。一个工程形体一般有六个侧面，V、H、W 三面投影只能表达其三个侧面，其他侧面无法表达。如果工程形体有不平行于投影面的侧面，又如何表达？这些问题是工程实践需要解决的。那么如何运用投影原理表达复杂工程形体的外部形状？其途径是通过增加基本投影和各种辅助投影的方法来解决。

另外，当一个建筑物或建筑构件的内部结构比较复杂时，如果仍采用正投影图的方法，用实线表示可见轮廓线，虚线表示不可见轮廓线，则在投影图上会产生大量的虚线，给手工绘图带来一定的困难。不仅如此，如果虚线、实线相互交叉或重叠，更会使图形混淆不清，给读图带来很大的困难。如图 13-1 所示，一个单层平顶房屋，其用正投影图的方法表达时，图上出现了很多虚线，给读图带来不便。

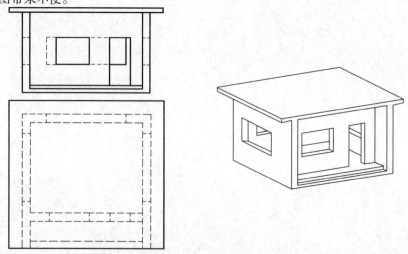

图 13-1　保卫室的两视图及轴测图

为了解决这一问题，先对投影图中产生虚线的原因进行分析。表达建筑形体内部结构时，之所以会产生虚线，是因为在观察方向上建筑形体前面部分会将后面部分遮挡，若将遮挡的这部分建筑形体去除，而后进行投影，则不会产生虚线，在此思路下，就有了剖面图和断面图。

剖面图和断面图在表达建筑物或建筑构件内部构造时应用非常广泛，建筑工程图中的许多图样是根据剖面图和断面图的原理绘制的。

13.2　各种视图

13.2.1　基本视图

为了满足准确、完整、清楚地表达复杂工程形体的需要，根据国家标准的规定，可以在 V、H、W 三投影面的基础上，再相应增设 V_1、H_1、W_1 三个投影面，分别位于 V、H、W 投影面的对面 [图 13-2 （a）]，组成一个六面体。这六个投影面称为基本投影面，形体在基本投影面上的投影称为基本视图。V 面、H 面、W 面投影分别称为正立面图、平面图、左侧立面图，由右向左投射得到的 W_1 面投影称为右侧立面图，由后向前投射得到的 V_1 面投影称为背立面图，由下向上投射得到的 H_1 面投影称为底面图。这六个投影面按图 13-2 （b）所示展开，V 面不动，其他投影面旋转到与 V 面在同一平面的位置。六个基本视图按展开位置绘制可以不注写图名 [图 13-2 （c）]。建筑工程图受图纸幅面所限常常不能按展开位置布置，此时，则必须在图的下方注写图名 [图 13-2 （d）]。表达一个形体所绘制视图的数量，应按照用最少的视图表达准确、完整、清楚的原则确定。

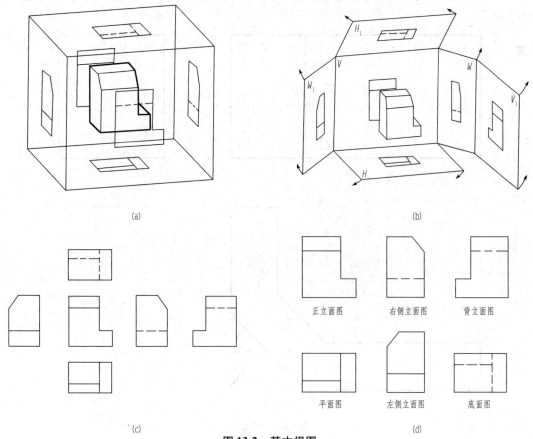

(a)　　　　　　　　　　　　　　　　　　(b)

(c)　　　　　　　　　　　　　　　　　　(d)

图 13-2　基本视图

13.2.2 辅助视图

1. 局部视图

当形体大部分已经表达清楚，仅某一局部需要图示表达时，可以仅对该局部向基本投影面投射，所得到的视图称为局部视图。

图 13-3 所示形体左侧凸出部分，用局部视图可以表达清楚。

局部视图的断开界线为徒手画的细波浪线。画局部视图时，为了表明视图之间的关系，可以对投射方向和图名按图 13-3 所示标注。

2. 斜视图

如图 13-4 所示，为了得到建筑物转折处立面的实形投影，需要在适当位置设置垂直于基本投影面的辅助投影面，沿倾斜于基本投影面的方向投射，得到反映该立

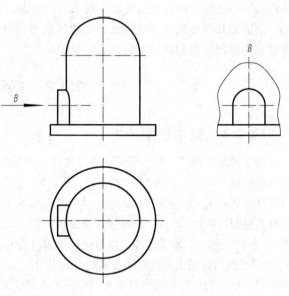

图 13-3 局部视图

面实形的斜视图。即对于工程形体上不平行于基本投影面的表面可以采用斜视图方法表达其实形投影。

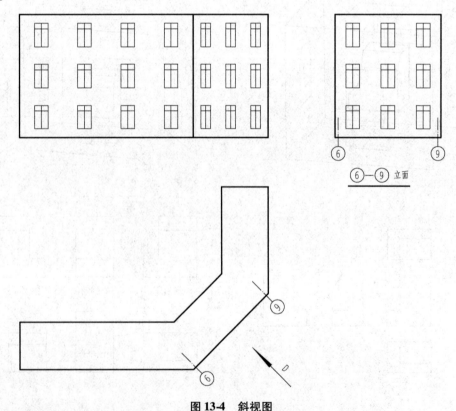

图 13-4 斜视图

3. 镜像投影

对于一些用基本视图不易表达的，可以采用镜像投影法绘制。如图 13-5 所示，为了表达形体的底部侧面，可以假想在形体下方放置一水平的镜面，按镜面中形体的影像绘制出其底面的平面图（如顶棚平面图等），须在图名后注写"镜像"字样，或绘制镜像投影识别符号。

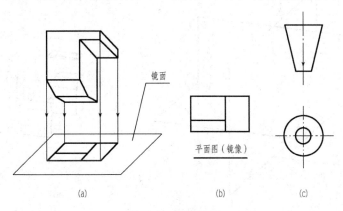

图 13-5　镜像投影

4. 展开视图

对于积聚投影为折线或曲线的立面，为了表达其实形，可以先将其展开成一个平面，再投射投影绘制视图，如图 13-6 所示，图名后需要注写"展开"字样。

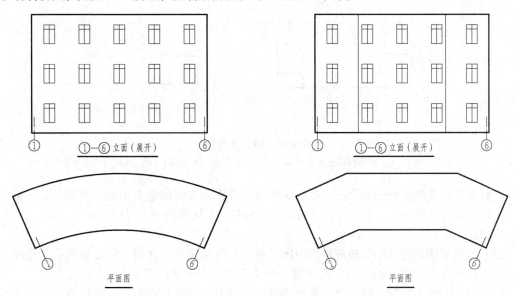

图 13-6　展开视图

13. 2. 3　第三角投影

三投影面体系中的 V、H、W 投影面无限扩展，将空间划分为八个分角，如图 13-7（a）所示。将形体放置在第一分角内进行投影，得到的投影图称为第一角投影，我国和一部分国家采用第一角投影。而美国、日本等一部分国家和地区则采用第三角投影，即将形体放在第三分角内进行投影［图13-7（b）］。随着我国对外扩大开放，国际工程技术的交流越来越多，了解第三角投影很有必要。

观察图13-7（b）、（c）、（d）不难得知第三角投影与第一角投影的异同。

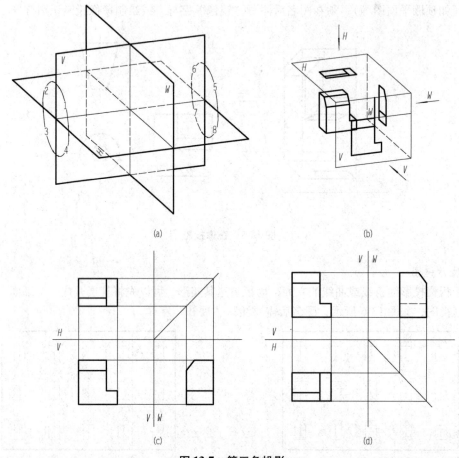

图 13-7　第三角投影

（a）八个分角；（b）形体的第三角投影；（c）展开后的第三角投影；（d）展开后的第一角投影

共同点是两者都采用正投影法，都是投射线与投影面交点的集合组成形体的投影，展开后的三面投影都有"长对正，高平齐，宽相等"的关系，有同样的投影规律。

不同点如下：

（1）空间投影面与形体的相对位置不同。第三角法中 V 面、H 面、W 面分别位于形体的前方、上方、右方。而第一角法，V 面、H 面、W 面分别位于形体的后方、下方、右方。

（2）投影的投射过程不同。第三角法投影时，投射线先穿过投影面，然后到达形体上的顶点。第一角法投影时，则是投射线先通过形体上的顶点，再投射到投影面上。

（3）投影面的展开也有不同。第一角法投影面展开时，V 面不动，H 面向上、后旋转，W 面向右、前旋转。展开后的 H 面投影（平面图）在 V 面投影（立面图）的上方，W 面投影是形体的右侧立面图。第三角法投影面展开时，仍是 V 面不动，但 H 面向下、后旋转，W 面向右、后旋转。展开后的 H 面投影（平面图）在 V 面投影（立面图）的下方，W 面投影是形体的左侧立面图。因此，第三角法与第一角法 W 投影的前、后正好相反，可见性也不同，第一角法中不可见的线在第三角法中则是可见的。

13.3　剖面图

13.3.1　剖面图的基本概念及画法

1. 剖面图的基本概念

假想用一平面剖开形体，这一假想平面称为剖切平面，将处于观察者与剖切平面之间的部分形体移走，将剩余部分向相应的投影面投影，所得到的投影图即剖面图。形体上被剖切平面切到的部分称为断面。如图 13-8 所示，为图 13-1 中房屋被一竖直剖切平面从中间剖开后得到的剖面图。

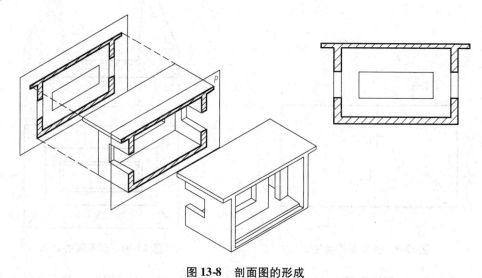

图 13-8　剖面图的形成

2. 剖面图的画法规定

为区分剖面图中剖切面切到的区域和未切到的区域，在绘制剖面图时做以下规定：

（1）断面轮廓线应用 $0.7b$ 线宽的中粗实线绘制，并在断面轮廓内画出材料图例，图例通常在 1∶50 及以上比例的详图中绘制，比例较小时采用省略画法。常用建筑材料图例应按国家标准规定画法绘制，未有规定时，才可自己定义图例符号。材料未知时，可用通用的剖面线表示，通用剖面线即等间距、同方向的细实线，并与水平方向或剖面图的主要轮廓线、断面的对称线成45°。

（2）剖切面没有切到但沿投射方向可以看到的部分，用 $0.5b$ 线宽的中实线绘制。

3. 剖面图的标注

用剖面图表达形体时，一般需标注剖切符号来表示剖切平面的位置、剖视方向、编号等内容，《房屋建筑制图统一标准》（GB/T 50001—2017）中对剖切符号的具体画法做了规定。

（1）剖切位置线。剖切位置线表示剖切平面的剖切位置，用 b 线宽的两段粗实线绘制，每段长度为 6～10 mm，绘制在图样中欲剖切位置的两侧，剖切位置线不应与其他图线相接触，如图 13-9 所示。

（2）剖视方向线。剖视方向线表示剖切后的投影方向，规定用两小段线宽为 b 的粗实线绘制，长度应短于剖切位置线，为 4～6 mm，绘制在剖切位置线的外端，与剖切位置线垂直，剖视方向线画在剖切位置线的哪一侧，表示向哪一侧投影。图 13-9 中"1－1"，表示剖切后向左侧投影。

（3）剖切符号的编号。为了区分不同的剖切位置，需要给剖切符号编号，编号宜采用阿拉伯数字，按剖切顺序由左至右，由下至上连续编排，并注写在剖视方向线的端部。需转折的剖切位置线，应在转角外侧加注与该符号相同的编号，如图13-9中的"3-3"所示。

（4）剖面图所在图纸号。当剖面图与被剖切图样不在同一张图纸内时，应在剖切位置线的另一侧注明剖面图所在图纸的编号，如图13-9中的"3-3"剖切位置线下侧注写"建施-5"，表示3-3剖面图绘制在"建施"第5号图纸上。

（5）剖面图的图名。剖面图的图名用剖切符号的编号来命名，如"1-1""2-2"……，注写在剖面图的下方或一侧，并在图名的下方画一等长的粗实线，称为图名线，如图13-10所示。

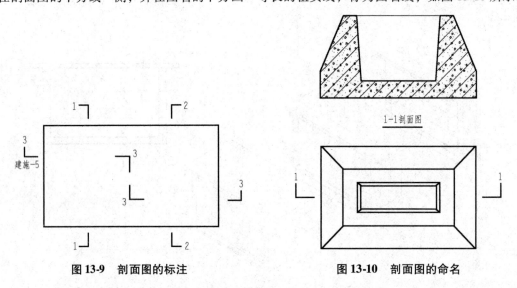

图13-9　剖面图的标注　　　　　　图13-10　剖面图的命名

（6）习惯使用的剖切位置，可以省略剖切符号。如绘制建筑平面图时，都是采用水平剖切平面在窗台以上、窗过梁以下的位置剖切，再向下投影，其在立面图上的剖切符号可以省略；通过构件对称平面的剖切符号，也可以不在图上标注。

4. 画剖面图的注意事项

（1）剖切平面的位置。作剖面图时，剖切平面应平行于基本投影面，从而使断面的投影反映实形，并使剖切平面尽量通过形体上的孔、洞、槽等隐蔽形体的中心线，将形体内部表达清楚。

（2）剖面图是假想将形体剖开后投影得到的，但实际上形体并没有被剖开，所以，在作形体的其他投影图时，仍按完整的形状画出，如图13-10所示。

（3）画剖面图时，假想剖切后剩余部分形体上的可见轮廓线都应画出，不能漏线，也不能多线，如图13-11所示。

（4）一般情况下，为了使视图清晰，剖面图中可省略不必要的虚线，但如果省略掉虚线后，不能清楚地表达形体时，仍应画出虚线。

13.3.2　常用剖面图的种类

根据建筑形体的不同特点和要求，在建筑工程图中常采用的剖面图有以下几种形式。

1. 全剖面图

假想用一个剖切平面将建筑形体全部剖开后得到的剖面图，即全剖面图。这种形式的剖面

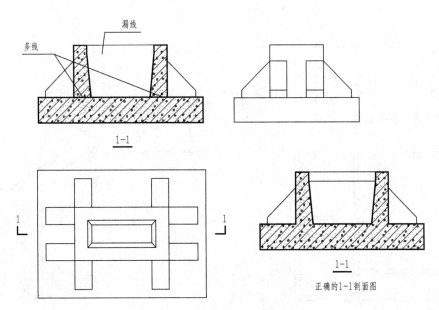

图 13-11 剖面图中的多线和漏线

图在建筑工程图中应用较多，比如建筑平面图一般都是全剖面图。图 13-12 所示为一个房屋的全剖面示意图。

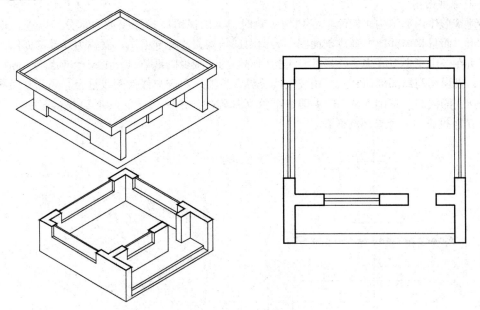

图 13-12 全剖面示意图

2. 阶梯剖面图

因为图纸数量的确定原则是用尽量少的图纸将建筑形体表达清楚，所以，在表达一些比较简单的建筑形体时，为了减少图形数量，可以用两个（或两个以上）相互平行的剖切平面，将建筑形体沿着需要表达的部位剖开，再画出剖面图，此种图样称为阶梯剖面图，标注图名时应在图名后注明"展开"字样，如图 13-13 所示。因为阶梯剖面图也是假想将建筑形体用剖切平面剖开，而并非真正地剖开，所以，在阶梯剖面图中，两个剖切平面之间不画分界线，就好像是用一个剖切平面剖开的一样。

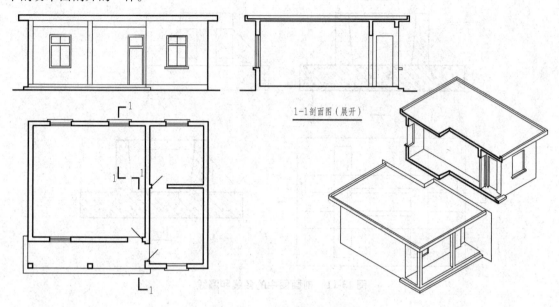

1-1剖面图（展开）

图 13-13　阶梯剖面示意图

3. 局部剖面图

　　当建筑形体内部结构比较简单且均匀一致时，可以保留原投影图的大部分，以表达建筑形体的外形，而只将局部地方画成剖面图，表达内部结构，这种剖面图，就称为局部剖面图。局部剖面图可在一个图形上既表达外形，又表达内部结构，减少图纸数量。国家标准规定，画局部剖面图时，投影图与局部剖面之间，用波浪线分界，波浪线不应与任何图线重合。局部剖面图经常用来表达钢筋混凝土基础。图 13-14 即一个独立基础的两个剖面图，其 V 面投影是一个全剖面图，其 H 面投影为一个局部剖面图。

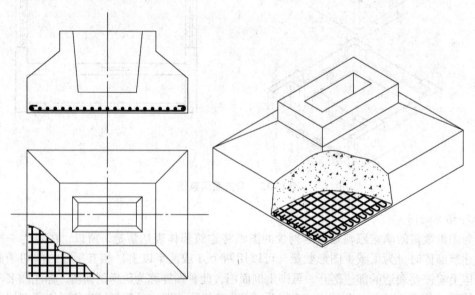

图 13-14　局部剖面示意图

4. 分层局部剖面图

在表达建筑（或构筑）形体时，经常遇到墙面、楼地面、屋面、路面等多层构造，此时通常将材料不同的各层依次剖开一个局部，作出其剖面图，称为分层局部剖面图。它既可表达构件的外形，又可表达构件各层所用的材料及各层之间的位置关系。各层之间以波浪线分界，波浪线不应与任何图线重合。图 13-15 所示为屋面分层局部剖面图。

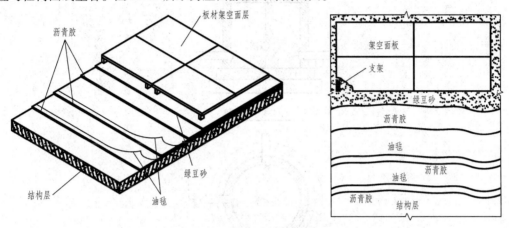

图 13-15　屋面分层局部剖面图

5. 半剖面图

当形体具有对称平面且外形又比较复杂时，可以对称面分界，一半画外形的正投影图，另一半画成剖面图，这样就可用一个图形同时表达形体的外形和内部构造，这样的图形习惯上称为半剖面图。画半剖面图时，剖面图和投影图之间，规定要用对称符号作为分界线。对称符号由对称线和两端的两对平行线组成，对称线用细单点长画线绘制，平行线用细实线绘制，其长度为 6~8 mm，间隔 2~3 mm，对称线垂直平分于两对平行线，两端超出平行线 2~3 mm。习惯上，将剖面图画在图形右侧或下侧。例如，图 13-11 所示的带肋杯形基础可画成半剖面图，如图 13-16 所示。

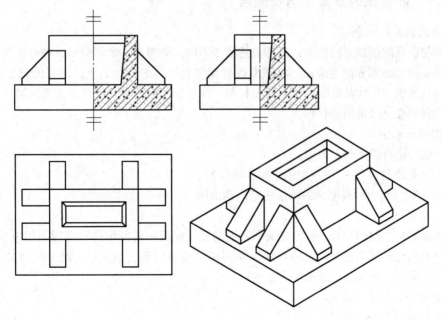

图 13-16　带肋杯形基础半剖面图

6. 旋转剖面图

在表达一些类似回转体且比较简单的构造时，经常用两个相交的剖切平面进行剖切，得到两个剖面图后再将其展开到一个平面上，这样所得的剖面图称为旋转剖面图。国家标准规定，旋转剖面图图名应在其图名后加注"展开"字样。图 13-17 所示为一污水检查井旋转剖面示意图。

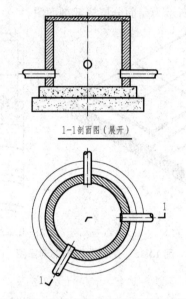

图 13-17　污水检查井旋转剖面示意图

13.4　断面图

13.4.1　断面图的基本概念及画法

1. 断面图的基本概念

断面图与剖面图形成方法类似，只是表达范围不同。假想用一个剖切平面将形体剖开，形体上被剖切平面切到的部分称为断面，将断面投射到与它平行的投影面上，所得的投影图即断面图。断面图用来表示形体某处断面的形状及材料。在建筑工程图中，经常用来表达梁、板、柱等建筑构件的截面变化及采用的材料。

2. 断面图的画法

断面图的画法有以下两点规定：

（1）断面轮廓线应用 0.7b 线宽的中粗实线绘制；

（2）断面轮廓线内材料图例的画法规定同剖面图。

3. 断面图的标注

断面图也需标注剖切符号，但与剖面图不同的是，断面图的剖切符号仅用剖切位置线表示，不标注剖视方向线，其剖视方向用编号注写在剖切位置线的哪一侧表示：编号所在的一侧即该断面的剖视方向，其余规定与剖面图完全相同。

4. 断面图与剖面图的区别

断面图与剖面图的区别有：

（1）表达范围不同。断面图是形体被剖开后断面的投影，是面的投影，而剖面图是形体被剖开，移走遮挡视线的部分形体后，剩余部分形体的投影，是体的投影。换句话说，同一剖切位置上同一投影方向的剖面图一定包含着其断面图。

（2）剖切符号的标注不同。剖切符号的标注方法是确定画剖面图还是画断面图的关键，剖切符号中有剖视方向线，表示要画剖面图，没有剖视方向线，表示要画断面图。

（3）剖切平面数量不同。一个剖面图可以用两个或多个剖切平面来剖切（如阶梯剖面、旋转剖面），而一个断面图只能用一个剖切平面来剖切。

断面图与剖面图的区别可以用图 13-18 来说明。

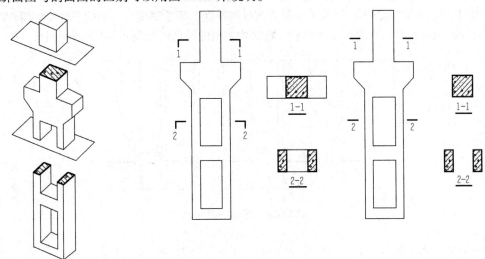

图 13-18　断面图与剖面图的区别

13. 4. 2　常用断面图的种类

根据断面图的绘制位置，断面图可分成以下三种。

1. 移出断面图

当一个形体构造比较复杂，需要有多个断面图时，通常将断面图绘制在被剖切图样轮廓线之外，排列整齐，这样的断面图称为移出断面图。如果空间允许，一般常将断面图绘制在对应的剖切位置附近，便于对照读图。移出断面图是表达建筑构件时经常采用的一种图样，比如结构施工图中的基础详图、配筋图中的断面图等都属于移出断面图。图 13-19 所示为一个梁的移出断面图。

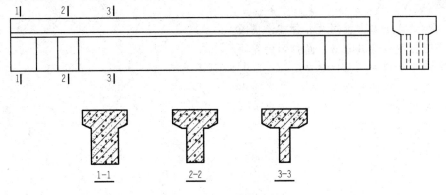

图 13-19　移出断面图

2. 重合断面图

在表达一些断面形状沿纵向没有变化的构造时，可以将断面图画在原视图之内，比例与原视图一致，断面图与原视图重合在一起，这样的断面图称为重合断面图。重合断面图可以不加任何说明，只是将断面图按规定画法绘制出来即可。在只需表达断面一侧轮廓时，可在断面轮廓线内侧沿着轮廓线的边缘画 45°细斜线。

重合断面图经常用来表示墙壁立面的装饰，如图 13-20 所示，用重合断面图表示出墙壁装饰板的凹凸变化。此断面图的形成是用一个水平剖切平面，将装饰板剖开后，向下投影得到断面图，再将断面图绘制在立面图上与其重合在一起。这个断面图未表示装饰板的厚度，所以在断面轮廓线内侧绘制了 45°细斜线。如果要表示装饰板的厚度，再绘制出另一侧的断面轮廓线即可。

重合断面图也经常用来表达结构梁板，将结构梁板的断面图绘制在结构布置图上。

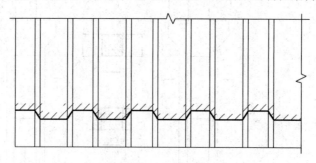

图 13-20　重合断面图

3. 中断断面图

在表达较长且只有单一断面的杆件时，可以将杆件的视图在中间打断，而在断开处，画出其断面图，并且断面图与原视图对齐，这种断面图称为中断断面图。中断断面图不需标注剖切符号，也不需任何说明。中断断面图经常用在钢结构图中来表示型钢的断面形状，如图 13-21 所示。

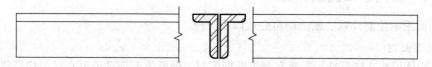

图 13-21　中断断面图

本章要点

（1）形体的六个基本视图及各种辅助视图。

（2）第三角投影及其与第一角投影的异同。

（3）剖面图的概念、画法规定及标注方法。

（4）常见剖面图的种类。

（5）断面图的概念、画法规定及标注方法。

（6）断面图与剖面图的区别。

（7）常见断面图的种类。

第14章

建筑施工图

将一幢拟建房屋的内外形状和大小，以及各部分的结构、构造、装修、设备等内容，按照国家标准的规定，用正投影法详细准确地画出的图样，称为房屋建筑图。它是用以指导施工的一套图纸，所以，又称为施工图。建筑施工图是根据正投影原理和有关的专业知识绘制的一种工程图样，其主要的任务是表示房屋的内外形状平面布置、楼层层高及建筑构造与装饰做法等。

14.1 基本知识

14.1.1 房屋建造的设计程序

房屋建造要经过设计与施工两个过程。其中，设计过程又可分为初步设计和施工图设计两个阶段。

初步设计包括建筑总平面图，建筑平、立、剖面图及简要说明，结构方案及说明，采暖、通风、给水排水、电气照明系统说明，以及各项技术经济指标、总概算等供有关部门分析、研究、审批。

施工图设计是将初步设计所确定的内容进一步具体化，在满足施工要求及协调各专业之间关系的基础上最终完成设计，并绘制建筑、结构、水、暖、电施工图。

14.1.2 房屋的组成及其作用

建筑物按使用功能的不同，可分为工业建筑和民用建筑两大类。民用建筑又可分为公共建筑和居住建筑两类。建筑按结构分，通常有框架结构和承重墙结构等。一般一幢房屋由基础、墙或柱、楼面及地面、屋顶、楼梯和门窗六大部分组成。它们处在不同的部位，发挥着各自的作用。其中，起承重作用的部分称为构件，如基础、墙、柱、梁和板等；起围护及装饰作用的部分称为配件，如门、窗和隔墙等。因此，房屋是由许多构件、配件及装修构造组成的。图14-1所示是一幢假想被剖切的房屋，图中比较清楚地表明了房屋各部分的名称及所在位置。楼房第一层为底层（或一层、首层），往上数为二层、三层……顶层。它们有些起承重作用，如屋面、楼板、梁、墙、基础；有些起防风、沙、雨、雪和阳光的侵蚀干扰作用，如屋面、雨篷和外墙；有些起沟通房屋内外和上下交通作用，如门、走廊、楼梯、台阶等；有些起通风、采光的作用，如窗；有些起排水作用，如天沟、雨水管、散水、明沟；有些起保护墙身的作用，如勒脚、防潮层。

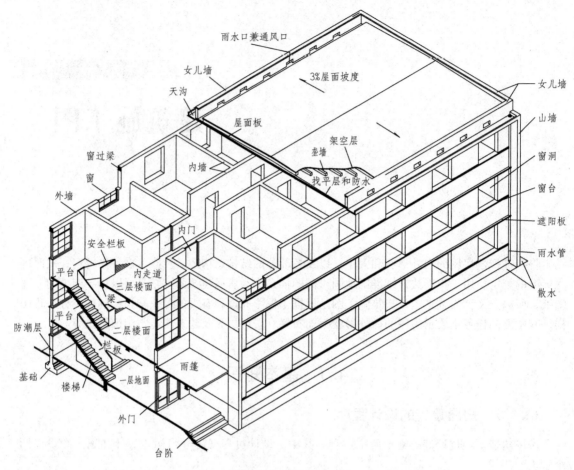

图 14-1 房屋的组成

14.1.3 房屋施工图的分类

在工程建设中，首先要进行规划、设计，并绘制成图，然后照图施工。

遵照建筑制图标准和建筑专业的习惯画法绘制建筑物的多面正投影图，并注写尺寸和文字说明的图样，叫作建筑图。建筑图包括建筑物的方案图、初步设计图、扩大初步设计图以及施工图。

一套完整的施工图，根据其内容和各工程不同可分为以下内容：

（1）图纸目录。先列新绘的图纸，后列所选用的标准图纸或重复利用的图纸。

（2）设计总说明（首页）。施工图的设计依据；本项目的设计规模和建筑面积；本项目的相对标高与绝对标高的对应关系；室内室外的用料说明；门窗表等。

（3）建筑施工图（简称建施图）。建施图主要表示建筑物的规划位置、外部造型、内部各房间的布置、内外装修、构造及施工要求等。它的内容主要包括施工图首页、总平面图、各层平面图、立面图、剖面图及详图。

（4）结构施工图（简称结施图）。结施图主要表示建筑物承重结构的类型、布置，构件种类、数量、大小及作法。它的内容包括结构设计说明、结构平面布置图及构件详图。

（5）设备施工图（简称设施图）。设施图主要表达建筑物的给水排水、暖气通风、供电照明、燃气等设备、管线的布置和施工要求等。它主要包括各种设备的布置图、系统图和详图等内容。

14.1.4　绘制房屋建筑施工图的有关规定

建筑施工图应按正投影原理及视图、剖面、断面等基本图示方法绘制，为了使房屋施工图做到基本统一，清晰简明，满足设计、施工、存档的要求，以适应工程建筑的需要，我国制定了《房屋建筑制图统一标准》（GB/T 50001—2017）、《建筑制图标准》（GB/T 50104—2010）、《总图制图标准》（GB/T 50103—2010）等国家标准。在绘制房屋建筑施工图时，必须严格遵守国家标准中的有关规定。

1. 图线

在建筑施工图中，为反映不同的内容和层次分明，图线采用不同的线型和线宽，具体规定见表 14-1。

表 14-1　建筑施工图中图线的选用

名称	线宽	用途
粗实线	b	（1）平、剖面图中被剖切的主要建筑构造（包括构配件）的轮廓线； （2）建筑立面图或室内立面图的外轮廓线； （3）建筑构造详图中被剖切的主要部分的轮廓线； （4）建筑构配件详图中构配件的外轮廓线； （5）平、立、剖面图的剖切符号
中粗实线	$0.7b$	（1）平、剖面图中被剖切的次要建筑构造（包括构配件）的轮廓线； （2）建筑平、立、剖面图中建筑构配件的轮廓线； （3）建筑构造详图及建筑构配件详图中的一般轮廓线
中实线	$0.5b$	小于 $0.7b$ 的图形线、尺寸线、尺寸界线、索引符号、标高符号、详图材料做法引出线、粉刷线、保温层线、地面与墙面的高差分界线等
细实线	$0.25b$	图例填充线、家具线、纹样线等
中粗虚线	$0.7b$	（1）建筑构造详图及建筑构配件不可见的轮廓线； （2）平面图中的起重机（吊车）轮廓线； （3）拟建、扩建建筑物的轮廓线
中虚线	$0.5b$	投影线、小于 $0.5b$ 的不可见轮廓线
细虚线	$0.25b$	图例填充线、家具线等
粗单点长画线	b	起重机（吊车）轨道线
细单点长画线	$0.25b$	中心线、对称线、定位轴线
折断线	$0.25b$	部分省略表示时的断开界线
波浪线	$0.25b$	部分省略表示时的断开界线、曲线形构件断开界线、构造层次的断开界线

注：地坪线的线宽可用 $1.4b$。

在同一张图纸中，一般采用四种线宽的组合，线宽比为 $b:0.7b:0.5b:0.25b$，手工绘图可采用三种线宽的组合，线宽比为 $b:0.5b:0.25b$。较简单的图样可采用两种线宽组合，线宽比为 $b:0.25b$。

2. 比例

房屋建筑体形庞大，通常需要缩小后才能画在图纸上。建筑施工图中，各种图样常用比例见表 14-2。

表 14-2　建筑施工图的比例

图名	比例
建筑物或构筑物的平面图、立面图、剖面图	1：50、1：100、1：150、1：200、1：300
建筑物或构筑物的局部放大图	1：10、1：20、1：25、1：30、1：50
配件及构造详图	1：1、1：2、1：5、1：10、1：15、1：20、1：25、1：30、1：50

3. 定位轴线

在学习定位轴线的布置和画法之前，先简单介绍一下与之相关的建筑"模数"概念。

所谓建筑"模数"是指房屋的跨度（进深）、柱距（开间）、层高等尺寸都必须是基本模数（100 mm 用 M_0 表示）或扩大模数（$3M_0$、$6M_0$、$15M_0$、$30M_0$、$60M_0$）的倍数，这样便于设计规范化、生产标准化、施工机械化。

定位轴线是用来确定建筑物主要结构及构件位置的尺寸基准线。凡承重构件如墙、柱、梁、屋架等位置都要画上定位轴线并进行编号，施工时以此作为定位的基准。定位轴线的距离一般应满足建筑模数尺寸。

国家标准规定，定位轴线用 $0.25b$ 线宽的单点长画线绘制，在线的端部画一直径为 8～10 mm 的圆，圆的线宽为 $0.25b$，圆内注写编号。在建筑平面图中的轴线编号，宜标注在图样的下方及左侧。横向编号应用阿拉伯数字，从左至右顺序编写。竖向编号应用大写拉丁字母，自下而上顺序编写，如图 14-2 所示。拉丁字母 I、O、Z 不得用作轴线编号，以免与数字 1、0、2 混淆。

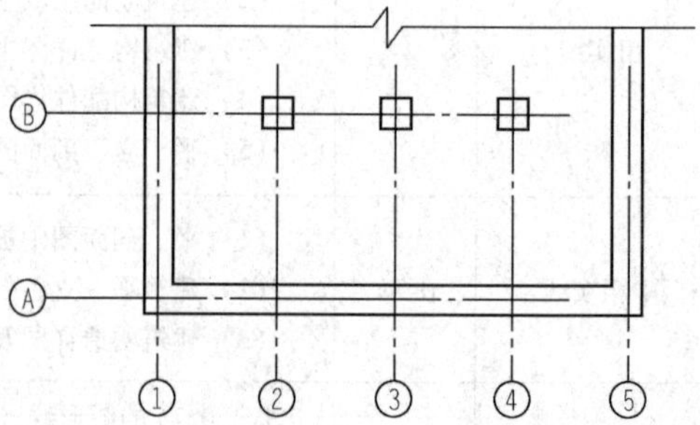

图 14-2　定位轴线及编号

在组合复杂的平面图中，定位轴线也可采用分区编号，如图 14-3 所示，编号的注写形式应为"分区号－该分区编号"。分区编号应采用阿拉伯数字或大写拉丁字母表示。

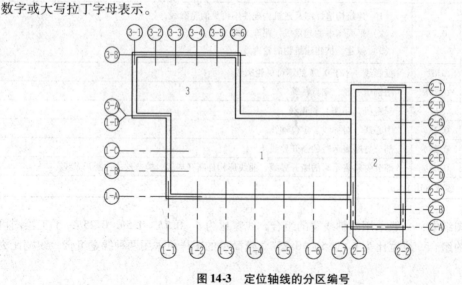

图 14-3　定位轴线的分区编号

对于一些与主要承重构件相联系的次要构件，它的定位轴线一般作为附加轴线。附加轴线的编号，应以分数表示，并应按下列规定编写：

（1）两根轴线间的附加轴线，应以分母表示前一轴线的编号，分子表示附加轴线的编号，编号宜用阿拉伯数字顺序编写，如

$\frac{1}{2}$ 表示 2 号轴线之后附加的第一根轴线；

$\frac{3}{A}$ 表示 A 号轴线之后附加的第三根轴线。

（2）1 号轴线或 A 号轴线之前附加轴线的分母应以 01 或 0A 表示，如

$\frac{1}{01}$ 表示 1 号轴线之前附加的第一根轴线；

$\frac{1}{0A}$ 表示 A 号轴线之前附加的第一根轴线。

（2）在画详图时，轴线编号的圆圈直径为 10 mm。通用详图的轴线号，只用圆圈，不注写编号。如一个详图适用于几个轴线时，应同时注明各有关轴线的编号，如图 14-4 所示。

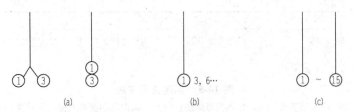

图 14-4　详图中轴线的编号

（a）用于两根轴线时；（b）用于三根或三根以上轴线时；（c）用于三根以上连续编号的轴线时

4. 标高符号

标高是用以表明房屋各部分（如室内外地面、窗台、雨篷、檐口等）高度的标注方法。在总平面图、平面图、立面图、剖面图上，常用标高符号表示某一部位的高度。各图上所用标高符号以细实线绘制（图 14-5）。标高数值以"m"为单位，一般注至小数点后三位（总平面图中小数点后为两位数）。图中的标高数字表示其完成面的数值，如标高数字前有"−"号的，表示该处完成面低于零点标高；如数字前没有符号的，表示高于零点标高。

5. 索引符号与详图符号

为方便施工时查阅图样，在图样中的某一局部或构件，如需另见详图时，常用索引符号注明画出详图的位置、详图的编号及详图所在的图纸编号，如图 14-6 所示。

（1）索引符号。用一引出线指出要画详图的地方，在线的另一端画一细实线圆，其直径为 10 mm。引出线应对准圆心，圆内过圆心画一水平线，如图 14-6（a）所示。索引符号的编号分为以下几种情况：

1）当索引出的详图与被索引的图（基本图）在同一张图纸内时，应在索引符号的上半圆中用阿拉伯数字注明该详图的编号，并在下半圆中间画一段水平细实线，如图 14-6（b）所示。

2）当索引出的详图与被索引的图不在同一张图纸内时，应在索引符号的上半圆中用阿拉伯数字注明该详图的编号，在索引符号的下半圆中用阿拉伯数字注明该详图所在图纸的编号，如图 14-6（c）所示。

3）当索引出的详图采用标准图时，应在索引符号水平直径的延长线上加注该标准图集的编号，如图 14-6（d）所示。

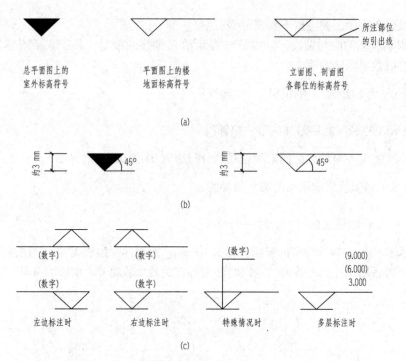

图 14-5 标高符号注法

（a）标号形式；（b）标高符号画法；（c）立面图与剖面图上标高符号注法

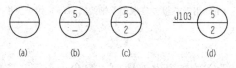

图 14-6 索引符号

4）当索引符号用于索引剖视详图时，应在被剖切的部位绘制剖切位置线（粗实线），并以引出线引出索引符号，引出线所在的一侧应为剖视方向，如图 14-7 所示。

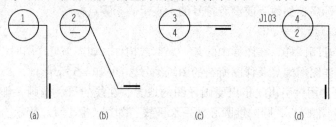

图 14-7 用于索引剖视详图的索引符号

（2）详图符号。详图符号表示详图的位置和编号，用一粗实线圆绘制，直径为 14 mm。详图与被索引的图样同在一张图纸内时，应在符号内用阿拉伯数字注明详图编号，如图 14-8（a）所示。如不在同一张图纸内，可用细实线在符号内画一水平直径，在上半圆中注明详图编号，在下半圆中注明被索引图纸号，如图 14-8（b）所示。

6. 零件、钢筋、杆件、设备等的编号

零件、钢筋、杆件、设备等的编号应用阿拉伯数字按顺序编写，并应以直径为 5~6 mm 的细实线圆绘制，如图 14-9 所示。

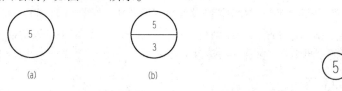

图 14-8　详图符号　　　　图 14-9　零件、钢筋、杆件、设备等的编号

7. 引出线与多层构造说明

图样中某些部位的具体内容或要求无法标注时，常采用引出线注出文字说明或详图索引符号。引出线应以细实线绘制，宜采用水平方向的直线，或与水平方向成 30°、45°、60°、90° 的直线，并经上述角度再折为水平线。文字说明宜注写在水平线的上方，如图 14-10（a）所示，也可注写在水平线的端部，如图 14-10（b）所示。索引详图的引出线，应与水平直径线相连接，如图 14-10（c）所示。

同时引出的几个相同部分的引出线，宜互相平行，如图 14-11（a）所示，也可画成集中于一点的放射线，如图 14-11（b）所示。

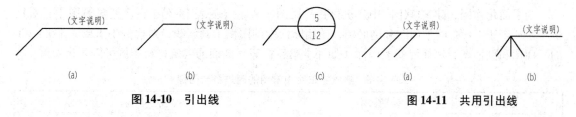

图 14-10　引出线　　　　　　　图 14-11　共用引出线

多层构造或多层管道共用引出线，应通过被引出的各层，并用圆点示意对应各层次。文字说明宜注写在水平线的上方，或注写在水平线的端部，说明的顺序应由上至下，并应与被说明的层次相互一致；如层次为横向排序，则由上至下的说明顺序应与由左至右的层次相互一致，如图 14-12 所示。

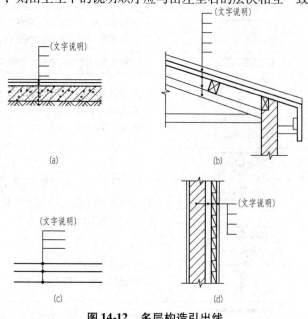

图 14-12　多层构造引出线

8. 折断符号和连接符号

在工程图中，为了省略不需要表明的部分，需用折断符号将图形断开，如图 14-13 （a） 所示。

对于较长的构件，可以断开绘制，并在断开处绘制折断线，并注写大写英文字母表示连接编号。两个被连接的图样，必须用相同的字母编号，如图 14-13 （b） 所示。

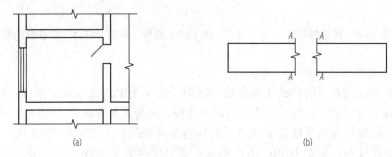

(a)   (b)

图 14-13　折断符号和连接符号

（a） 图形的折断；（b） 连接符号

9. 常用建筑材料图例

为了简化作图，建筑施工图中建筑材料常用图例表示（见表 14-3）。在房屋建筑图中，对比例小于或等于 1∶50 的平面图和剖面图，砖墙断面中的图例不画斜线；对比例小于或等于 1∶100 的平面图和剖面图，钢筋混凝土构件（如柱、梁、板等）断面的建筑材料图例可以简化涂黑。

表 14-3　建筑施工图中常用的建筑材料图例

名称	图例	说明
自然土壤		包括各种自然土壤
夯实土壤		
砂、灰土		
普通砖		1. 包括实心砖、多孔砖、砌块等砌体； 2. 断面较窄，不宜画出图例线时，可涂红
饰面砖		包括铺地砖、玻璃马赛克、陶瓷锦砖、人造大理石等
混凝土		1. 包括各种强度等级、集料、添加剂的混凝土； 2. 在剖面图上绘制表达钢筋时，则不需绘制图例线；
钢筋混凝土		3. 断面图形较小，不易绘制表达图例线时，可填黑或深灰
毛石		
木材		1. 上图为横断面，左上图为垫木、木砖或木龙骨； 2. 下图为纵断面
金属		1. 包括各种金属； 2. 图形较小时，可填黑或深灰
防水材料		构造层次多或绘制比例较大时，采用上面的图例

14.1.5　阅读施工图的步骤

一套完整的房屋施工图，阅读时应先看图纸目录和设计总说明，再按建筑施工图、结构施工图和设备施工图的顺序阅读。阅读建筑施工图，先看平面图、立面图、剖面图，后看详图。阅读结构施工图，先看基础图、结构平面图，后看构件详图。当然，这些步骤不是孤立的，要经常互相联系并反复进行。

阅读图样时，还应注意按先整体后局部，先文字说明后图样，先图形后尺寸的原则依次进行。同时，还应注意各类图纸之间的联系，弄清各专业工种之间的关系等。

14.2　建筑总平面图

将新建建筑物及其附近一定范围内的建筑物、构筑物连同其周围的环境状况，用水平投影方法和相应的图例所画出的图样，称为建筑总平面图，简称总平面图或总图。

它表明了新建建筑物的平面形状、位置、朝向、高程，以及与周围环境，如原有建筑物、道路、绿化等之间的关系。因此，总平面图是新建建筑物施工定位和规划布置场地的依据，也是其他专业（如水、暖、电等）的管线总平面图规划布置的依据。

14.2.1　建筑总平面图的图示内容

（1）比例。建筑总平面图所表示的范围比较大，一般都采用较小的比例，《总图制图标准》（GB/T 50103—2010）规定：总平面图常用的比例有 1∶500、1∶1 000、1∶2 000 等。

（2）图例与线型。总平面图的比例较小，故总平面图上的房屋、道路、桥梁、绿化等都用图例表示。表 14-4 列出的为国家标准规定的总图图例（部分）。在较复杂的总平面图中，当标准所列图例不够用时，也可自编图例，但应加以说明。

表 14-4　总平面图图例（摘自 GB/T 50103—2010）

名称	图例	说　明
新建的建筑物	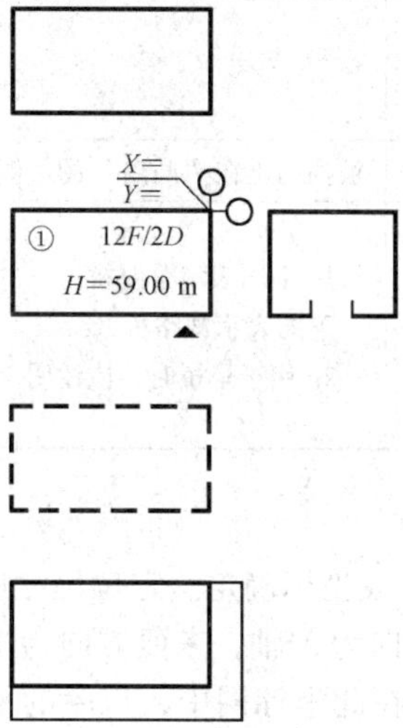 $X=$ $Y=$ ① 12F/2D $H=59.00$ m	新建建筑物以粗实线表示与室外地坪相接处 ±0.00 外墙定位轮廓线 建筑物一般以 ±0.00 高度处的外墙定位轴线交叉点坐标定位。轴线用细实线表示，并注明轴线号 根据不同设计阶段标注建筑编号，地上、地下层数，建筑高度，建筑出入口位置（两种表示方法均可，但同一图纸采用一种表示方法） 地下建筑物以粗虚线表示其轮廓 建筑上部（±0.00 以上）外挑建筑用细实线表示 建筑物上部连廊用细虚线表示并标注位置
原有的建筑物	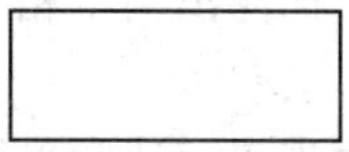	用细实线表示

名称	图例	说　明
计划扩建的预留地或建筑物		用中粗虚线表示
拆除的建筑物		用细实线表示
围墙及大门	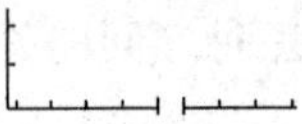	
坐标	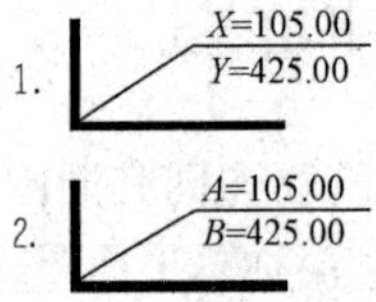 1. $X=105.00$ $Y=425.00$ 2. $A=105.00$ $B=425.00$	1. 表示地形测量坐标系 2. 表示自设坐标系 坐标数字平行于建筑标注
填挖边坡	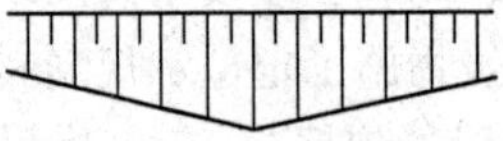	
原有的道路	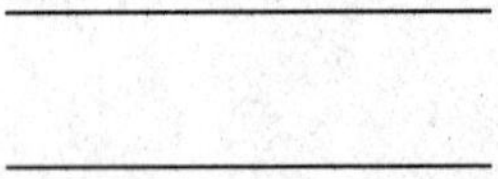	
计划扩建的道路		
新建的道路	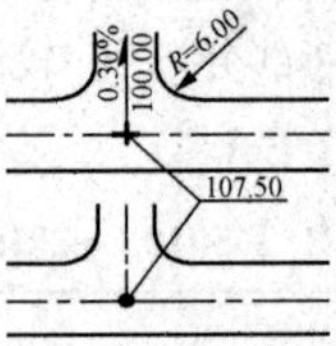 $R=6.00$ 0.30% 100.00 107.50	"$R=6.00$" 表示道路转弯半径；"107.50" 为道路中心线交叉点设计标高，两种表示方式均可，同一图纸采用一种方式表示；"100.00" 为变坡点之间距离，"0.30%" 表示道路坡度，→表示坡向
拆除的道路		
挡土墙		被挡的土在"凸出"的一侧
桥梁	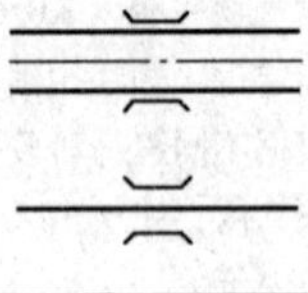	1. 上图表示公路桥； 下图表示铁路桥； 2. 用于旱桥时，应注明

（3）注写名称与层数。

（4）建筑定位。新建房屋的位置可用定位尺寸或坐标确定。定位尺寸应标明与其相邻的原有建筑物或道路中心线的距离。在地形图上以南北方向为 X 轴，东西方向为 Y 轴，以 $100\text{ m} \times 100\text{ m}$ 或 $50\text{ m} \times 50\text{ m}$ 画成的细网格线称为测量坐标网。在此坐标网中，房的平面位置可由房屋三个墙角的坐标来定位。当房屋的两个主向平行坐标轴时，标注出两个相对墙角的坐标就够了，如图 14-14 所示。

当房屋的两个主向与测量坐标网不平行时，为方便施工，通常采用施工坐标网定位。其方法是在图中选定某一适当位置为坐标原点，以竖直方向为 A 轴，水平方向为 B 轴，同样以 100 m×100 m 或 50 m×50 m 进行分格，即施工坐标网，只要在图中标明房屋两个相对墙角的 A、B 坐标值，就可以确定其位置，还可算出房屋的总长和总宽。

如果总平面图上同时画有测量坐标网和施工坐标网时，应注明两坐标系统的换算公式。

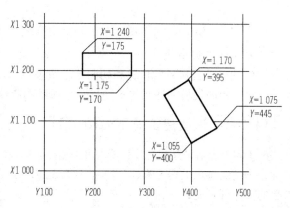

图 14-14　测量坐标网

（5）尺寸标注与标高注法。总平面图中尺寸标注的内容包括新建建筑物的总长和总宽、新建建筑物与原有建筑物或道路的间距、新增道路的宽度等。

总平面图中标注的标高应为绝对标高。所谓绝对标高，是指以我国青岛市外的黄海海平面作为零点而测定的高度尺寸。新建建筑物应标注室内外地面的绝对标高。标高及坐标尺寸宜以“m”为单位，并保留至小数点后两位。总图中也可以建筑物首层主要地坪为标高零点，标注相对标高，但应注明与绝对标高的换算关系。

（6）指北针和风玫瑰图。总平面图应按上北下南方向绘制。根据场地形状或布局，可向左或向右偏转，但不宜超过 45°。总平面图上应画出指北针或风玫瑰图。

指北针应按国标规定绘制，如图 14-15 所示，指针方向为北向，圆是细实线，直径为 24 mm，指针尾部宽度为 3 mm，指针针尖处应注写“北”或“N”字。如需用较大直径绘制指北针时，指针尾部宽度宜为直径的 1/8。

风玫瑰图也称为风向频率玫瑰图，一般画 16 个方向的长短线来表示该地区常年风向频率。其中，粗实线表示全年风向频率，细实线表示冬季风向频率，虚线表示夏季风向频率。风向由各方位吹向中心，风向线最长者为主导风向，如图 14-16 所示。

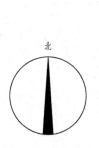

图 14-15　指北针

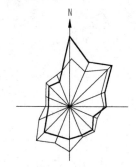

图 14-16　风玫瑰图

（7）绿化规划与补充图例。

上面所列内容，既不是完整无缺，也不是任何工程设计都缺一不可，而应根据工程的特点和实际情况来定。对简单的工程，可不画出等高线、坐标网或绿化规划等。

14.2.2　阅读总平面图的步骤

总平面图的阅读步骤如下：

（1）看图样的比例、图例及有关的文字说明。

（2）了解工程的性质、用地范围和地形地物等情况。

（3）了解地势高低。

（4）明确新建房屋的位置和朝向、层数等。

因为工程的规模和性质的不同，总平面图的阅读繁简不一，以上只列出相关读图要点。

14.2.3 识读建筑总平面图示例

图 14-17 所示是某住宅小区总平面图的局部。图中用粗实线画出的图形为拟建住宅 B 的外形轮廓，细实线画出的是原有住宅 A 的外形轮廓，以及道路、围墙和绿化等。虚线画出的是计划扩建的住宅外形轮廓。

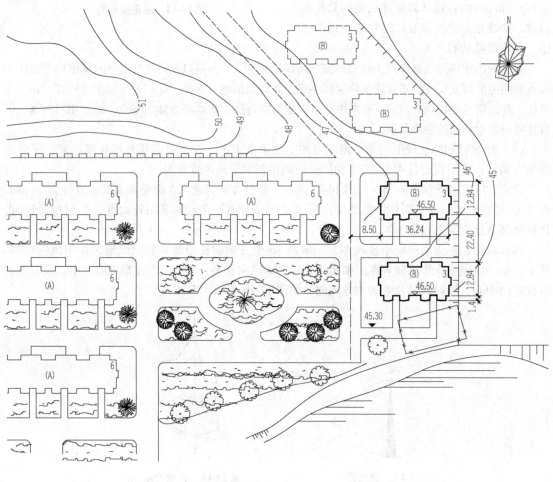

某住宅小区总平面图 1:500

图 14-17 总平面图

由图纸右上角的风玫瑰图可知，本图按上北下南方向绘制。常年主导风向为北风。由等高线可知，该地势自西北向东南倾斜。新建住宅室内 ±0.00 相当于绝对标高 46.50 m。从图中标注尺寸可知拟建住宅总长 36.24 m，总宽 12.84 m，新建住宅的位置可用定位尺寸或坐标确定。定位尺寸应标明与道路中心线及其他建筑之间的关系。本例中拟建住宅距道路中心线 8.50 m，取北端与相邻原有建筑北端平齐，两栋拟建住宅南北间距为 24.40 m。从建筑轮廓右上角标注数字可知，住宅均为 3 层。

从图中可了解周围环境的情况，如小区东南角有水体，通过护坡与场地相连，岸上有一座拆除建筑，小区周边设置围墙等。

14.3　建筑平面图

14.3.1　建筑平面图的形成、表达内容与用途

建筑平面图是假想用一水平的剖切平面沿房屋的门窗洞口（距地面 1 m 左右）将房屋整体切开，移去上面部分，对其下面部分作出的水平剖面图，称为建筑平面图，简称平面图。建筑平面图是建筑施工图的主要图样之一。它是施工放线、砌筑墙体、设备安装、装修及编制预算、备料等的重要依据。

一般房屋有几层，就应画出几个平面图，并在图的下方注明相应的图名，沿房屋首层剖开所得到的全剖面称为首层平面图，沿二层、三层等剖开所得到的全剖面图则相应称为二层平面图、三层平面图等。习惯上，如上下各层的房间数量、大小和布置都一样时，则相同的楼层可用一个平面图表示，称为标准层平面图。如建筑平面图左右对称时，也可将两层平面画在同一张图上，左边画出一层的一半，右边画出另一层的一半，中间用对称符号作分界线，并在图的下方分别注明图名。如建筑平面较长、较大时，可分段绘制，并在每个分段平面的右侧绘出整个建筑外轮廓的缩小平面，明显表示该段所在位置。此外，屋顶平面图是房屋顶面的水平投影，对于较简单的房屋可不画出。

建筑平面图除了表示本层的内部情况外，还需表示下一层平面图中未反映的可见建筑构配件，如雨篷等。首层平面图也需表示室外的台阶、散水、明沟和花池等。房屋的建筑构造包括阳台、台阶、雨篷、踏步、斜坡、通气竖井、管线竖井、雨水管、散水、排水沟、花池等。建筑配件包括卫生器具、水池、工作台、橱柜以及各种设备等。

14.3.2　建筑平面图的图示内容

1. 图名与比例

通过图名，可以了解这个建筑平面图是表示房屋的哪一层平面，比例根据房屋的大小和复杂程度而定。建筑平面图的比例宜采用 1∶50、1∶100、1∶200。

2. 图例

由于绘制建筑平面图的比例较小，所以在平面图中的某些建筑构造、配件和卫生器具等都不能按照真实的投影画出，而是要用国家标准规定的图例来绘制，而相应的具体构造在建筑详图中使用较大的比例来绘制。绘制房屋施工图常用的图例见表 14-5。其他构造及配件的图例可以查阅相关建筑规范。

3. 定位轴线

定位轴线确定了房屋各承重构件的定位和布置，同时是其他建筑构造、配件的尺寸基准线。其画法和编号见本章 14.1 中的介绍。建筑平面图中定位轴线的编号确定后，其他各种图样中的轴线编号应与之相符。

表 14-5　房屋施工图常用的图例

名称	图例	说明
楼梯	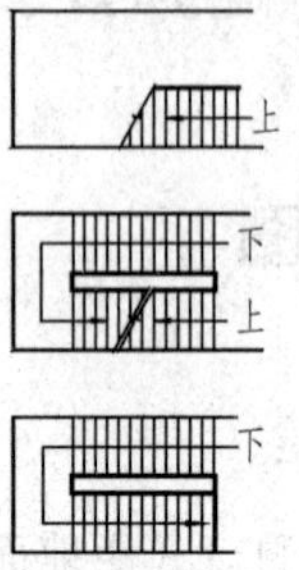	1. 上图为底层楼梯平面，中图为中间层楼梯平面，下图为顶层楼梯平面； 2. 楼梯及栏杆扶手的形式和楼梯踏步数应按实际情况绘制
坡道	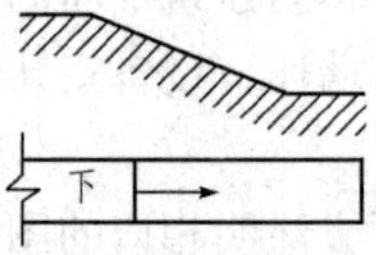 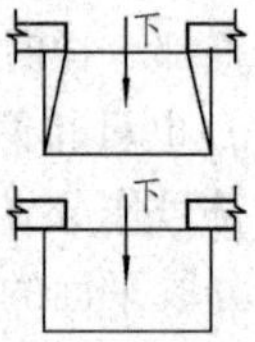	上图为长坡道； 下图为门口坡道
检查孔		左图为可见检查孔； 右图为不可见检查孔
孔洞		阴影部分可以涂色代替
坑槽		
单扇门（包括平开或单面弹簧门）	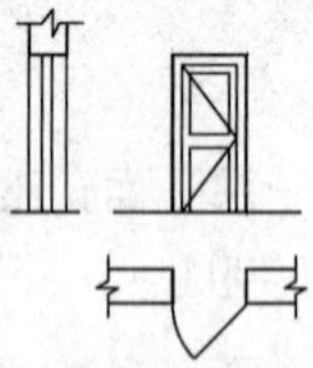	1. 门的名称代号用 M 表示； 2. 图例中剖面图左为外、右为内，平面图下为外、上为内； 3. 立面图上开启方向线交角的一侧为安装合页的一侧，实线为外开，虚线为内开； 4. 平面图上门线应为 90°、60° 或 45° 开启，开启弧线宜绘出； 5. 立面图上的开启线在一般设计图中可不表示，在详图及室内设计图上应表示； 6. 立面形式应按实际情况绘制
单扇双面弹簧门	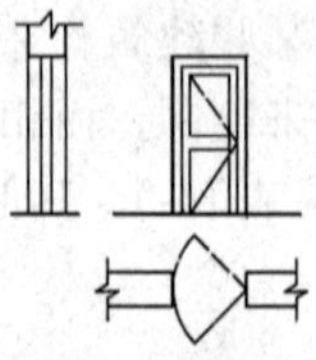	
双扇门（包括平开或单面弹簧门）	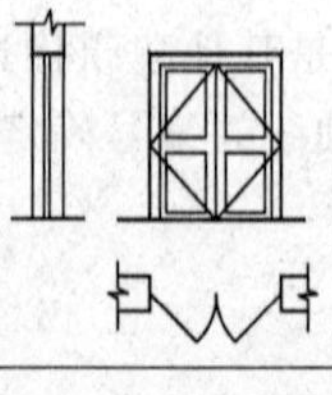	

名称	图例	说明
空门洞	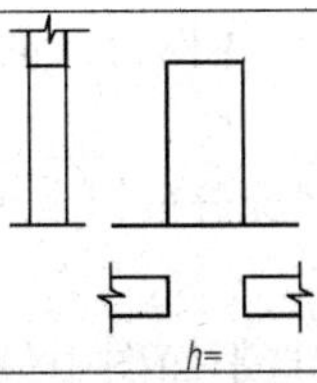	h 为门洞高度
电梯	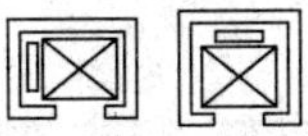	1. 电梯应注明类型，并绘出门和平衡锤的实际位置； 2. 观景电梯等特殊类型电梯应参照本图例按实际情况绘制
单层固定窗	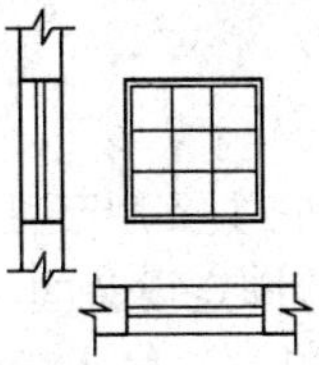	
单层中悬窗	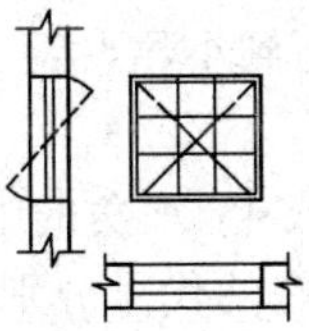	1. 窗的名称代号用 C 表示； 2. 立面图中的斜线表示窗的开启方向，实线为外开，虚线为内开；开启方向线交角的一侧为安装合页的一侧，一般设计图中可不表示，在门窗立面大样图中需绘出； 3. 图例中剖面所示左为外、右为内，平面图下为外、上为内； 4. 平面图和剖面图上的虚线仅说明开关方式，在设计图中不需表示； 5. 窗的立面形式应按实际绘制； 6. 附加纱窗应以文字说明，在平、立、剖面图中均不表示
单层外开平开窗	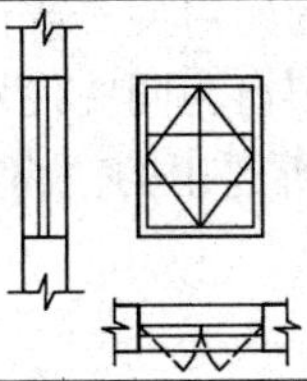	
推拉窗	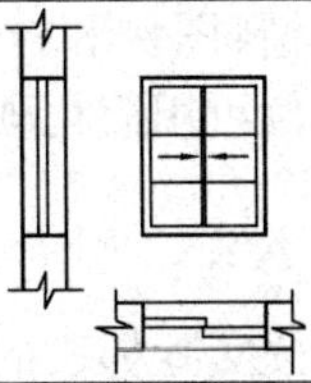	
高窗	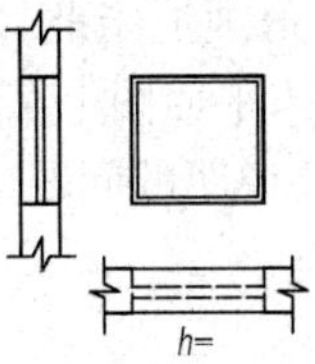	1~5，同上； 6. h 为窗底距本层楼地面的高度

4. 图线

被剖切到的墙、柱的断面轮廓线用粗实线画出。没有剖切到的可见轮廓线，如窗台、台阶、明沟、楼梯和阳台等用中实线画出；当绘制较简单的图样时，也可用细实线画出。尺寸线与尺寸界线、标高符号、定位轴线等用细实线和细单点长画线画出。

5. 尺寸与标高

平面图的尺寸包括外部尺寸和内部尺寸。

（1）外部尺寸。为了便于看图与施工，需要在外墙外侧标注三道尺寸，一般注写在图形下方和左方。

第一道尺寸为房屋外廓的总尺寸，即从一端的外墙边到另一端的外墙边的总长和总宽。

第二道尺寸为定位轴线间的尺寸，其中横墙轴线间的尺寸称为开间尺寸，纵墙轴线间的尺寸称为进深尺寸。

第三道尺寸为分段尺寸，表达门窗洞口宽度和位置，墙垛分段以及细部构造等。标注这道尺寸应以轴线为基准。

三道尺寸线之间距离一般为 7～10 mm，第三道尺寸线与平面图中最近的图形轮廓线之间距离不宜小于 10 mm。

当平面图的上下或左右的外部尺寸相同时，只需要标注左（右）侧尺寸与下（上）方尺寸就可以了，否则，平面图的上下与左右均应标注尺寸。

外墙以外的台阶、平台、散水等细部尺寸应另行标注。

（2）内部尺寸。内部尺寸是指外墙以内的全部尺寸。它主要用于注明内墙门窗洞的位置及其宽度、墙体厚度、房间大小、卫生器具、灶台和洗涤盆等固定设备的位置及其大小。

此外，还应标注房间的使用面积、地面的相对标高［规定一层主要地面标高为 ±0.000，其他各处标高以此为基准，相对标高以米（m）为单位，注写到小数点后三位］，以及房间的名称。

6. 门窗布置及编号

门与窗均按图例画出，门线采用与墙轴线成 90°、60° 或 45° 夹角的中实线表示；窗线用两条平行的细实线图例（高窗用细虚线）表示窗框与窗扇。门窗的代号分别为 "M" 和 "C"，当设计选用的门、窗是标准设计时，也可选用门窗标准图集中的门窗型号或代号来标注。门窗代号的后面都注有编号，编号为阿拉伯数字，同一类型和大小的门窗为同一代号和编号。为了方便工程预算、订货与加工，通常还需有门窗明细表，列出该房屋所选用的门窗编号、洞口尺寸、数量、采用标准图集及编号等。

7. 抹灰层和材料图例

平面图上的断面，当比例大于 1∶50 时，应画出其材料图例和抹灰层的面层线。如比例为 1∶100～1∶200 时，抹灰层面线可不画，而断面材料图例可用简化画法（如砖墙涂红色，钢筋混凝土涂黑色等）。

8. 其他标注

房间应根据其功能注上名称或编号。楼梯间是用图例按实际梯段的水平投影画出，同时要表示 "上" 与 "下" 的关系。首层平面图应在图形的左下角画上指北针。同时，建筑剖面图的剖切符号，如 1－1、2－2 等，也应在首层平面图上标注。当平面图上某一部分另有详图表示时，应画上索引符号。对于部分用文字更能表示清楚，或者需要说明的问题，可在图上用文字说明。

14.3.3 识读建筑平面图示例

图 14-18～图 14-22 为某住宅小区的建筑平面图，现以首层平面图、楼层平面图、屋顶平面图的顺序识读。

1. 识读首层平面图

图 14-18 所示是首层平面图，是以 1∶100 的比例绘制。由指北针可知该建筑坐北朝南。该住宅楼共 2 个单元，每单元 2 户，其户型相同，每户住宅有南北两间卧室，客厅、厨房各一间，阳台 2 个，楼梯间内 2 个管道井。外窗外侧为花台，南向阳台旁外伸部分为空调机搁板。外墙下设散水。

房屋的轴线以外墙和内墙墙中定位，横向轴线从 ①～⑮，纵向轴线从 Ⓐ～Ⓔ。剖切到的墙体用粗实线绘制，墙厚 240 mm。

　　建筑平面图上标注的尺寸为未经装饰的结构表面尺寸。平面图外侧标注三道尺寸线，由外向内分别为建筑物外包总尺寸、轴线间尺寸（开间、进深）、门窗洞口尺寸。建筑物外包总尺寸表示建筑物外墙轮廓的尺寸，从一端外墙到另一端外墙边的总长和总宽，如图中建筑总长为 36 240 mm，总宽为 12 840 mm。轴线间尺寸表示主要承重墙体及柱的间距。相邻横向定位轴线之间的尺寸称为开间，相邻纵向定位轴线之间的尺寸称为进深。本图中客厅开间为 4 200 mm，进深为 7 200 mm；南北卧室开间为 3 300 mm，进深为 3 900 mm；厨房开间为 2 400 mm，进深为 3 900 mm。门窗洞口尺寸应详细标注外墙门窗洞口等各细部位置的大小及定位尺寸。如①～②轴间北向窗洞宽为 1 500 mm；②～③轴间北向窗洞宽为 900 mm；②轴左右窗间墙垛长度为 1 550 mm。

　　在平面图中，对于建筑物各组成部分，如地面、楼面、楼梯平台面、室外台阶面等处，应分别注明标高，这些标高均采用相对标高（小数点后保留三位数）。如有坡度时，应注明坡度方向和坡度值，该建筑物室内地面标高为 ±0.000，室外台阶标高为 −0.020，室外地面标高为 −0.600。这表明室内外高差为 0.6 m。

　　识读门窗编号，了解该层建筑平面图中门窗的类型、数量，如 C−1、M−1、MC−1 等。

　　在底层平面图中的适当位置标出建筑剖面图的剖切位置和编号。如图 14-18 所示，⑪～⑫轴间 1−1 剖切符号，⑩～⑪轴间 2−2 剖切符号，表示建筑物剖面图的剖切位置，剖面图类型为全剖面图，剖视方向向左。

　　2. 识读二层平面图

　　图 14-19 所示为二层平面图，比例为 1∶100，同首层平面图内容基本相同。每单元西侧住户面积增大，增加了书房和储藏室的功能。为了简化作图，已在首层平面图上表示过的室外内容，在二层以上平面图中不再表示，如不再画散水、室外台阶等。二层平面图中应表示一层的雨篷及屋面等内容。本例中④～⑤轴间南侧墙外为一层雨篷，并示出泄水管的位置、大小及泄水方向、坡度，⑪～⑫轴间南侧墙外表示内容相同。二层中楼梯的图例发生变化，楼面标高也发生变化，标高为 3.000 m。

　　3. 识读三层平面图

　　图 14-20 所示为三层平面图，绘图比例为 1∶100，同二层平面图内容基本相同，每户均增加一部户内楼梯，表示可由此楼层进入上部阁楼空间内，该户住宅类型为复式住宅。为简化作图，下部楼层平面图中表示过的外部构件的内容不再体现。本图中楼面标高发生变化，为 5.900 m；单元楼梯图例发生变化，顶层楼梯的特点是完整表现两跑楼梯。

　　4. 识读阁楼层平面图

　　图 14-21 所示为阁楼层平面图，以 1∶100 比例绘制，同三层平面图内容基本相同，表示各楼层上的房间功能，每单元西侧住户内增加共享空间，如②～⑤轴间、⑪～⑭轴间。楼梯间墙上增加铁爬梯，如⑤轴上所示。本图中楼面标高发生变化，为 8.800 m，户内楼梯图例发生变化。

　　5. 识读屋顶平面图

　　图 14-22 所示为屋顶平面图，以 1∶100 比例绘制，它主要反映屋面上天窗、通风道、变形缝等位置，采用标准图集的代号，以及屋面排水分区、排水方向、坡度、雨水口位置、尺寸等内容。本图所示为有组织的二坡挑檐排水方式，中间有分水线，水从屋面向檐沟汇集，檐沟排水坡度为 1%，雨水管设在Ⓐ轴线墙上①、④、⑪、⑮轴线处，构造做法采用标准图集 05J5−1 第 62 页图 7。上人孔位于⑤轴西侧，具体定位尺寸在阁楼层平面图表示，做法采用 05J5−2 标准图集第 27 页。屋面管道泛水做法采用标准图集 05J5−2 第 29 页图 2。每开间内均设置天窗，图中显示天窗由推荐厂家安装完成。屋脊标高为 11.700 m。

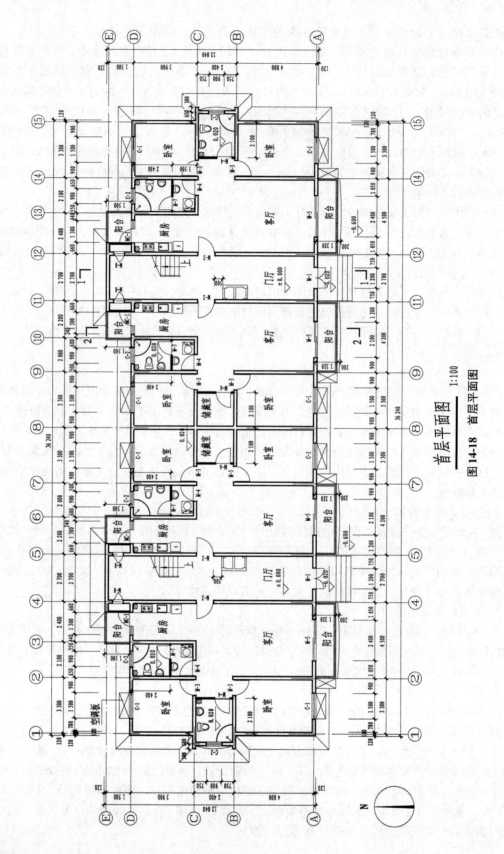

首层平面图 1:100

图14-18 首层平面图

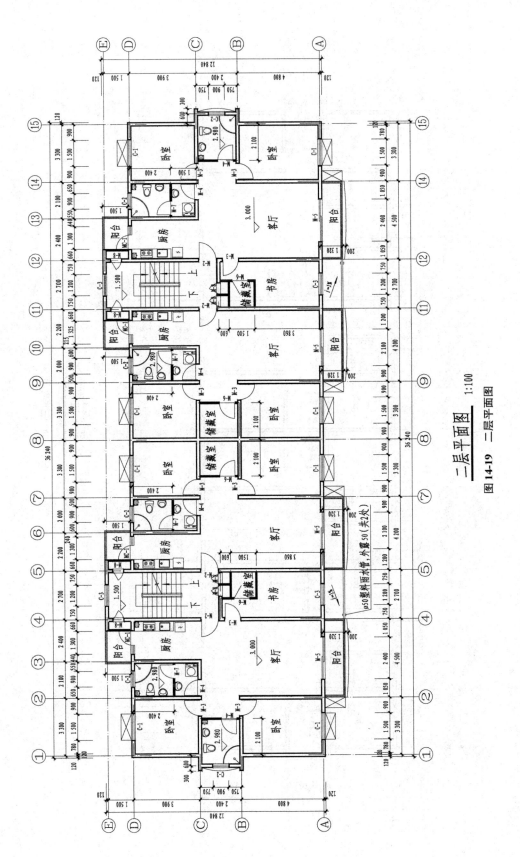

二层平面图 1:100

图14-19　二层平面图

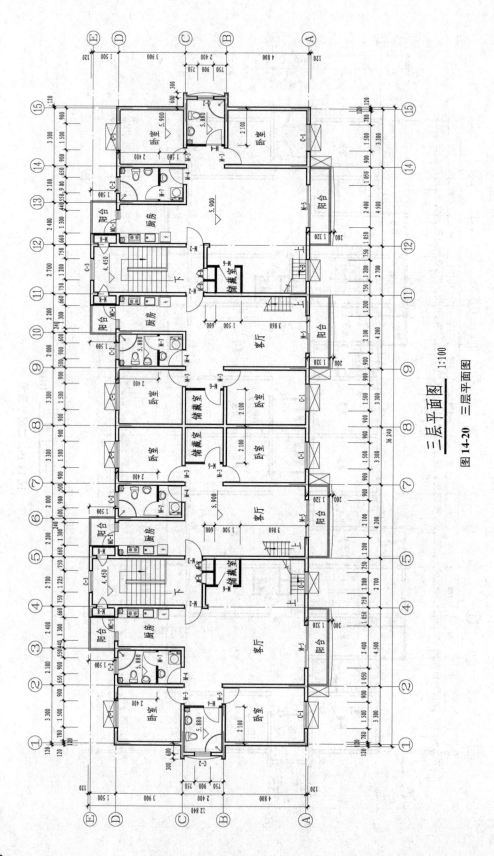

三层平面图 1:100

图14-20 三层平面图

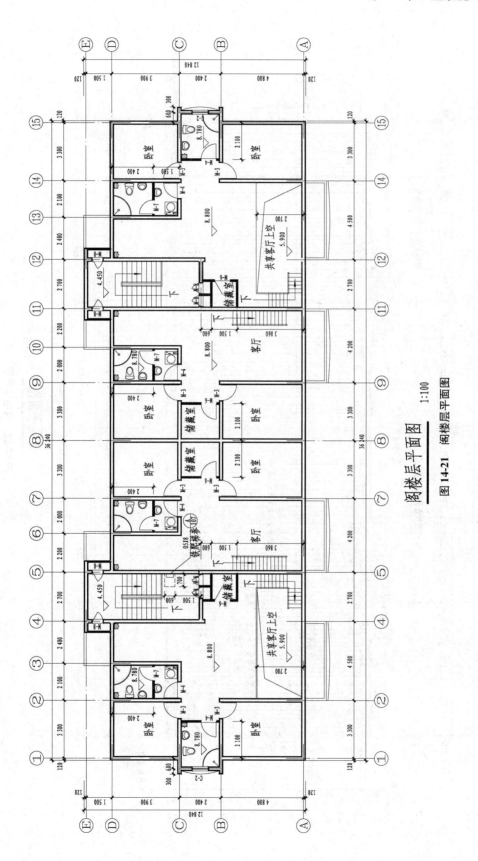

阁楼层平面图 1:100

图 14-21 阁楼层平面图

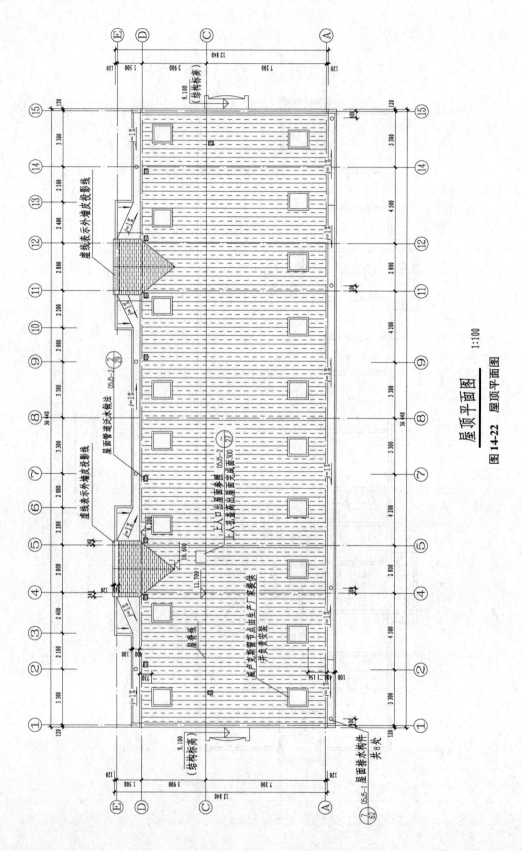

屋顶平面图 1:100

图 14-22　屋顶平面图

14.3.4　绘制建筑平面图的步骤

绘制建筑施工图一般先从平面图开始，然后画立面图、剖面图和详图等。绘制建筑平面图应按图 14-23 所示的步骤进行。

（1）画定位轴线［图 14-23（a）］。

（2）画墙和柱的轮廓线［图 14-23（b）］。

（3）画门窗洞口等细部构造［图 14-23（c）］。

（4）按规定加深图线，标注尺寸等，最后完成全图［图 14-23（d）］。

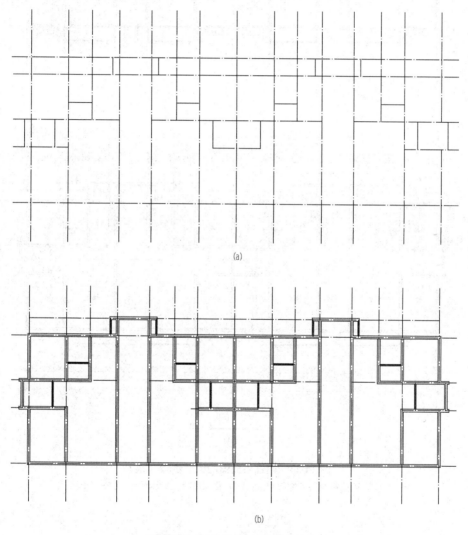

(a)

(b)

图 14-23　建筑平面图的绘制步骤

（a）画定位轴线；（b）画墙和柱的轮廓线

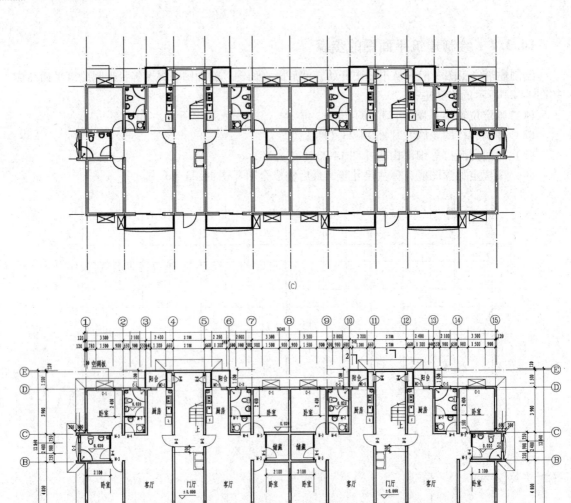

(c)

首层平面图 1:100

(d)

图 14-23　建筑平面图的绘制步骤（续）

（c）画门窗洞口等细部构造；（d）加深图线，标注尺寸，完成全图

14.4　建筑立面图

14.4.1　建筑立面图的形成、命名与用途

建筑立面图是在与房屋立面相平行的投影面上所作的正投影图，简称立面图。建筑物是否美观，很大程度上取决于它在主要立面的艺术处理。在初步设计阶段，立面图主要用来研究这种

艺术处理。在施工图中，它主要反映房屋的外貌，门窗形式和位置，墙面的装饰材料、做法及色彩等。

立面图可以根据两端轴线的编号来命名，如①～⑨立面图等。也可以根据房屋的朝向来命名，如南立面图、北立面图、东立面图和西立面图。还可以根据建筑物主要入口或以比较显著地反映出建筑物外貌特征的那一面为正立面图，其余的立面图相应地称为背立面图、侧立面图。

建筑立面图应画出可见的建筑物外轮廓线、建筑构造和配件的投影，并注写墙面作法及必要的尺寸和标高，但由于立面图的比例较小，如门窗扇、檐口构造、阳台栏杆和墙面复杂的装修等细部，一般用图例表示。它们的构造和作法，另用详图或文字说明。因此，习惯上对这些细部只分别画出一两个作为代表，其他只画出轮廓线。若房屋左右对称，正立面图和背立面图也可各画一半，单独布置或合并成一图。合并时，应在图的中间画一垂直的对称符号作为分界线。建筑物立面如果有一部分不平行于投影面，如圆弧形、折线形、曲线形等，可以将该部分展开到与投影面平行，再用正投影法画出其立面图，但应在图名后加注"展开"字样。

14.4.2　建筑立面图的图示内容

1. 比例与图例

立面图常用比例为 1∶50、1∶100、1∶200 等，多用 1∶100，通常采用与建筑平面图相同的比例。由于绘制建筑立面图的比例较小，按投影很难将所有细部表达清楚，所以立面图内的建筑构造与配件要用表 14-5 所示的图例表示，如门、窗等都是用图例来绘制的，且只画出主要轮廓线及分隔线。

2. 定位轴线

在立面图中，一般只绘制两端的轴线及编号，以便和平面图对照确定立面图的观看方向。

3. 图线

在建筑立面图中，为了加强立面图的表达效果，使建筑物立面的轮廓突出、层次分明，通常使用不同的线型来表达不同的对象。通常把建筑主要立面的外轮廓线用粗实线画出；室外地坪线用加粗线（1.4b）画出；门窗洞、阳台、台阶、花池等建筑构配件的轮廓线用中实线画出；门窗分格线、墙面装饰线、雨水管以及装修做法注释引出线等用细实线画出。

4. 尺寸与标高

建筑立面图的高度尺寸用标高的形式标注，主要包括建筑物的室内外地面、台阶、窗台、门窗洞顶部、檐口、阳台、雨篷、女儿墙及水箱顶部等处的标高。各标高注写在立面图的左侧或右侧且排列整齐。立面图上除了标高，有时还要补充一些没有详图表示的局部尺寸，如外墙留洞除注出标高外，还应注出其大小尺寸及定位尺寸。

5. 其他标注

凡是需要绘制详图的部位，都应画上索引符号。房屋外墙面的各部分装饰材料、做法、色彩等用文字或列表说明。

14.4.3　识读建筑立面图示例

图 14-24 所示是上述住宅楼的南立面图，用 1∶100 的比例绘制。南立面图是建筑物的主要立面，它反映建筑的外貌特征及装饰风格。对照建筑平面图，可以看出建筑物为 4 层，左右立面对称，南面有两个单元门，门前有一台阶，台阶踏步为 4 级。立面各主要卧式窗外都有黑色铁艺栏杆，加强了建筑物的立体感。各层都有明厅阳台，阁楼层采用坡屋面，各主要房间开设天窗，虚实结合加强了建筑物的艺术效果。

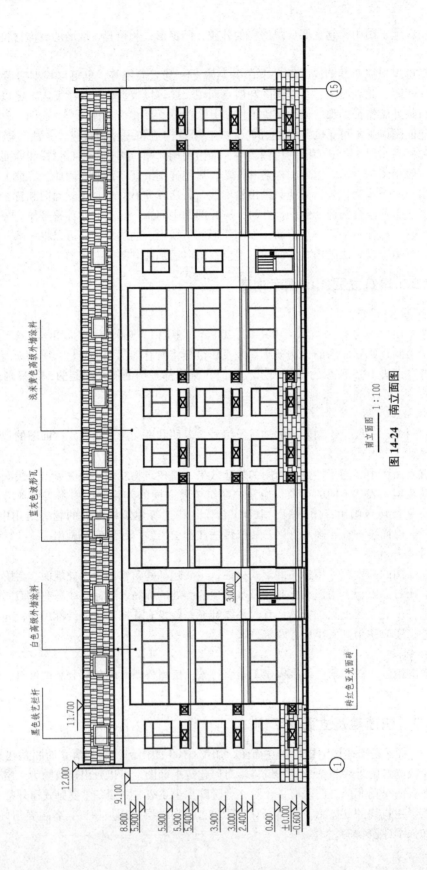

南立面图 1:100

图14-24 南立面图

浅米黄色高级外墙涂料

蓝灰色波形瓦

白色高级外墙涂料

黑色铁艺栏杆

砖红色亚光面砖

外墙装饰的主格调采用浅米黄色高级外墙涂料，明厅阳台顶部采用白色高级外墙涂料喷涂。一楼窗台下外贴砖红色亚光面砖。阁楼层采用蓝灰色波形瓦。

该南立面图上图线采用的线型：用粗实线绘制的外轮廓线显示了南立面的总长和总高；用加粗线画出室外地坪线；用中实线画出窗洞的形状与分布、女儿墙、阳台和顶层阳台上的雨篷轮廓等；用细实线画出门窗分格线、阳台和屋顶装饰线、雨水管，以及装修注释引出线等。

南立面图分别注有室内外地坪、门窗洞顶、窗台、雨篷、女儿墙压顶等标高。从所标注的标高可知，此房屋室外地坪比室内 ±0.000 低 600 mm，女儿墙顶面最高处为 12.000 m，所以房屋的外墙总高度为 12.600 m。

图 14-25、图 14-26 所示是住宅楼的东立面图和北立面图。其表达了各向立面的体形和外貌、矩形窗的位置与形状、各细部构件的标高等。读法与南立面图大致相同，这里不再赘述。

14.4.4　绘制建筑立面图的步骤

现以南立面图为例，说明建筑立面图的绘制步骤。一般应按图 14-27 所示的步骤进行。

(1) 画基准线，即按尺寸画出房屋的横向定位轴线和层高线，注意横向定位轴线与平面图保持一致，画建筑物的外形轮廓线 [图 14-27 (a)]。

(2) 画门窗洞线和阳台、台阶、雨篷、屋顶造型等细部的外形轮廓线 [图 14-27 (b)]。

(3) 画门窗分格线及细部构造等 [图 14-27 (c)]。

(4) 按建筑立面图的要求加深图线，并注标高尺寸、轴线编号、详图索引符号和文字说明等 (图 14-24)，完成全图。

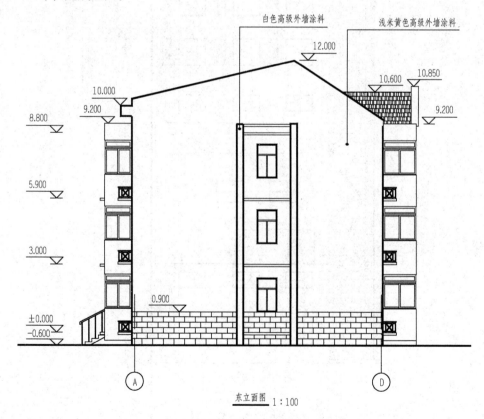

图 14-25　东立面图

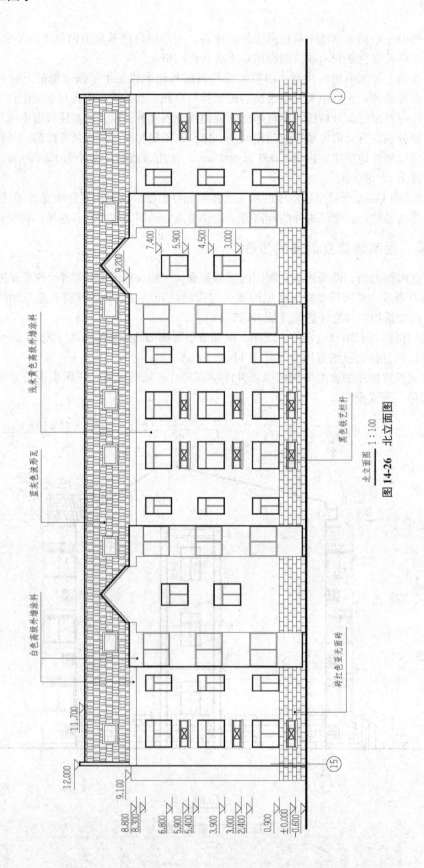

北立面图 1:100

图14-26 北立面图

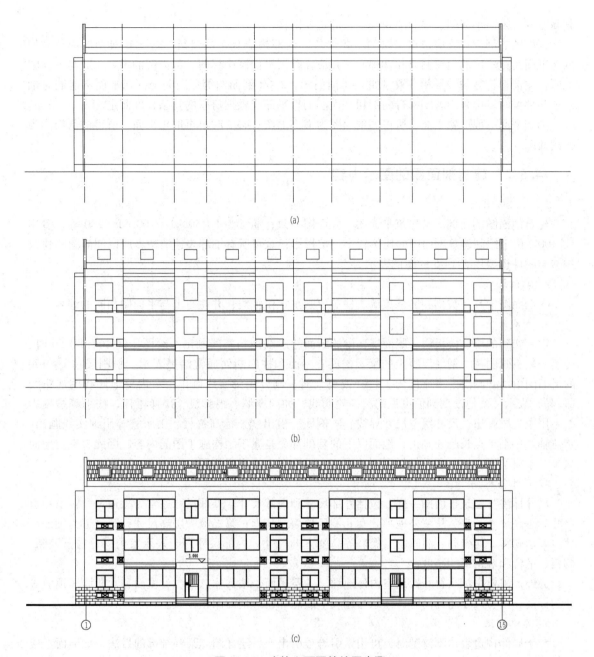

(a)

(b)

(c)

图 14-27　建筑立面图的绘图步骤

14.5　建筑剖面图

14.5.1　建筑剖面图的形成和特点

　　假想用一个或多个垂直于外墙轴线的铅垂剖切面，将房屋剖开，所得的投影图，称为建筑剖面图，简称剖面图。剖面图表示房屋内部的结构和构造形式、分层情况和各部位的联系、材料及其高度等，是与平面图、立面图相互配合的重要图样。

剖面图的剖切位置应选在房屋的主要部位、内部构造复杂或建筑构造比较典型的部位，如剖切平面通过房屋的门窗洞口和楼梯间，并应在首层平面图中标明。剖面图的图名，应与平面图上所标注剖切符号的编号相一致，如 1-1 剖面图、2-2 剖面图等。当一个剖切平面不能同时剖到这些部位时，可采用若干平行的剖切平面。剖切平面应根据房屋的复杂程度而定。

剖切平面一般取侧平面，所得的剖面图为横剖面图；必要时也可取正平面，所得的剖面图为正剖面图。

14.5.2 建筑剖面图的图示内容

1. 比例与图例

建筑剖面图的比例应与建筑平面图、立面图一致，通常为 1:50、1:100、1:200 等，多用 1:100。由于绘制建筑剖面图的比例较小，按投影很难将所有细部表达清楚，所以剖面图的建筑构造与配件也要用表 14-5 的图例表示。

2. 定位轴线

在剖面图中凡是被剖到的承重墙、柱等要画出定位轴线，并注写上与平面图相同的编号。

3. 图线

被剖切到的墙、楼板层、屋面层、梁的断面轮廓线用粗实线画出。绘图比例小于 1:50 时，砖墙一般不画图例，钢筋混凝土的梁、楼面、屋面和柱的断面通常涂黑表示。粉刷层在 1:100 的平面图中不必画出，当比例为 1:50 或更大时，则要用细实线画出。室内外地坪线用加粗线（1.4b）表示。其他没剖到但可见的配件轮廓线，如门窗洞、踢脚线、楼梯栏杆、扶手等按投影关系用中实线画出。尺寸线与尺寸界线、图例线、引出线、标高符号、雨水管等用细实线画出。定位轴线用细单点长画线画出。地面以下的基础部分是属于结构施工图的内容，因此，室内地面只画一条粗实线，抹灰层及材料图例的画法与平面图中的规定相同。

4. 尺寸与标高

尺寸标注与建筑平面图一样，包括外部尺寸和内部尺寸。外部尺寸通常为三道尺寸：第一道尺寸为总高尺寸，表示从室外地坪到女儿墙压顶面的高度；第二道为层高尺寸；第三道为细部尺寸，表示勒脚、门窗洞、洞间墙、檐口等高度方向尺寸。内部尺寸用于表示室内门、窗、隔断、搁板、平台和墙裙等的高度。

另外，需要用标高符号标出室内外地坪、各层楼面、楼梯休息平台、屋面和女儿墙压顶面等处的标高。注写尺寸与标高时，注意与建筑平面图和建筑剖面图相一致。

5. 其他标注

对于局部构造表达不清楚时，可用索引符号引出，另绘详图。某些细部的做法，如地面、楼面的做法，可用多层构造引出标注。

14.5.3 识读建筑剖面图示例

图 14-28 所示为本例住宅楼的建筑剖面图，图中 1-1 剖面图是按图 14-18 中 1-1 剖切位置绘制的，为全剖面图，绘制比例为 1:100。其剖切位置通过单元门、门厅、楼梯间，剖切后向左进行投影，得到横向剖面图，基本能反映建筑物内部竖直方向的构造特征。

1-1 剖面图的比例是 1:100，室内外地坪线画加粗线，地坪线以下的墙体用折断线断开。剖切到的墙体用两条粗实线表示，不画图例，表示用砖砌成。剖切到的楼面、屋面、梁、阳台和女儿墙压顶均涂黑，表示其材料为钢筋混凝土。

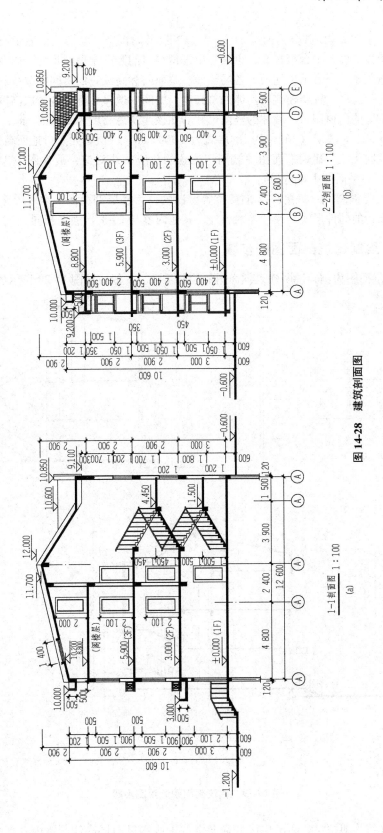

图 14-28 建筑剖面图

由图 14-28 可知该建筑共分为四层，一、二、三层及阁楼层。本图明确表示出每层楼梯、台阶的踏步数及梯段高度，平台板标高，也表示出门窗洞口的竖向定位及尺寸，以及洞口与墙体或其他构件的竖向关系，还表示出地面、各层楼面、屋面的标高及它们之间的关系。剖面图尺寸也有三道，最外侧一道尺寸标明建筑物主体的总高度，中间一道尺寸标明各楼层高度，最内侧一道尺寸标明剖切位置的门窗洞口、墙体的竖向尺寸。如该建筑总高度为 10 600 mm，一层（1F）的层高为 3 000 mm，二、三层（2F、3F）的层高为 2 900 mm，一层单元入口地面高为 600 mm。剖面图中所标轴线间尺寸与建筑平面图中被剖切位置的相应轴线对应，故本图中Ⓐ、Ⓑ轴线间尺寸为 4 800 mm，与平面图中相符。

2-2 剖面图是以图 14-18 中 2-2 剖切位置绘制的，为楼层剖面图。本图中除反映楼层、阳台门的高度及阳台的构件形式、尺寸等内容外，其他内容与 1-1 剖面图相同。

14.5.4　绘制建筑剖面图的步骤

现以 1-1 剖面图为例，说明建筑剖面图的绘制步骤。一般应按图 14-29 所示的步骤进行。

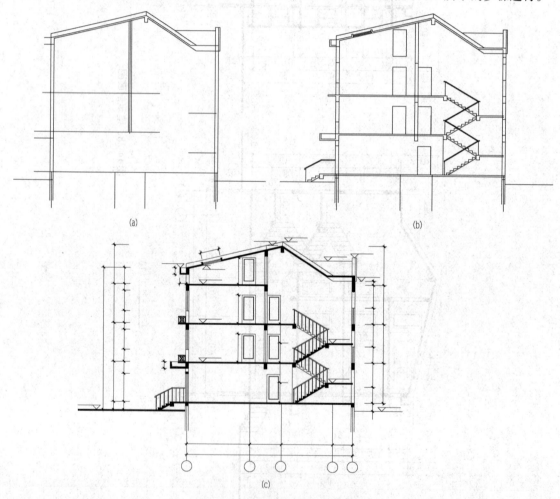

图 14-29　建筑剖面图的绘图步骤

（1）画基准线，即按尺寸画出房屋的横向定位轴线和纵向层高线、室内外地坪线、女儿墙顶部位置线等［图 14-29（a）］。

（2）画墙体轮廓线、楼层和屋面线，以及楼梯剖面等［图 14-29（b）］。

（3）画门窗及细部构造等［图 14-29（c）］。

（4）按建筑剖面图的要求加深图线，标注尺寸、标高、图名和比例等［图 14-28（a）］，最后完成全图。

14.6　建筑详图

建筑平面图、立面图和剖面图是房屋建筑施工的主要图样，虽然能够表达房屋的平面布置、外部形状、内部构造和主要尺寸，但是由于画图的比例较小，许多局部的详细构造、尺寸、做法及施工要求图上都无法注写、画出。为了满足施工需要，房屋的某些部位必须绘制较大比例的图样才能清楚地表达，这种对建筑的细部或构配件，用较大的比例将其形状、大小、材料和做法，按正投影图的画法，详细地表示出来的图样，称为建筑详图，简称详图。

建筑详图可以是平面图、立面图、剖面图中某一局部的放大图，或者是某一局部的放大剖面图，也可以是某一构造节点或某一构件的放大图，可归纳为三类：节点详图、房建详图和构配件详图。

14.6.1　有关规定与画法特点

1. 比例与图名

建筑详图最大的特点是比例大，常用 1∶50、1∶20、1∶10、1∶5、1∶2 等比例绘制。建筑详图的图名，是画出详图符号、编号和比例，与被索引的图样上的索引符号对应，以便对照查阅。

2. 定位轴线

建筑详图中一般应画出定位轴线及其编号，以便与建筑平面图、立面图、剖面图对照。

3. 图线

建筑详图中，建筑构配件的断面轮廓线为粗实线；构配件的可见轮廓线为中实线或细实线；材料图例线为细实线。

4. 建筑标高与结构标高

建筑详图的尺寸标注必须完整齐全、准确无误。在详图中，同立面图、剖面图一样要注写楼面、地面、地下层地面、楼梯、阳台、户台、台阶、挑檐等处完成面的标高（建筑标高）及高度方向的尺寸；其余部位（如檐口、门窗洞口等）要注写毛面尺寸和标高（结构标高），如图 14-30 所示。

5. 其他标注

对于套用标准图或通用图集的建筑构配件和建筑细部，只要注明所套用图集的名称、详图所在的页数和编号，不必再画详图。建筑详图中凡是需要再绘制详图的部位，同样要画上索引符号，另外，建筑详图还应把有关的用料、做法和技术要求等用文字说明。

14.6.2　外墙剖面节点详图

墙身剖面图是假想用剖切平面在窗洞口处将墙身完全剖开，并用大比例画出的墙身剖面图。下面说明墙身详图的图示内容和规定画法。

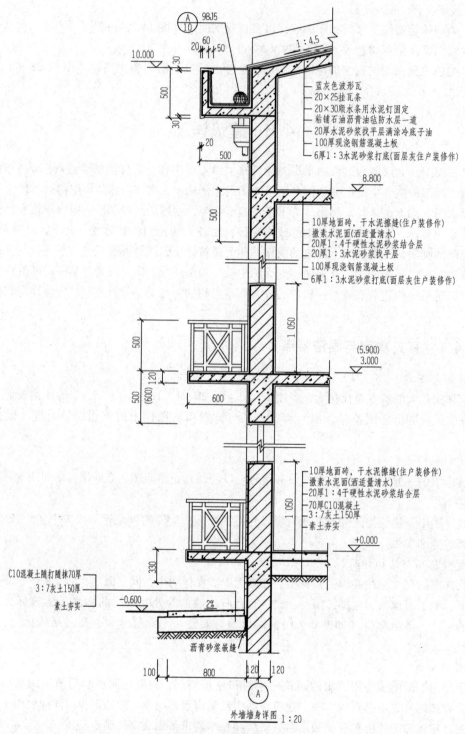

图14-30 外墙节点详图

1. 比例

墙身剖面详图常用比例见表14-3。

2. 图示内容

墙身剖面详图主要用以详细表达地面、楼面、屋面和檐口等处的构造，楼板与墙体的连接形式以及门窗洞口、窗台、勒脚、防潮层、散水和雨水管等的细部做法。同时，在被剖到的部分应根据所用材料画上相应的材料图例及注写多层构造说明。

3. 规定画法

由于墙身较高且绘图比例较大，画图时常在门窗洞口处将其折断成几个节点。若多层房屋的各层构造相同时，则可只画底层、顶层或加一个中间层的构造节点。但要在中间层楼面和墙洞上下皮处用括号加注省略层的标高，如图 14-30 中的 (5.900)。

有时，房屋的檐口、屋面、楼面、窗台、散水等配件节点详图可直接在建筑标准图集中选用，但须在建筑平面图、立面图或剖面图中的相应部位标出索引符号，并注明标准图集的名称、编号和详图号。

4. 尺寸标注

在墙身剖面详图的外侧，应标注垂直分段尺寸和室外地面、窗口上下皮、外墙顶部等处的标高，窗的内侧应标注室内地面、楼面和顶棚的标高。这些高度尺寸和标高应与剖面图中所标尺寸一致。

墙身剖面详图中的门窗过梁、屋面板和楼板等构件，其详细尺寸均可省略不注，施工时，可在相应的结构施工图中查到。

5. 看图示列

图 14-30 所示为本章中实例的外墙墙身详图，是按照图 14-18 中 2－2 剖面中的轴线Ⓐ的有关部位局部放大绘制。该详图用 1∶20 较大比例画出。

在详图中，对地面、楼面和屋面的构造，采用分层构造说明的方法表示。从檐口节点可知檐口的形状、细部尺寸和使用材料。屋面坡度为 1∶4.5，采用结构找坡，各层构造做法如图中所示。檐沟内设置雨水口，其做法详见标准图集 98J5 第 10 页图 A。

由中间节点可知，楼面板与阳台板、门窗过梁均为现浇构件。楼面标高 3.000 m、5.900 m，表示该节点应用于二、三层的相同部位。窗台高 1 050 mm，室外空调机搁板凸出墙外 600 mm。

由勒脚节点可知，在外墙面距室外地面 600 mm 范围内，用砖红色亚光面砖做成勒脚（对照立面图可知），以保护外墙身。在外墙的室外地面处，设置有 800 mm、坡度为 2% 的混凝土散水，以防止雨水和地面水对外墙身和基础的侵蚀，详细做法已采用分层构造说明。

14.6.3　楼梯详图

楼梯是建筑物上下交通的主要设施，一般采用现浇或预制的钢筋混凝土楼梯。它主要是由梯段、平台、平台梁、栏杆（或栏板）和扶手等组成。梯段是联系两个不同标高平面的倾斜构件，上面做有踏步，踏步的水平面称为踏面，踏步的铅垂面称为踢面。平台起休息和转换梯段的作用，也称为休息平台。栏杆（或栏板）和扶手用以保证行人上下楼梯的安全。

根据楼梯的布置形式分类，两个楼层之间以一个梯段连接的称为单跑楼梯；两个楼层之间以两个或多个梯段连接的，称为双跑楼梯或多跑楼梯。

楼梯详图包括楼梯平面图、楼梯剖面图以及楼梯踏步、栏板、扶手等节点详图，并尽可能画在同一张图纸内。楼梯的建筑详图与结构详图，一般是分别绘制的，但对一些较简单的现浇钢筋混凝土楼梯，其建筑和结构详图可合并绘制，列入建筑施工图或结构施工图。

图 14-31 ~ 图 14-33 所示是本章实例中的楼梯详图，包括楼梯平面图、剖面图和节点详图。其表示了楼梯的类型、结构、尺寸，梯段的形式和栏板的材料及做法等。以下结合本例介绍楼梯

详图的内容及其图示方法。

1. 楼梯平面图

楼梯平面图实际是在建筑平面图中，楼梯间部分的局部放大图，通常要画底层平面图、中间层平面图和顶层平面图，如图 14-31 所示。

（1）底层楼梯平面图：由于底层楼梯平面图是沿底层门窗洞口水平剖切而得到的，所以从剖切位置向下看，右边是被切断的梯段（底层第一段），折断线按真实投影应为一条水平线，为避免与踏步混淆，规定用与墙面线倾斜大约 60°的折断线表示。这条折断线宜从楼梯平台与墙面相交处引出。

（2）二层楼梯平面图：由于剖切平面位于二层的门窗洞口处，所以左侧部分表示由二层下到底层的一段梯段（底层第二段），右侧部分表示由二层上到顶层的第一梯段的一部分和一层上到本层的第一梯段的一部分，二层第一个梯段的断开处仍然用斜折断线表示。

（3）顶层楼梯平面图：由于剖切不到梯段，从剖切位置向下投影时，可画出自顶层下到二层的两个楼梯段（左侧是二层第二段，右侧是二层第一段）。

为了表示各个楼层楼梯的上下方向，可在梯段上用指示线和箭头表示，并以各自的楼（地）面为准，在指示线端部注写"上"和"下"。因顶部楼梯平面图中没有向上的楼梯，故只有"下"。

楼梯平面图的作用在于表明各层梯段和楼梯平面的布置以及梯段的长度、宽度和各级踏步的宽度。楼梯间要用定位轴线及编号表明位置。在各层平面图中要标注楼梯间的开间和进深尺寸、梯段的长度和宽度、踏步面数和宽度、休息平台及其他细部尺寸等。梯段的长度要标注水平投影的长度，通常用踏步面数乘以踏步宽度表示，如底层平面图中的 $8 \times 280 = 2\,240$（mm）。另外还要注写各层楼（地）面、休息平台的标高。

从本楼梯平面图可以看出，首层到二层设有两个楼梯段：从标高 ± 0.000 m 上到 1.500 m 处平台为第一梯段，共 8 级；从标高 1.500 m 上到 3.000 m 处平台为第二梯段，共 8 级。二层平面图既画出被剖切的往上走的梯段，又画出往下走的完整的梯段、楼梯平台以及平台往下的梯段。这部分梯段与被剖切的梯段的投影重合，以倾斜的折断线为分界线。顶层平面图画有两段完整的梯段和楼梯平台，在梯口处只有一个注有"下"字的长箭头。各层平面图上所画的梯段上每一分格，表示梯段的一级踏面。但因梯段最高一级的踏面与平台面或楼面重合，因此平面图中每一梯段画出的踏面（格）数，总比步级数少一个。如顶层平面图中往下走的第一梯段共有 9 级，但在平面图中只画有 8 格，梯段长度为 $8 \times 280 = 2\,240$（mm）。

2. 楼梯剖面图

楼梯剖面图的形成与建筑剖面图相同。它能完整、清晰地表示出楼梯间内各层楼地面。

习惯上，若楼梯间的屋面没有特殊之处，一般可不画出。在多层房屋中，若中间各层的楼梯构造相同时，则可画出底层、中间层和顶层剖面图，中间用折断线分开。楼梯剖面图能表达出楼梯的建造材料、建筑物的层高、楼梯梯段数、步级数以及楼梯的类型及其结构形式。

图 14-32 所示的楼梯为一个现浇钢筋混凝土双跑板式楼梯，本例的绘图比例为 1∶50。尺寸标注主要有轴线间尺寸、梯段、踏步、平台等尺寸。本图中水平尺寸标注为梯段长度、踏面尺寸及数量，楼梯平台的尺寸等。踏面尺寸为 280mm，踏面数为 8，梯段长度为 $280 \times 8 = 2\,240$（mm），休息平台尺寸为 2 100 mm。竖向尺寸标注为梯段高度，踏步数量及楼梯间门窗洞口尺寸及位置等。本例中梯段高度为 1 500 mm 和 1 450 mm，每个梯段都 9 等分。图中还表示出楼梯踏步、扶手、栏杆的索引符号，如扶手和踏步为本图中的 1、2 节点详图，栏杆为 98J8 标准图集中 17 页图 9。

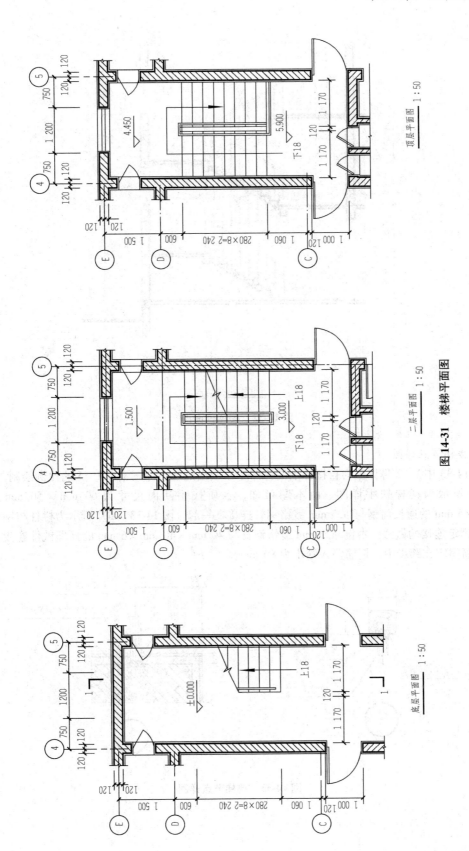

顶层平面图　1:50

二层平面图　1:50

底层平面图　1:50

图 14-31　楼梯平面图

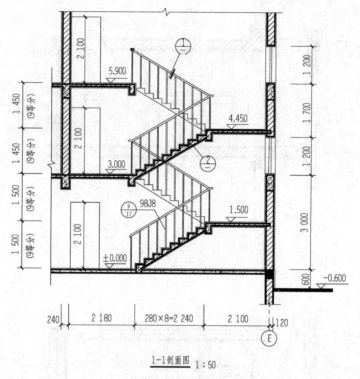

1-1 剖面图 1:50

图 14-32 楼梯剖面图

3. 楼梯节点详图

图 14-33 中 1、2 号详图为自楼梯剖面详图中索引出的节点详图，以 1∶5 的比例绘制。图 14-33 （a） 所示为楼梯扶手详图。由本图可知，木质扶手断面尺寸为 60 mm × 50 mm，通过 45 mm × 5 mm 的通长扁钢与 φ25 mm 镀铬钢管连接在一起。图 14-33 （b） 所示为栏杆与钢筋混凝土踏步固定连接的做法。本例 φ25 mm 镀铬钢管与 40 mm × 40 mm × 6 mm 的预埋铁件连接，通过 2φ6 钢筋固定在踏步中，钢筋锚入踏步为 80 mm。

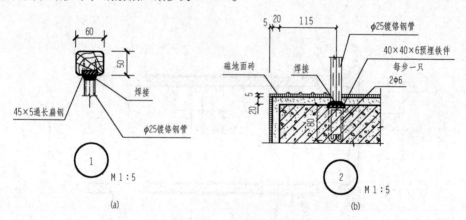

图 14-33 楼梯节点详图

本章要点

（1）建筑施工图的基本知识与规定。

（2）建筑总平面图的形成、图示内容、识读方法与绘制步骤。

（3）建筑平、立、剖面图的形成、图示内容、特点、识读方法与绘制步骤。

（4）建筑详图的特点，外墙身详图、楼梯详图的图示内容、特点、识读方法与绘制步骤。

第 15 章

结构施工图

在房屋建筑工程的设计中，除了进行房屋的外形、内部布局、建筑构造和内部装修等内容的设计外，还需要进行结构设计。根据建筑各方面的要求进行结构选型、构件布置，并且通过力学计算为房屋确定各承重构件（梁、墙、柱、基础等）所使用的材料、形状、大小、强度以及内部构造等，并最终用图样表现出来，满足施工要求，这种图样称为结构施工图，简称"结施"。

15.1 概　　述

15.1.1 结构施工图的种类

在建筑结构中，承重构件常采用的材料有钢筋混凝土、钢、木、砖石等。结构施工图按构件使用的材料，可分为钢筋混凝土结构图、钢结构图、砖石结构图、木结构图；按照建筑结构形式的不同，结构图可分为砌体结构图、框架结构图、排架结构图等；按照结构的部位不同，可分为基础结构图、上部结构布置图、构件结构详图等。本书主要介绍钢筋混凝土结构施工图的图示内容、图示方法和阅读。

结构施工图包括以下内容：

（1）图纸封面、目录；

（2）结构设计说明；

（3）结构平面图。

1）基础平面图，工业建筑还有设备基础布置图。

2）楼层结构平面布置图，对于工业建筑还包括柱网、吊车梁、柱间支撑、连系梁布置等。

3）屋面结构平面图，包括屋面板、天沟板、屋架、天窗支撑系统布置等。

（4）构件详图。

1）梁、板、柱及基础结构详图。

2）楼梯结构详图。

3）屋架结构详图。

（5）其他详图，如支撑详图。

15.1.2 结构施工图的一般规定

为了统一建筑结构专业制图规则，保证制图质量，提高制图效率，做到图面清晰、简洁，使之符合设计、施工存档的要求，适合工程建设需要，国家颁布了《建筑结构制图标准》（GB/T 50105—2010），以下为该标准的部分内容。

1. 图线

（1）结构施工图图线的宽度 b 应按国家标准《房屋建筑制图统一标准》（GB/T 50001—2017）中的有关规定选用。每个图样应根据复杂程度与比例大小，先选用适当基本线宽度 b，再选用相应的线宽。国家标准规定了三种线宽：粗线（b）、中线（$0.5b$）、细线（$0.25b$）。线宽 b 的系列为 0.18、0.25、0.35、0.5、0.7、1.0、1.4、2.0（mm），共 8 级。一般情况下，同一张图纸内相同比例的各图样，应选用相同的线宽组合。

（2）结构施工图中采用的各种线型应符合表 15-1 的规定。

表 15-1　线型

名称		线型	线宽	一般用途
实线	粗	——	b	螺栓、钢筋线，结构平面图中的单线结构构件线，钢木支撑及系杆线，图名下横线，剖切线
	中粗	——	$0.7b$	结构平面图及详图中剖到或可见的墙身轮廓线，基础轮廓线，钢、木结构轮廓线，钢筋线
	中	——	$0.5b$	结构平面图及详图中剖到或可见的墙身轮廓线、基础轮廓线、可见的钢筋混凝土构件轮廓线、钢筋线
	细	——	$0.25b$	标注引出线、标高符号线、索引符号线、尺寸线
虚线	粗	— — —	b	不可见的钢筋线、螺栓线、结构平面图中不可见的单线结构构件线及钢、木支撑线
	中粗	— — —	$0.7b$	结构平面图中的不可见构件、墙身轮廓线及不可见钢、木结构构件线，不可见的钢筋线
	中	— — —	$0.5b$	结构平面图中的不可见构件、墙身轮廓线及不可见钢、木结构构件线，不可见的钢筋线
	细	— — —	$0.25b$	基础平面图中的管沟轮廓线、不可见的钢筋混凝土构件轮廓线
单点长画线	粗	—·—·—	b	柱间支撑、垂直支撑、设备基础轴线图中的中心线
	细	—·—·—	$0.25b$	定位轴线、对称线、中心线、重心线
双点长画线	粗	—··—··—	b	预应力钢筋线
	细	—··—··—	$0.25b$	原有结构轮廓线
折断线		—／—	$0.25b$	断开界线
波浪线		～～～	$0.25b$	断开界线

2. 比例

绘图时根据图样的用途和复杂程度应选用表 15-2 中的常用比例，特殊情况下，也可以选用可用比例。

表 15-2　比例

图名	常用比例	可用比例
结构平面图、基础平面图	1：50、1：100、1：150	1：60、1：200
圈梁平面图、总图中管沟、地下设施等	1：200、1：500	1：300
详图	1：10、1：20、1：50	1：5、1：25、1：30

注：当构件的纵、横向断面尺寸相差悬殊时，可在同一详图中的纵、横向选用不同的比例绘图。轴线间尺寸与构件尺寸也可选用不同的比例绘图。

3. 构件代号

在结构工程图中，为了图示简明，并且把各种构件区分清楚，便于施工，各类构件常用代号表示。同类构件代号后应用阿拉伯数字标注该构件型号或编号，也可用构件的顺序号。构件的顺序号采用不带角标的阿拉伯数字连续编排。常见构件代号见表 15-3。

表 15-3　常见构件代号

序号	名称	代号	序号	名称	代号
1	板	B	13	连系梁	LL
2	屋面板	WB	14	基础梁	JL
3	空心板	KB	15	楼梯梁	TL
4	密肋板	MB	16	屋架	WJ
5	楼梯板	TB	17	框架	KJ
6	盖板或沟盖板	GB	18	柱	Z
7	墙板	QB	19	基础	J
8	梁	L	20	梯	T
9	屋面梁	WL	21	雨篷	YP
10	吊车梁	DL	22	阳台	YT
11	圈梁	QL	23	预埋件	M
12	过梁	GL	24	钢筋网	W

注：预应力钢筋混凝土构件的代号应在上列构件代号前加注"Y"，如 YKB 表示预应力钢筋混凝土空心板。

4. 绘制方法

结构施工图采用正投影法绘制，特殊情况下也可采用仰视投影法绘制。

5. 编号

结构施工图中的剖面图、断面详图宜按下列规定编号：外墙按顺时针从左下角开始编号；内横墙从左至右、从上到下编号；内纵墙从上到下、从左至右编号。

15.2　钢筋混凝土结构图

15.2.1　钢筋混凝土结构简介

混凝土是由水泥、砂、石子、水按一定比例配合，经过搅拌、注模、振捣、养护等工序而形成，凝固后坚硬如石，其性能是抗压能力强，但抗拉能力差。用混凝土制成的构件受到的外力达到一定值后，将容易发生断裂、破坏 [图 15-1 （a）]。而钢筋的性能为抗拉能力强。为了防止构件发生断裂，充分发挥混凝土的抗压能力，在混凝土构件的受拉区及相应部位加入一定数量的钢筋，使两种材料粘结成一体，共同承受外界荷载，这样大大提高了构件的承载能力。我们把配有钢筋的混凝土称为钢筋混凝土 [图 15-1 （b）]。

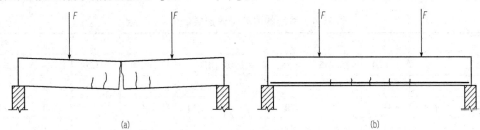

图 15-1　梁的示意图

（a）素混凝土梁；（b）钢筋混凝土梁

用钢筋混凝土制成的梁、板、柱、基础等构件称为钢筋混凝土构件。在工程上，钢筋混凝土构件是在工地现场浇制的，称为现浇钢筋混凝土构件；在工厂、工地以外预先把构件制作好，然后运到工地安装的，称为预制钢筋混凝土构件。此外，还有制作时对混凝土预加一定的压力以提高构件的强度和抗裂性能，这样的构件称为预应力钢筋混凝土构件。在使用钢筋混凝土构件的结构形式中包括框架结构和砖混结构。框架结构的承重构件全部用钢筋混凝土构件；砖混结构以砖墙及钢筋混凝土板、梁、柱承重。

1. 钢筋的分类和作用

钢筋在混凝土中不能单根放置，一般是将各种形状的钢筋用钢丝绑扎或焊接成钢筋骨架或网片。配置在钢筋混凝土结构中的钢筋按其作用可分为下列几种（图 15-2）。

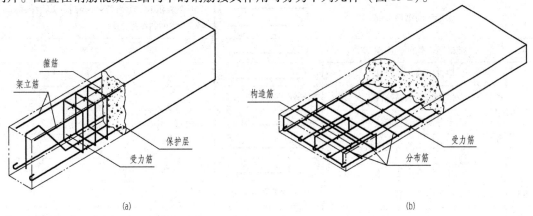

图 15-2　钢筋混凝土梁、板配筋示意图

（a）钢筋混凝土梁的构造示意图；（b）钢筋混凝土板的构造示意图

（1）受力筋：承受拉、压应力的钢筋。用于梁、板、柱等各种钢筋混凝土构件。受力筋分为直筋和弯筋两种。

（2）钢箍（箍筋）：承受一部分斜拉力，并固定受力筋的位置，多用于梁和柱内。

（3）架立筋：用以固定梁内钢箍的位置，构成梁内钢筋骨架。

（4）分布筋：用于屋面板、楼板内，与受力筋垂直布置，将承受的荷载均匀地传给受力筋，并固定受力筋的位置，以及抵抗热胀冷缩引起的温度变形。

（5）其他：因构件要求或施工安装需要而配置的构造筋，如预埋锚固筋、吊环等。

在构件中，钢筋的外表是混凝土，混凝土起到保护钢筋、防腐蚀、防火以及加强钢筋与混凝土的粘结力的作用。根据钢筋混凝土设计规范规定，结构构件如梁、柱的保护层最小厚度为25 mm，板和梁的保护层厚度为 10 ~ 15 mm，见表 15-4。

表 15-4　钢筋的混凝土保护层最小厚度　　　　　　　　　　　　　　　　　mm

环境类型		板、墙、壳			梁			柱		
		≤C20	C25 ~ 45	≥C50	≤C20	C25 ~ 45	≥C50	≤C20	C25 ~ 45	≥C50
一		20	15	15	30	25	25	30	30	30
二	a	—	20	20	—	30	30	—	30	30
	b	—	25	20	—	35	30	—	35	30
三		—	30	25	—	40	35	—	40	35

钢筋的混凝土保护层在比例较小的图样中，可以示意性地估计画出，一般不在图中标注。

如果受力钢筋用光圆钢筋，则两端要有弯钩，这是为了加强钢筋与混凝土的粘结力，避免钢筋在受拉时滑动。带肋钢筋与混凝土的粘结力强，两端不必有弯钩。钢筋端部的弯钩常用两种形式：带平直部分的半圆弯钩和直弯钩。

2. 钢筋的表示方法

结构图中钢筋的一般表示方法见表 15-5、表 15-6。

表 15-5　一般钢筋

序号	名称	图例	说明
1	钢筋横断面	●	
2	无弯钩的钢筋端部		下图表示长、短钢筋重叠时，短钢筋的端部用 45° 的斜画线表示
3	带半圆弯钩的钢筋端部		
4	带直钩的钢筋端部		
5	带丝扣的钢筋端部		
6	无弯钩的钢筋搭接		
7	带半圆弯钩的钢筋搭接		
8	带直钩的钢筋搭接		
9	花篮螺栓钢筋接头	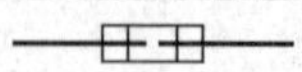	
10	机械连接的钢筋接头		用文字说明机械连接的方式（如冷挤压或直螺纹等）

表 15-6　钢筋的画法

序号	说明	图例
1	在结构楼板中配置双层钢筋时，底层钢筋的弯钩应向上或向左，顶层钢筋的弯钩则应向下或向右	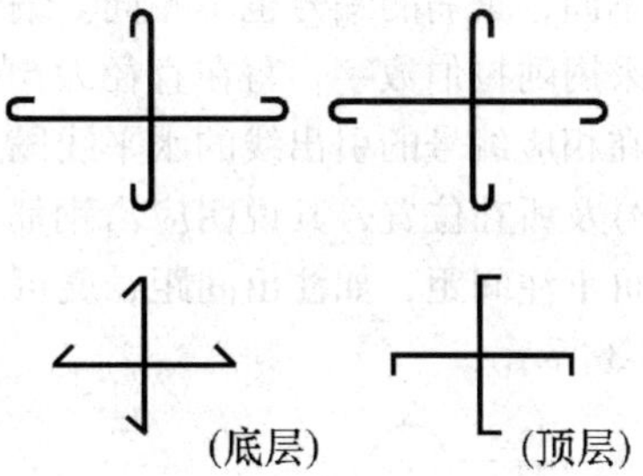 (底层)　(顶层)
2	钢筋混凝土墙体配双层钢筋时，在配筋立面图中，远面钢筋的弯钩应向上或向左，而近面钢筋的弯钩应向下或向中（JM 近面，YM 远面）	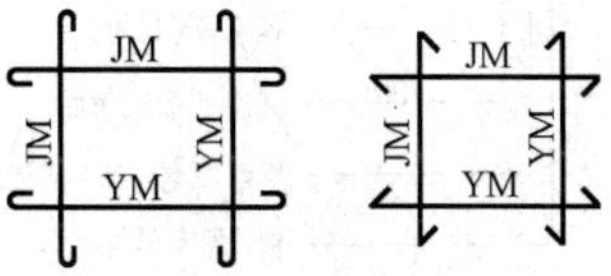 JM JM YM YM　JM JM YM YM
3	若在断面图中不能表达清楚的钢筋布置，应在断面图外增加钢筋大样图（如钢筋混凝土墙、楼梯等）	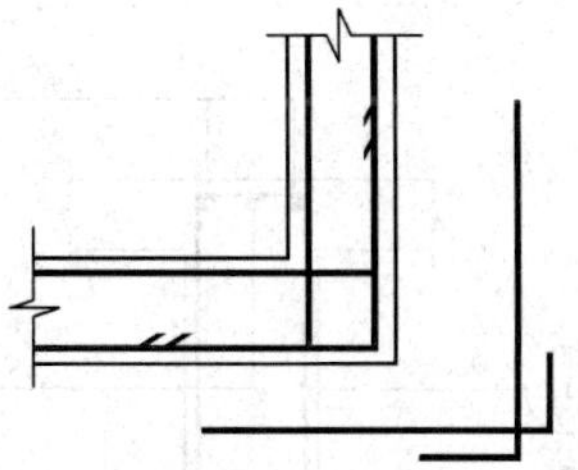
4	图中所表示的箍筋、环筋等若布置复杂时，可加画钢筋大样及说明	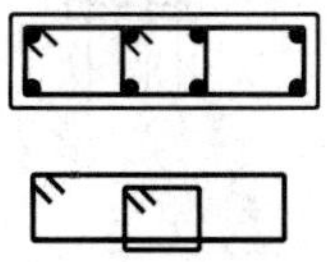
5	每组相同的钢筋、箍筋或环筋，可用一根粗实线表示，同时用一两端带斜短画线的横穿细线表示其钢筋及起止范围	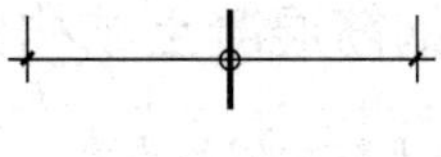

（1）钢筋的种类及符号。钢筋按其强度和种类分成不同的等级，见表 15-7

表 15-7　常用钢筋等级及符号

钢筋种类		符号	钢筋种类		符号
热轧钢筋	HPB300（Q235）	ϕ	预应力钢筋	钢绞线	ϕ^S
	HRB335（20MnSi）	Φ		消除应力钢丝　光面	ϕ^P
	HRB400（20MnSiV、20MnSiNb、20MnTi）	Φ		消除应力钢丝　螺旋肋	ϕ^H
	RRB400	Φ^R		消除应力钢丝　刻痕	ϕ^I
				热处理钢筋	ϕ^{HT}

（2）钢筋的标注。

1）钢筋混凝土构件的一般表示方法。构件轮廓用中线或细线，钢筋用单根的粗实线表示其立面，钢筋的横断面用黑圆点表示，混凝土材料图例省略不画。

2）钢筋的编号及标注方法。为了便于识图及施工，构件中的各种钢筋应编号，编号的原则是将种类、形状、直径、尺寸完全相同的钢筋编成同一编号，无论根数多少也只编一个号。若上述有一项不同，钢筋的编号也不相同。编号时应先主筋、后分布筋（或架立筋），逐一按顺序编号。编号采用阿拉伯数字，写在直径为 6 mm 的细线圆中，用平行或放射状的引出线从钢筋引向编号，并在相应编号的引出线的水平线段上对钢筋进行标注，标注出钢筋的数量、代号、直径、间距、编号及所在位置，其说明应沿钢筋的长度标注或标注在有关钢筋的引出线上（一般标注出数量，可不注间距，如注出间距，就可不注数量。简单的构件，钢筋可不编号）。具体标注方式如图 15-3 所示。

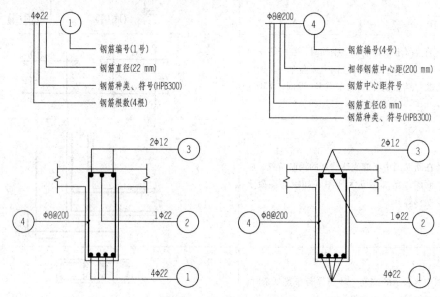

图 15-3 钢筋的标注方式

15.2.2 钢筋混凝土结构图的内容和图示特点

1. 钢筋混凝土结构图的内容

（1）结构平面布置图。表示承重构件的位置、类型和数量或钢筋的配置，称为结构平面布置图。

（2）构件详图。为了表达构件的形状、钢筋的布置，构件详图包括模板图、配筋图、预埋件详图及材料用量表。

1）模板图。模板图是表达构件外形和预埋件位置的图样。标出构件的外形尺寸和预埋件的型号及定位尺寸。对无法直接选用的预埋件，应画出预埋件详图。模板图是制作构件模板和安放预埋件的依据。模板图由构件的立面图和断面图组成。

2）配筋图。表达构件内部的钢筋配置、形状、数量和规格的图样，称为配筋图。常用图样为立面图（对于板结构用平面图）、断面图，必要时，画出钢筋详图（也称大样图或抽筋图）。当构件外形比较简单、预埋件比较少时，可将模板图、配筋图合并绘制，称为模板配筋图或配筋图。

2. 钢筋混凝土结构图的图示特点

钢筋混凝土结构的构件图是假想混凝土为透明的，使钢筋成为可见，通过正投影方法画出构件的立面图和断面图，并且标出钢筋的形状、位置，注出钢筋的长度、数量、品种、直径等。

（1）在结构平面图中一般标注出构件完成面的标高（称为结构标高，即不包括建筑装修的厚度）。

（2）当构件纵、横向尺寸相差悬殊时，可在同一详图中纵、横向选用不同比例绘制。

（3）构件配筋简单时，可在其模板图的一角用局部剖面的方式，绘出其钢筋布置。构件对称时，在同一图中可以一半表示模板图，另一半表示配筋图。

15.2.3　结构平面图

结构平面图是表示建筑物各构件平面布置的图样，分为基础平面图、楼层结构平面布置图、屋面结构平面布置图。这里介绍砖混结构的楼层结构平面图。

1. 图示方法及作用

楼层结构布置图由楼层结构平面图和局部详图组成。楼层平面布置图是假想沿本层楼板面将房屋水平剖开后所作的楼层结构的水平投影图，它表示每楼层的梁、板、柱、墙等承重构件的平面布置情况，现浇钢筋混凝土楼板的构造与配筋，以及构件之间的关系，对于某些表达不清楚的部位可以断面图作辅助。对于多层建筑，一般应分层绘制，但是如果各层构件的类型、大小、数量、布置均相同时，可只画一个标准层的楼层结构平面布置图。楼层结构布置图是施工时布置或安放该层各承重构件的依据，有时还是制作圈梁、过梁和现浇板的依据。

2. 图示内容

（1）标注出与建筑图一致的轴线网及墙、柱、梁等构件的位置和编号以及轴间的尺寸。

（2）下层承重墙和门窗洞口的平面布置，下层和本层柱子的布置。

（3）在现浇板的平面图上，画出钢筋配置，并标注出预留孔洞的大小及位置。

（4）注明预制板的跨度方向、代号、型号或编号、数量和预留洞的大小及位置。

（5）表明楼层结构构件的平面布置，如各种梁、圈梁或门窗过梁、雨篷的编号。

（6）注出各种梁、板的结构标高，轴线间尺寸及梁的断面尺寸。

（7）注出有关剖切符号或详图索引符号。

（8）附注说明选用预制构件的图集编号，各种材料的强度，板内分布筋的级别、直径、间距等。

3. 图示实例

现以某住宅楼的楼层结构平面布置图（图 15-4）为例，说明楼层结构平面布置图的图示内容和读图方法。由于此建筑物的平面左右对称，所以采用了建筑制图中的简化画法，只画出了左边的一半，右边的一半省略，在⑧轴线上画有对称符号。

（1）首先从图名得知此图为首层结构平面布置图，比例为 1∶100。

（2）从平面图可以了解到，结构平面图中轴线布置及轴线间尺寸与建筑平面图一致。楼板主要支撑在砖墙上，可知该房屋为砖混结构。图中显示了墙、柱、梁、板的布置情况。

（3）为了铺设钢筋混凝土楼板，相应布置了横向、纵向的钢筋混凝土梁如 L101、L102 等，钢筋混凝土梁的断面尺寸以及配筋情况详见构件详图。梁的编号的含义：如 L102，即一层楼面编号为 2 的钢筋混凝土梁。

（4）凡是有门、窗的地方均布置过梁，门、窗的宽度相同过梁则相同，过梁的具体做法详见构件详图。在平面图中过梁用粗点画线表示，并且编号为 GL1、GL2 等。

（5）从图中看到画对角交叉线的开间为楼梯间，其楼梯板的布置及配筋情况详见楼梯详图。

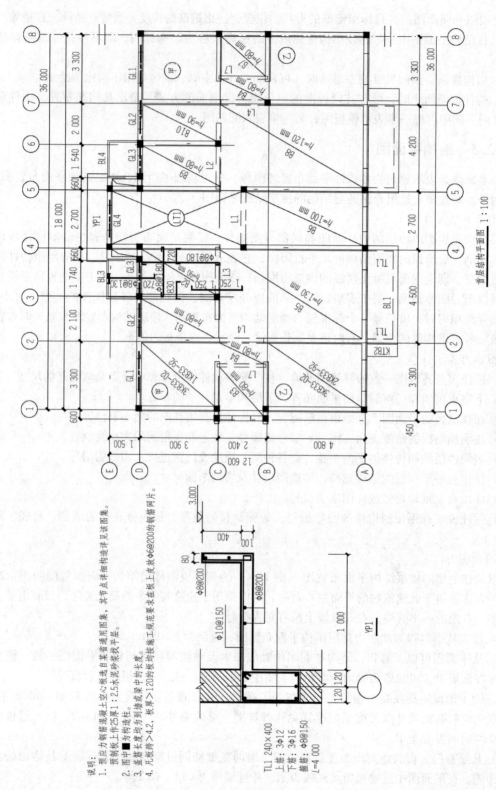

图15-4 某住宅楼的首层结构平面布置图

首层结构平面图 1:100

说明：
1. 预应力钢筋混凝土空心板选自某省通用图集，其节点详细构造详见该图集。
2. 图中■为构造柱。
3. 凡板跨为到墙或梁中的长度。
4. 凡板厚>120的板均按施工规范要求在板上皮放φ6@200的钢筋网片。

预制板上作25厚1:2.5水泥砂浆找平层。

（6）本住宅结构考虑到抗震要求，布置了一些构造柱，其做法详见构件详图，其基础处理详见基础详图。按照有关设计规范，砖混结构的一些砖墙中应布置圈梁，圈梁可以在结构平面图中表示其布置情况，也可以另外用较小的比例绘制圈梁平面布置图（本例即是如此）。

（7）预制板一般布置在除厕所、厨房之外的房间，在预制板布置的区域内，预制板的布置情况标注在各开间的对角线上，若开间相同，预应力空心板的布置情况也相同，可以用甲、乙等或大写的英文字母来编号。在①②轴开间和⑦⑧轴开间，卧室采用预制的预应力钢筋混凝土空心板，板的规格、数量、布置相同的房间注写相同的编号，只需在其中一个房间中画出板的布置，其他房间只注明板的规格、数量。如，3KB33 表示三块钢筋混凝土空心板，板跨为 3.3 m；02 中的 0 表示板宽为 1 m，2 表示荷载级别为 Ⅱ 级。

（8）现浇钢筋混凝土板一般铺设在厕所、厨房、走道、门厅或不规则平面上。现浇板用 B1、B2 等来编号，其板的大小、厚度、配筋情况有一项不同，编号则不同。现浇钢筋混凝土板的配筋可以在结构平面图中示出，也可以另画板的配筋详图。在此仅示出了 B2 的配筋情况。

（9）不同房间板的标高也许会不同，如厕所板顶面的标高为 2.870 m，其余板顶面的标高为 2.950 m。结构标高与建筑标高是不同的，建筑标高为完成面的标高（其中包括装修层的厚度）。

4. 结构平面图绘制的步骤和方法

绘制结构平面图应与建筑平面图的轴线、墙体、门窗平面布置一致，选取适当的比例，画出结构构件的布置以及现浇板的钢筋配置。

（1）选定比例和图幅，布置图面。一般采用 1∶100 的比例，图形较简单时可用 1∶200 的比例。布置好图面后，首先画出横向、纵向的轴线。

（2）确定墙、柱、梁的大小、位置，用中实线表示剖到或可见的构件轮廓线，用中虚线表示不可见的轮廓线。门窗洞的图例一般可以不画出。

（3）画钢筋混凝土板的投影。画出现浇板的配筋详图，表示受力筋和构造钢筋的形状、配置情况，并注明其编号、规格、直径、间距或数量等。每种规格钢筋只画一根，按其立面形状画在钢筋安放的位置上，表达不清时可以画出钢筋详图。结构平面图中，分布筋不必画出，用文字说明。配筋相同的板，只需将其中一块板的配筋画出，其他的编上相同的编号，如 B1、B2、B3 等。

（4）过梁，在其中心位置用粗点画线表示并编号。

（5）圈梁可以用更小的比例单独画一个缩小几倍的圈梁平面布置图，用粗实线表示圈梁。

（6）标注出与建筑平面图相一致的轴线间尺寸及总尺寸。

（7）注写说明文字（包括写图名、注比例）。

15.2.4 构件详图

1. 图示内容及作用

构件详图包括模板图、配筋图、预埋件详图及钢筋表（或材料用量表）。构件详图用来表示构件的长度、断面形状与尺寸及钢筋的形式与配置情况，也可以表示模板的尺寸、预留孔洞以及预埋件的大小与位置、轴线和标高。为制作构件时安装模板、钢筋加工和绑扎等工序提供依据。配筋图包括立面图、断面图和钢筋详图。钢筋混凝土梁详图一般只画出配筋立面图和配筋断面图，为了统计用料，可画出钢筋大样图，并列出钢筋表。钢筋混凝土板详图一般画配筋平面图。

2. 图示方法

在一般情况下，构件详图只绘制配筋详图，对较复杂的构件才画出模板图和预埋件详图。

（1）立面图。配筋立面图是假想构件是一个透明体而画出的正面投影图。它主要为了表达构件中钢筋上下排列的情况，钢筋用粗实线表示，构件的轮廓线用细实线表示。在图中箍筋只反映它的侧面投影，类型、直径、间距相同时在图中只画出一部分。

（2）断面图。配筋图中的断面图是构件的横向剖切投影图。它表示钢筋在断面中的上下左右排列布置、箍筋及与其他钢筋的连接关系。图中钢筋的横断面用黑圆点表示，构件轮廓用细实线表示。

当配筋复杂时，通常在立面图的正下（或上）方用同一比例画出钢筋详图，相同编号的钢筋只画一根，并注明编号、数量（间距）、类别、直径及各段的长度与总尺寸。

立面图和断面图应标注出一致的钢筋编号并图示出规定的保护层厚度。

3. 图示实例

在这里，我们以现浇钢筋混凝土梁为例，介绍钢筋混凝土构件结构详图的图示方法。

形状比较简单的梁，一般不画单独的模板图，只画配筋图。配筋图通常用配筋立面图和配筋断面图来表示。配筋立面图表示梁的立面轮廓，长度、高度尺寸以及钢筋在梁内上下、左右的配置，同时表示梁的支承情况。梁内箍筋只画出 3 ~ 4 根，以此表示沿梁全长等间距配置；如果梁板一起浇灌时，应在立面图中用虚线画出板厚及次梁的轮廓。断面图表示梁的断面形状、宽度、高度尺寸和钢筋上下、前后的排列情况。画钢筋大样图时，每个编号的钢筋只画一根，从构件中最上部的钢筋开始，依次向下排列，画在配筋立面图下方，并在钢筋线上方注出钢筋编号、根数、种类、直径及各段尺寸，弯起筋倾斜角度。注写尺寸时，不画尺寸线及尺寸界线，此外还要注写下料长度 l，它是钢筋各段长度总和，钢筋弯钩应按规定计算其长度，如半圆弯钩按 $6.25d$（d 为钢筋直径）计算。

图 15-5 所示为一根钢筋混凝土梁的结构详图。

（1）看梁立面图下的图名。"L202" 表示第二层楼面中的第 2 号梁，（250×600）表示梁断面宽 250 mm，高 600 mm。绘图比例为 1∶50。

（2）将梁的立面和断面对照阅读，可知该梁高 600 mm、宽 250 mm、全长 6 480 mm。梁的两端搭接在砖墙上。

（3）梁内钢筋配置。首先从梁的跨中看起，梁的下部配置①、②号钢筋，直径为 25 mm，为 HRB335 级钢筋。①号钢筋伸到梁的端部向上垂直弯起 350 mm（以钢筋的锚固长度）。②号钢筋在接近梁端时沿 45°向上弯起至梁的上部，距离内墙面 50 mm 处折为水平，伸入到梁端又向下垂直弯起 350 mm。在梁的上部为③号架立筋，钢筋直径为 12 mm，为 HPB300 级钢筋，沿梁全长布置，两端带半圆弯钩。④号钢筋是箍筋，直径为 8 mm，为 HPB300 级钢筋，沿梁的全长每隔200 mm 放置一根。梁左右两端钢筋配置完全一致。

4. 构件详图绘制的步骤及要求

（1）确定比例、布置图面。构件详图常用比例为 1∶10、1∶20、1∶50。

（2）画配筋立面图、断面图、钢筋详图。

（3）标注尺寸。

（4）标注钢筋的编号、数量（或间距）、类别、直径。

（5）编制钢筋表。

（6）注写有关混凝土、砖、砂浆的强度等级及技术要求等说明。

15.2.5　平面整体表示法

建筑结构施工图平面整体表示方法对我国混凝土结构施工图的设计表示方法作了重大改革，

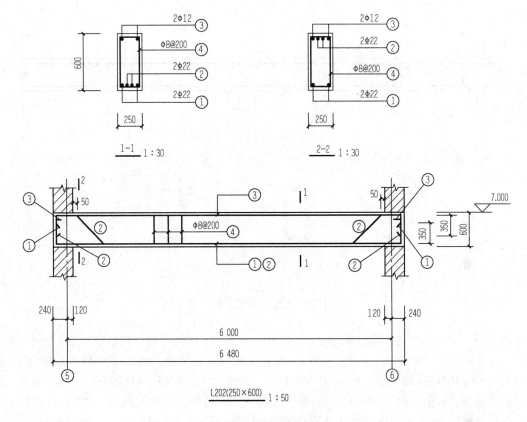

图 15-5　梁的结构详图

被国家科委列为"九五"国家科技成果重点推广计划。平面整体表示法概括来讲，是把结构构件的尺寸和配筋等按照平面整体表示方法制图规则，整体直接表达在各类构件的结构平面布置图上，再与标准构造详图配合，即构成一套新型完整的结构设计图样。这种方法改变了传统的那种将构件从结构平面布置图中索引出来，再逐个绘制配筋详图的烦琐方法。这种表示方法已经被设计和施工单位广泛使用。

在钢筋混凝土结构施工图中表达的构件常为柱、墙、梁三种构件，所以平面整体表示法包括柱平法施工图表示法、剪力墙平法施工图表示法、梁平法施工图表示法。在柱平法施工图和剪力墙平法施工图上采用列表注写方式或截面注写方式；梁平法施工图采用平面注写方式或截面注写方式。下面以梁为例介绍平面整体表示法。

在梁平面布置图中，应分别按梁的不同结构层（标准层），将全部梁和与其相关联的柱、墙、板一起采用适当比例绘制。所谓平面注写方式是指在梁平面布置图上分别在不同编号的梁中各选一根梁，在其上注写截面尺寸和配筋具体数值的方式。平面标注包括集中标注与原位标注。集中标注表达梁的通用数值，原位标注表达梁的特殊数值。当集中标注中的某项数值不适用于梁的某部位时，则将该项数值原位标注，施工时，原位标注取值优先。

图 15-6 所示是使用传统方式画出的一根两跨钢筋混凝土框架梁的配筋图。从图中可以了解该梁的支承情况、跨度、断面尺寸，以及各部分钢筋的配置状况。

如果采用平面整体表示法表达图 15-6 所示的两跨框架梁，如图 15-7 所示，可在梁、柱的平面布置图上标注钢筋混凝土梁的截面尺寸和配筋具体情况。梁的平面注写包括集中标注和原位

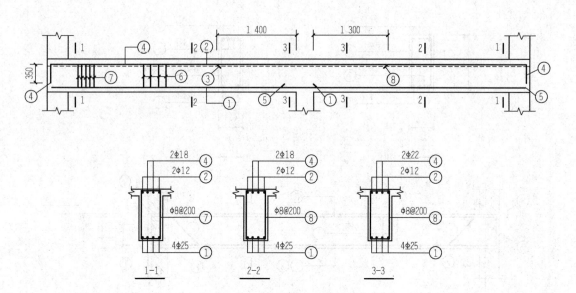

图15-6　两跨框架梁配筋详图

标注两部分。集中标注表达梁的通用数值，如图中引出线上所注写的三行数字。第一行中，KL3（2）表示3层的3号框架梁、两跨，250×450表示梁的断面尺寸。第二行 φ8@100/200 表示箍筋直径为8的 HPB300 级钢筋，加密区间距100（支座附近），非加密区间距200；2φ12为梁上部配置的贯通钢筋。第三行（–0.050）表示梁的顶面标高比楼层结构标高低0.050 m。原位标注中，在柱附近的2φ12+2φ18表示支座处在梁的上部除了2φ12贯通钢筋外，另外增加了2φ18钢筋。4φ25表示在梁的下部各跨均配置了4根纵向受力筋，为直径25 mm的 HRB335 级钢筋。各类钢筋的长度、深入支座的长度等以及钢筋弯钩等并不在图中示出，而是由施工单位的技术人员查阅《混凝土结构施工图平面整体表示方法制图规则和构造详图》（16G101）图集，对照确定。

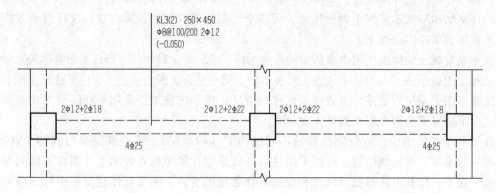

图15-7　梁平面注写方式

15.3　基础图

在房屋施工过程中，首先要放线、挖基坑、砌筑基础，这些工作都要根据基础平面图和基础详图来进行。基础是在建筑物地面以下，承受上部结构所传来的各种荷载以及建筑物的自重并传递到地基的结构组成部分。设计基础时，通过地质勘察，按照地基岩土的类别和性状以及土壤的承载力确定基础的形式，一般常用的基础形式有条形基础［图 15-8（a）］、独立基础［图 15-8（b）］、筏形基础、桩基础、箱形基础等。基础以下部分天然的或经过处理的岩土层称为地基。为了基础施工首先开挖的土坑称为基坑。基础的埋置深度是指房屋首层地坪 ±0.000 到基础底面的深度。埋入地下的墙称为基础墙。基础墙与垫层之间做成阶梯形的部分称为大放脚。防潮层的作用是防止地下的潮气沿墙体向上渗透，一般是钢筋混凝土或水泥砂浆做成的。

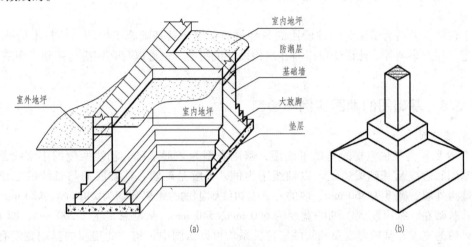

图 15-8　基础构造示意图

（a）条形基础；（b）独立基础

15.3.1　基础图的形成及作用

基础图是施工时，放线（用石灰粉在地面上定出房屋的定位轴线、墙身线、基础底面的长宽线）、开挖基坑、做垫层（垫层的作用是使基础与地基有良好的接触，以便均匀传递压力）、砌筑基础和管沟墙（根据水、暖、电等专业的需要而预留的洞以及砌筑的地沟）的依据。基础图包括基础平面图和基础详图。

（1）基础平面图的形成：用水平的剖切平面沿房屋的首层地面与基础之间把整幢房屋剖开后，移去上部的房屋和基础上的泥土，将基础裸露出来向水平面作出水平投影。

（2）基础详图的形成：将基础垂直剖切，露出基础内部的钢筋配置以得到断面图。

15.3.2　基础图的图示内容和图示方法

现以墙下条形基础为例，介绍基础图的图示内容和图示方法。

1. 基础平面图

（1）表达纵、横定位轴线及编号（必须与建筑平面图一致）。

（2）表达基础的平面布置。图上需要画出基础墙，基础梁、柱及基础底面的轮廓线，至于基础的细部轮廓线则省略不画。当基础底面标高有变化时，应在基础平面图对应部位的附近画出一段基础垫层的垂直断面图，用来表示基础底面标高的变化，并标出相应的标高。

（3）标出基础梁、柱，独立基础的位置及代号和基础详图的剖切符号及编号，以便查看对应的详图。

（4）标注轴线尺寸、基础墙宽度、柱断面、基础底面及轴线关系的尺寸。标出基础底面、室内外的标高和细部尺寸。

（5）由于其他专业的需要而设置的穿墙孔洞、管沟等的布置及尺寸、标高。

2. 基础详图

（1）表达与基础平面图相对应的定位轴线及编号。

（2）表达基础的详细构造，垫层、断面形状、材料、配筋和防潮层的位置及做法等。

（3）标注基础底面、室内外标高和各细部尺寸。

3. 施工说明

施工说明主要是为了说明基础所用的各种材料、规格及基础施工中的一些技术措施、须遵守的规定、注意事项等。此说明可以写在结构设计说明中，也可以写在相应的基础平面图和基础详图中。

15.3.3 基础图的读图实例和绘制

1. 读图实例

图 15-9 所示为某住宅楼的基础平面图，基础类型为条形基础。轴线两侧的中实线是墙线，细线是基础底边线及基础梁边线。以轴线①为例，了解基础墙、基础底面与轴线的定位关系。①轴的墙为外墙，宽度为 360 mm，墙的左、右边线到①轴的距离分别为 240 mm、120 mm，轴线不居中。基础左、右边线到①轴的宽度为 660 mm、540 mm，基础总宽为 1 200 mm，即 1.2 m。其他基础墙的宽度、基础宽度及轴线的定位关系均可以从图中了解。此房屋的基础宽度有三种：1 500 mm、1 200 mm、800 mm。

从平面图可以看到基础上标有剖切符号，分别为 1 - 1、2 - 2、3 - 3、4 - 4，说明该建筑的条形基础共有四种不同的基础断面图，即基础详图。

基础的断面形状与埋置深度要根据上部的荷载以及地基承载力确定。同一幢房屋，由于各处有不同的荷载和不同的地基承载力，下面就有不同的基础。对于每一种不同的基础，都要画出它的断面图，并在基础平面图上用 1 - 1、2 - 2 等剖切符号表明断面的位置。图 15-10 中的 1 - 1 断面图是外墙的基础详图，图中显示该条形基础为砖基础，基础垫层为素混凝土，垫层宽 1 200 mm，高 250 mm，其上面是砖放脚，每层高 120 mm，两侧宽均为 60 mm，室外设计地坪标高 -0.600 m，基础底面标高 -2.100 m，基础墙在 ±0.000 标高处设有一道钢筋混凝土防潮层，厚 60 mm，钢筋的配置为 3 根直径为 6 mm 的 HPB300 级钢筋，箍筋为 Φ6@300，它的作用是防止地下的潮气向上侵蚀墙体。4 - 4 断面图为一内墙的基础详图，墙宽为 240 mm，轴线居中。基础平面图中涂红部分为 120 墙，此基础的做法为 210 mm 厚的素混凝土垫层，详见基础详图。图 15-10 所示为基础平面图内标注的部分基础详图，以此说明基础详图的内容和阅读过程。

2. 绘制

（1）基础平面图的绘图步骤：

1）按比例（常用比例 1∶100 或 1∶200）绘制出与建筑平面图相同的轴线与编号。

2）用粗（或中）实线画出墙或柱的边线，用细实线绘制基础底边线。

3）画出不同断面的剖切符号，分别编号。

4）标注尺寸，主要注出纵、横向各轴线之间的距离，轴线到基础底边和墙边的距离以及基础宽和墙厚。

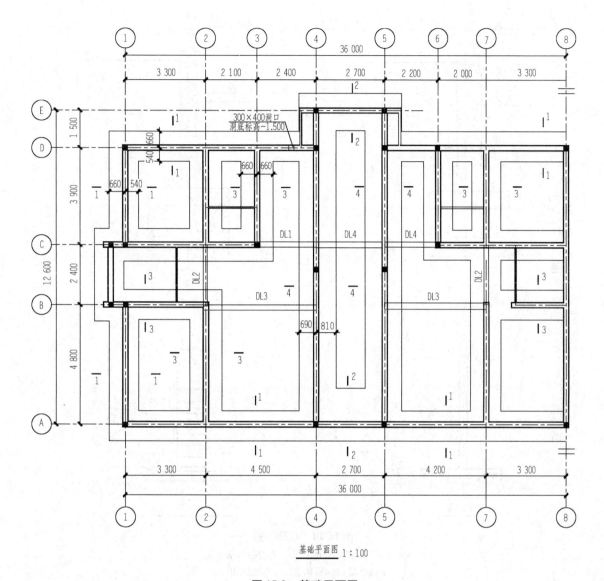

基础平面图 1:100

图 15-9　基础平面图

5）注写说明文字，如混凝土、砖、砂浆的强度等级，基础埋置深度等。

6）设备复杂的房屋，在基础平面图上还要配合采暖、通风图，给排水管道图，电源设备图等，用虚线画出管沟、设备孔洞等位置，注明其内径、宽、深尺寸和洞底标高。

（2）基础详图的绘制步骤：

1）画出与基础平面图相对应的定位轴线。

2）画基础底面线、室内外地坪标高位置，画出基础断面轮廓。

3）画出砖墙、大放脚断面轮廓和防潮层。

4）标注室内外地坪、基础底面标高和其他尺寸。

5）注写说明文字，混凝土、砖、砂浆的强度等级和防潮层的材料及施工技术要求等。

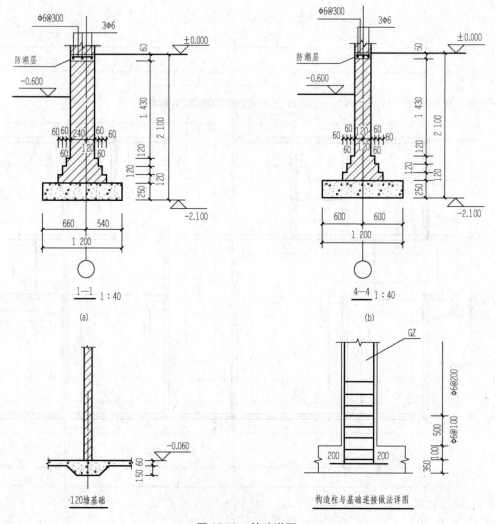

图 15-10　基础详图
（a）外墙条形基础详图；（b）内墙条形基础详图；
（c）120 墙基础；（d）构造柱与基础连接做法详图

15.3.4　独立基础图

框架结构的房屋以及工业厂房的基础常用独立基础。图 15-11 所示是某汽车车库的基础平面图，图中涂黑部分是钢筋混凝土柱，柱外细线方框表示该柱独立基础的外轮廓线，基础沿定位轴线布置，分别编号为 J1、J2。基础与基础之间设置基础梁，以细线画出其轮廓，它们的编号及截面尺寸标注在图的右半部分。

图 15-12 所示是独立柱基础的结构详图，图中将定位轴线、外形尺寸、钢筋配置等表达清楚。基础底部通常浇筑混凝土垫层，柱的钢筋配置在柱的详图中表达。详图的立面采用全剖面、平面采用局部剖面，表示基础的形状和钢筋网的配置情况。

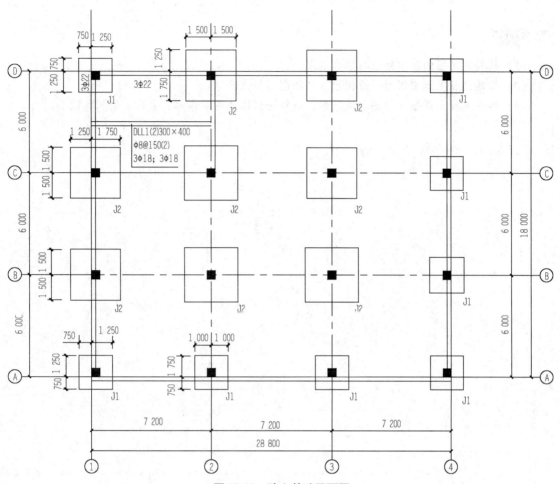

图 15-11　独立基础平面图

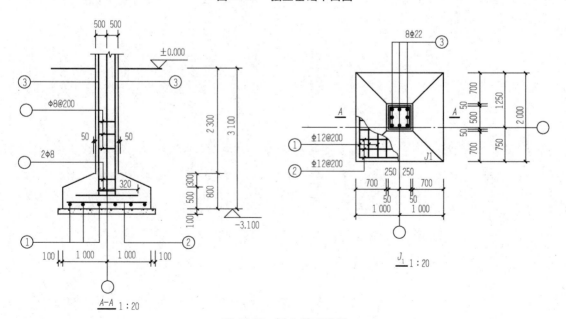

图 15-12　独立基础详图

本章要点 \\\

（1）结构施工图的基本知识与基本规定。

（2）钢筋混凝土施工图的一般图示方法和图示特点。

（3）钢筋混凝土梁配筋详图、基础图、结构平面图的图示内容、方法、绘制和阅读。

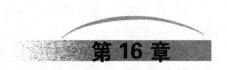

第 16 章

设备施工图

房屋建筑中的给水排水、采暖通风、建筑电气等工程设施,都须由专业设计人员经过专门的设计表达在图纸上,这些图纸分别称为给水排水工程图、采暖通风工程图、建筑电气工程图,统称为建筑设备工程图。不同的设计阶段,设计图纸的深度和用途也不相同,施工图设计阶段绘制的前述工程图纸,即建筑设备施工图(简称设施)。本章主要介绍给水排水施工图(简称水施)、采暖施工图(简称暖施)、建筑电气施工图(简称电施)。

16.1 给水排水施工图

16.1.1 概述

给水排水工程是现代城镇和工矿建设中重要的基础设施之一。它分为给水工程和排水工程。给水工程是指为满足城镇居民生活和工业生产等需要而建造安装的取水及其净化、输水配水等工程设施。排水工程是指与给水工程相配套的,用于汇集生活、生产污水(废水)和雨水(雪水)等,并将其经过处理,输送、排泄到其他水体中的工程设施。

1. 给水排水工程的分类及组成

给水排水工程分为室外给水排水和室内给水排水两类。室外给水排水又分为城市给水排水和小区(厂区)给水排水,它们又都分为给水和排水两个系统。室内给水排水包括室内给水和室内排水。城市排水一般采用分流制,即污水排水系统和雨水排水系统。污水排水系统一般包括排水管道、检查井、化粪池、污水泵站、污水处理厂和排向江河湖海的管道、沟渠、排水口等。雨水排水系统一般包括雨水口(集水口)、厂区管道、雨水检查井、市政雨水管及出水口等。

室内给水排水又称为建筑给水排水,其组成如图 16-1 所示。

(1)室内给水系统一般包括以下内容:

1)引入管。自室外给水管(厂区管网)至室内给水管网的一段水平连接段。

2)水表节点。水表节点是指引入管上装设的水表、表前后阀门和泄水口等,一般集中在一个水表井内。

3)室内输配水管道。室内输配水管道包括水平干管、立管、支管。

4）给水配件和设备。配水龙头、阀门、卫生设备等。

5）升压及贮水设备。当水压不足或对供水的压力有稳定性要求时，需要设置水箱、水池、水泵、气压装置等。

6）室内消防给水系统。根据建筑物的防火等级，有的需要设置独立的给水系统及消火栓、自动喷淋设施等。

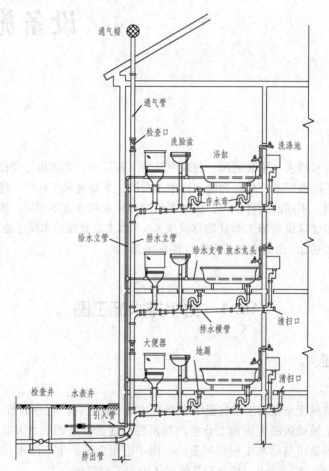

图 16-1　室内给水排水的组成

（2）室内排水系统一般包括以下内容：

1）卫生设备。用于接纳、收集污水的设备，是排水系统的起点。污水由卫生设备出水口经存水弯等（水封段）流入排水横管。

2）排水横管。接纳用水设备排出的污水，并将其排入污水立管的水平管段。

3）排水立管。接纳各种排水横管排来的污水，并将其排入排出管。

4）排出管。室内排水立管与室外排水检查井之间的一段连接管段。

5）通气管。排水立管上端通到屋面上面的一段立管。主要是为了排除排水管道中的有害气体和防止管道内产生负压。通气管顶端设置通气帽或网罩。

6）清扫口和检查口。为了检查、疏通排水管道而在立管上设置检查口，在横管端头设置清扫口。

2. 给水排水施工图的分类

给水排水施工图可分为室外给水排水施工图和室内给水排水施工图。

室外给水排水施工图表达的范围比较大，可以表示一幢建筑物外部的给水排水工程，也可以表示一个小区（或厂区）或一个城市的给水排水工程。其内容包括平面图、高程图、纵断面图、详图。室内给水排水施工图表示一幢建筑物内部的给水排水工程设施情况，包括平面图、系统图、屋面排水平面图、剖面图、详图。此外，对水质净化和污水处理来说，还有工艺流程图、水处理构筑物工艺图等。

一般建筑给水排水工程主要包括室内给水排水平面图、系统图，室外给水排水平面图及有关详图。

16.1.2　给水排水施工图的图示特点及基本规定

1. 图示特点

在给水排水施工图中，系统图采用轴测投影绘制，工艺流程图采用示意法绘制，而其他图样采用正投影法绘制。

管道、器材和设备一般采用国家有关制图标准规定的图例表示。给水排水管道一般用粗线绘制；纵断面图中的重力管道，剖面图和详图中的管道一般用双中粗线绘制。不同管径的管道，用同样宽的线条表示，管径另外注明。管道与墙的距离示意性地画出，安装时按有关施工规程确定距离。

暗装在墙内的管道也画在墙外，另外加以说明。管道上的连接配件为标准的定型工业产品，且有些配件需施工安装时才能确定数量和位置，因此，连接配件不再绘出。

2. 基本规定

（1）图线。新设计的各种排水和其他重力流管线采用粗实线，不可见时采用粗虚线；新设计的各种给水和其他压力流管线，原有的各种排水和其他重力流管线采用中粗实线，不可见时采用中粗虚线；给水排水设备、零（附）件、总图中新建的建筑物、构筑物的可见轮廓线，原有的各种给水和压力流管线采用中实线，不可见时采用中虚线；建筑的可见轮廓线、总图中原有的建筑物和构筑物的可见轮廓线用细实线，不可见时用细虚线。

（2）比例。给水排水工程图常用比例见表 16-1。

表 16-1　常用比例

名称	比例	备注
总平面图	1∶1 000、1∶500、1∶300	宜与总图专业一致
管道纵断面图	纵向：1∶200、1∶100、1∶50 横向：1∶1 000、1∶500、1∶300	
水处理构筑物、设备间、卫生间、泵房平、剖面图	1∶100、1∶50、1∶40、1∶30	
建筑给水排水平面图	1∶200、1∶150、1∶100	宜与建筑专业一致
建筑给水排水轴测图	1∶150、1∶100、1∶50	宜与相应图纸一致
详图	1∶50、1∶30、1∶20、1∶10、1∶5、1∶2、1∶1、2∶1	

（3）标高。给水排水工程图中的标高以米（m）为单位，一般应注写至小数点后第三位，在总图中可注写至小数点后第二位。室内管道一般应标注相对标高；室外管道宜标注绝对标高。当无绝对标高资料时，可以标注相对标高，但应与总图专业一致。压力管道宜标注管中心标高；

沟渠和重力流管道宜标注沟（管）内底标高。

在给水排水平面图、系统图中，标注管道标高应按图 16-2 所示的方式进行，标高符号既可以直接标注在管道图例线上，也可以标注在引出线上。在剖面图中，管道标高应按图 16-3 所示的方式标注。平面图中，沟渠标高应按图 16-4 所示的方式标注。

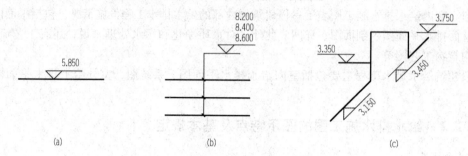

图 16-2　平面图、系统图的管道标高注法

（a）标注在管道图例线上；（b）标注在引出线上；（c）系统图中标高注法

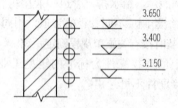

图 16-3　剖面图管道标高注法

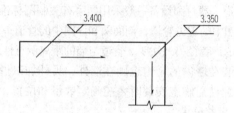

图 16-4　平面图沟渠标高注法

（4）管径。在给水排水工程图中，管道应注明直径。直径的单位是毫米（mm）。管道的直径分为公称直径、内径和外径。根据管道的材质和用途，标注不同的直径。低压流体输送用镀锌焊接钢管、不镀锌焊接钢管、铸铁管、硬聚氯乙烯管、聚丙烯管等，管径应以公称直径 DN 表示（如 $DN20$、$DN40$ 等）；耐酸陶瓷管、混凝土管、钢筋混凝土管、陶土管（缸瓦管）等，管径应以内径 d 表示（如 $d380$、$d230$ 等）；焊接钢管（直缝或螺旋缝电焊钢管）、无缝钢管等，管径应以外径×壁厚表示（如 $D108×4$、$D159×4.5$ 等）。

单管及多管的管径应按图 16-5 所示的方法标注。

图 16-5　管径标注方法

（5）编号。当建筑物的给水引入管或排水排出管的数量多于一根时，宜采用直径为 12 mm 的细实线圆表示，其编号应采用阿拉伯数字编写，上半圆中注明管道类别代号，下半圆中注写编号 ［图 16-6（a）］。

建筑物内穿越楼层的立管，其数量多于一根时，宜用阿拉伯数字编号，编号宜按图 16-6

（b）的方式标注，JL 为给水立管代号，WL 为污水立管代号。

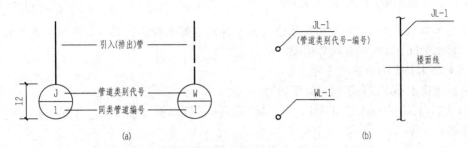

图 16-6 管道编号表示法

（a）引入管或排出管编号；（b）立管编号

给水排水附属构筑物（阀门井、检查井、水表井、化粪池等）多于一个时应编号，编号宜用构筑物代号后加阿拉伯数字表示。构筑物代号应采用汉语拼音字头。

给水阀门井的编号顺序，应从水源到用户，从干管到支管，从支管再到用户。排水检查井的编号顺序，应从上游到下游，先支管后干管。

3. 图例

给水排水施工图中常用的图例见表 16-2。

表 16-2 给水排水施工图常用图例

名称	图例	名称	图例
生活给水管	—— J ——	通气帽	成品　铅丝球
污水管	—— % ——	立管检查口	
流向		清扫口	平面　系统
坡向	$i=\times\%$	圆形地漏	
立管	XL	盥洗槽	
水表井		浴缸	
截止阀	$DN\geqslant50$　$DN\leqslant50$	污水池	
放水龙头	平面图中　系统图中	盥洗盆	
多孔水管		蹲式大便器	
S形存水弯		坐式大便器	
沐浴喷头		小便槽	

16.1.3　室外给水排水平面图

室外给水排水平面图主要表明房屋建筑的室外给水排水管道、工程设施的布置及其与区域性的给水排水管网、设施的连接等情况。

1. 室外给水排水平面图的图示内容

室外给水排水平面图一般包括以下内容:

(1) 表明建筑总平面图的主要内容,如地形地貌及建筑物、构筑物、道路、绿化等的布置、有关的标高。

(2) 表达区域内新建和原有给水排水管道、设施的平面布置、规格、数量、标高、坡度、流向等。

(3) 当给水和排水管道的种类较多或地形复杂时,给水和排水管道可分别绘制总平面图,或者增加局部放大图、纵断面图。

2. 室外给水排水平面图的识读

(1) 读图步骤。

1) 读标题栏、设计说明,熟悉有关图例,了解工程概况。

2) 了解管道的种类、系统,分清给水、排水和其他用途的管道,每种管道是几个系统,分清原有管道和新建管道。

3) 对于新建管道,分系统按给水和排水的流程逐一了解新建阀门井、水表井、消火栓、检查井、雨水口、化粪池等的设置,了解管道的位置、直径、坡度、标高、连接等情况。

必要时需对照局部放大图、纵断面图、室内给水排水底层平面图等有关图纸进行阅读。

(2) 读图实例。下面以某住宅楼工程的室外给水排水总平面图 (图 16-7) 为例,进行介绍。

首先,阅读给水系统。原有给水干管由南面市政给水管网引入,管道中心距离已有住宅楼 16 m,管径为 DN75,管道沿小区内道路敷设,给水干管一直向北再折向东,沿途分别设置支管 (DN50) 接入已有的 4 栋住宅楼 (部分省略),并分别在适当的位置设置了两个室外消火栓。

新建给水管道由已有住宅楼南侧最后一个给水阀门井接出,向东引到新建住宅楼,管径为 DN50,管道中心距新建住宅楼 10 m,新建给水管道上共有 9 座阀门井,在新建住宅楼的西侧设置了一个室外消火栓。

其次,阅读排水系统。本工程采用分流制,即分为污水和雨水两个系统分别排放。其中排放污水系统的原有管道主要是由住宅楼北侧向西汇集至化粪池的。排水支管管径为 150 mm,接到沿小区道路的干管上,干管管径为 200 mm (已有住宅楼的部分排水管省略)。新建排水管道是新建住宅楼的配套工程,接纳住宅楼排出的污水,由东向西排入化粪池 (P_1—化粪池;P_{10}—化粪池)。汇集到化粪池的污水先进入进水井,再到出水井,经过简单预处理再从出水井的出水口排入污水干管,再向南出小区排向市政污水管网。

最后,阅读雨水系统。各建筑物屋面的雨水经房屋雨水管道排泄至室外地面,汇合地面上的雨水由庭院中路边雨水口进入雨水排水管道 (已有雨水管道省略),再由北向南出小区排向市政雨水管网。

3. 室外给水排水平面图的绘制

(1) 选定比例和图幅,绘出建筑总平面图的主要内容 (建筑物及道路等)。由于给水排水总平面图重点是表示管网的布置,所以,一般可以用中实线画出新建房屋的轮廓,用细实线绘出原有建筑物、道路、构筑物等。

(2) 根据各建筑物的底层管道平面图,绘出房屋给水系统的引入管和排水系统的引出管。

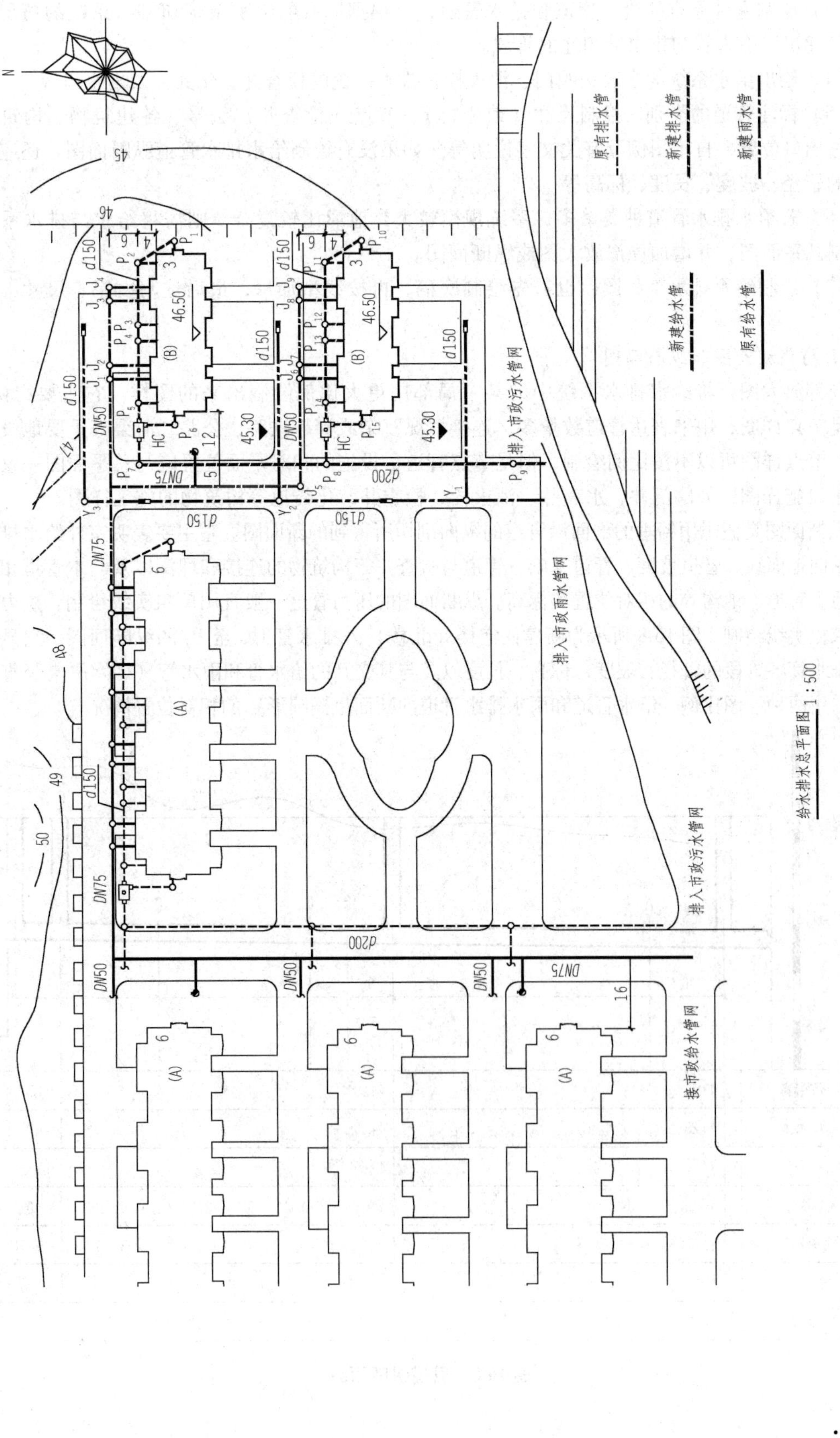

图16-7 给水排水总平面图

给水排水总平面图 1：500

（3）绘制室外原有的给水管道和排水管道，并根据原有的给水系统和排水系统的情况，绘出与新建房屋引入管和排出管相连的管线。

（4）绘出给水系统的水表、阀门、消火栓，排水系统的检查井、化粪池及雨水口等。

（5）标注管道的类别、控制尺寸（或坐标）、节点（检查井）编号、各建筑物、构筑物的管道进出口位置、自用图例及有关文字说明等。如果没有绘制给水排水管道纵断面图，还应注明管道的管径、坡度、长度、标高等。

（6）若给水排水管道种类繁多，系统规模较大，地形比较复杂，则需将给水与排水系统分别绘制总平面图，并增加局部放大图或纵断面图。

（7）绘制给水排水工程图，也需先绘制底稿，再按线型加深，最后注写文字、尺寸，完成全图。

4. 局部放大图和纵断面图

局部放大图是将给水排水系统中的某一局部用更大比例绘制出来的图样。它主要有两类：一类是节点详图，用来表达管道数量多，连接情况复杂或穿越铁路、公路、河渠等重要地段的放大图。节点详图可以不按比例绘制，但是节点管道、设施的相对平面位置应与总平面图一致。另一类是设施详图，如阀门井、水表井、消火栓、检查井、化粪池等构筑物的施工详图。

纵断面图是假想用铅垂的剖面沿管道的纵向剖切所得到的断面图。它主要表明室外给水排水管道的纵向地面线、管道坡度、管道基础、管道与检查井等构筑物的连接和埋深以及与本管道相关的各种地下管道、地沟等的相对位置和标高。纵断面图的压力管道一般宜用单粗实线绘制，重力管道宜用双粗实线绘制。图 16-8 所示为新建住宅楼（北楼）外排水管 HC 至 P_9 的纵断面图。它显示出新建排水管各管段的管径、坡度、标高、长度以及与其交叉的给水管和雨水管（因水平与竖直方向分别采用两种绘图比例，给水管道和雨水排水管道的断面呈椭圆形）的相对位置情况。

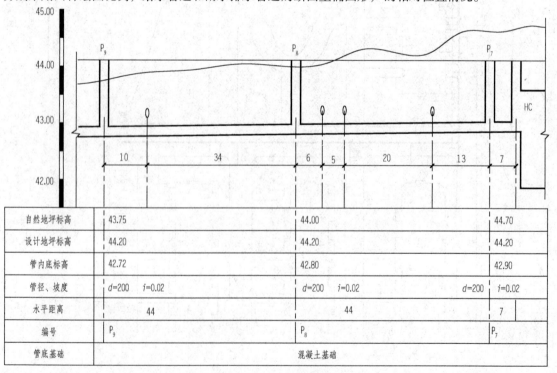

自然地坪标高	43.75		44.00		44.70
设计地坪标高	44.20		44.20		44.20
管内底标高	42.72		42.80		42.90
管径、坡度	$d=200$	$i=0.02$	$d=200$	$i=0.02$	$d=200$ $i=0.02$
水平距离	44		44		7
编号	P_9		P_8		P_7
管底基础			混凝土基础		

图 16-8　管道纵断面图

16.1.4　室内给水排水施工图

室内给水排水施工图主要包括给水排水平面图、系统图和详图等。

1. 室内给水排水平面图

（1）内容。室内给水排水平面图是表明给水排水管道及设备的平面布置的图样，主要包括以下内容：

1）各用水设备的平面位置、类型。

2）给水管网及排水管网的各个干管、立管、支管的平面位置、走向，立管编号和管道安装方式（明装或暗装）。

3）管道器材设备，如阀门、消火栓、地漏、清扫口等的平面位置。

4）底层平面图还要表明给水引入管、水表节点、污水排出管的平面位置、走向及与室外给水、排水管网的连接。

5）管道及设备安装预留洞位置、预埋件、管沟等方面对土建工程专业的要求。

（2）绘制。多层房屋的给水排水平面图原则上应每一层绘制一个，管道系统及设备布置相同的楼层可以共用一个平面图表示。底层平面图因为要表达室外的引入管和排出管等，仍应单独绘出。底层给水排水平面图一般应绘出整幢房屋的平面图，其余各层可以仅绘出布置有管道及设备的房屋局部平面图。

室内给水排水平面图是在建筑平面图的基础上表明给水排水有关内容的图纸。因此，要用细线先绘制房屋平面图中的墙身、柱、门窗洞、楼梯、台阶、轴线等主要内容。可以采用与建筑平面图相同的比例，如果有表达不清的地方也可以放大比例。在抄绘的建筑平面图上，再绘制卫生器具和管道。卫生器具（如洗脸盆、大便器等）和设施（如小便槽、污水池等）按规定的图例用中实线绘出。管道则不论是在楼面（地面）之上或之下，只要是属于本层使用的，均用规定的线型绘于本层平面图上，不考虑其可见性。为了便于识读、施工，一般将给水系统和排水系统绘制在一个平面图上。当较复杂时，也可以分别绘制。

在给水排水平面图上，一般要注出轴线间的尺寸、地面标高、系统及管道编号、有关文字说明及图例。而管道的管径、坡度、标高则不必标注，另标注在系统图中。

给水排水平面图绘图的具体步骤如下：

（1）用细实线绘制建筑平面的主要部分。

（2）用中实线绘制卫生器具设备的轮廓线。

（3）用粗实线绘制给水管道，用粗虚线绘制排水管道。

（4）标注必要的尺寸、标高、系统编号等，注写有关文字说明及图例。

2. 室内给水排水系统图

（1）内容。室内给水排水系统图是用正面斜轴测投影绘制的。它主要表明室内给水排水管网的来龙去脉，管网的上下层之间，前后左右之间的空间关系，管道上各种器材的位置。系统图一般注有各管径尺寸、立管编号、管道标高和坡度。通过系统图可以了解建筑物给水系统和排水系统的概貌。

（2）绘制。管道系统图一般采用正面斜等轴测投影绘制，即 X 轴为水平方向，Z 轴为竖直方向，Y 轴与水平方向成45°夹角，3 个轴向的变形系数都是1。一般管道平面图的长向与 X 轴一致，管道平面图的宽向与 Y 轴方向一致。

管道系统图一般应采用与管道平面图相同的比例绘制，当管道系统复杂时可以采用更大的比例绘制。

各管道系统的编号应与底层管道平面图中的系统编号一致。排水系统和给水系统一般应分别绘制以避免过多的管道重叠和交叉。

系统图中管道用单线绘制,采用的线型与平面图一样,一般给水管道采用粗实线,排水管道采用粗虚线。

对于多层建筑物的管道系统图,如果有管网布置相同的层,则不必层层重复绘出,可以将重复层的管道省略不画,只需在管道折断处注明"同某层"即可。当空间交叉管道在系统图中相交时,在相交处被挡的管线应断开。当系统图中管线过于集中或有重叠时,可以将某些管段断开,移至别处画出,在管线断开处注明相应的编号(图 16-9)。

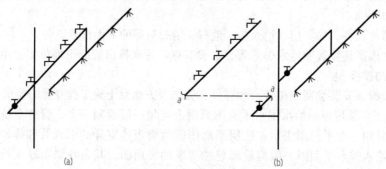

图 16-9　系统图中密集重叠处的引出画法
(a)有重叠;(b)断开并移开绘制

在管道系统图中还要画出管道穿过的墙、地面、楼面、屋面的位置,以表明管道与房屋的相互关系,如图 16-10 所示。

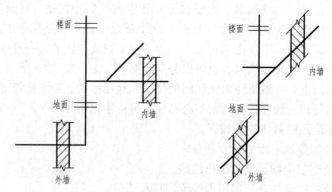

图 16-10　系统图中管道与房屋构件位置关系表示法

在管道系统图中,所有管段均需标注管径,当连续几段的管径相同时,可以仅注其中两端管段的管径,中间管段省略不注。有坡度的横管应标注其坡度,当排水横管采用标准坡度时,图中可省略不注,而在设计说明中写明。管道系统图中还应标注必要的标高,标高是以建筑物首层室内地面为 ±0.000 的相对标高。给水系统图中,一般要注出横管、阀门、放水龙头和水管各部位的标高。在排水系统图中,横管的标高一般由卫生器具的安装高度和管件尺寸所决定,所以不必标注。检查口和排出管起点要标注标高。此外,要注出室内地面、室外地面、各层楼面和屋面的标高。

绘制管道系统图时,应参照管道平面图按管道系统分别绘制,其步骤如下:

(1)画主管。

(2)画立管上的各层地面线、屋面线。

（3）画给水引入管或污水排出管、通气管。

（4）画出给水引入管或污水排出管所穿过的外墙（局部）。

（5）从立管上引出各横管，在横管上画出用水设备的给水连接支管或排水承接支管。

（6）画出管道系统上的阀门、水龙头、检查口等器材。

（7）标注管径、标高、坡度、有关尺寸及编号等。

3. 平面图和系统图的识读

（1）读图步骤。

1）查看图纸目录及设计说明，了解主要的建筑图和结构图，对给水排水工程有一个概括的了解。

2）按给水系统和排水系统分别阅读。在同类系统中按管道编号依次阅读。某一编号的系统按水流方向顺序识读。给水系统：室外管网—引入管—水平干管—立管—支管—配水龙头（或其他用水设备）；排水系统：卫生器具—器具排水管（常设有存水弯）—排水横管—排水立管—排出管—检查井。

读图时，系统图和平面图应联系对照着阅读。

（2）读图实例。图 16-11 ~ 图 16-15 给出了某住宅楼给水排水工程的平面图和系统图，分别阅读如下：

1）平面图。图 16-11 ~ 图 16-13 给出了一住宅小区某栋楼一层、二层、三层及阁楼层的给水排水平面图，由平面图可了解到哪些房间布置有卫生器具、管道？其位置走向如何？这些房间的地面标高是多少？由图可知，在住宅楼的三个楼层中均是在厨房和卫生间有给水排水设施。由管道编号可知，给水引入管 $\frac{J}{1}$、$\frac{J}{2}$ 自Ⓔ轴墙进入室内，$\frac{J}{1}$ 经水平干管及给水立管 JL-3、JL-4 向各层厨房的洗菜盆供水，$\frac{J}{2}$ 经水平干管及给水立管 JL-1、JL-2 向卫生间的洗漱等卫生设施供水。JL-1、JL-2、JL-3、JL-4 位于管道竖井，由给水立管 JL-1、JL-2 接出的水平干管在管道井内安装有阀门，由水平干管供水的设施器具依此是洗衣机、热水器（见系统图）、淋浴间、坐便器、洗脸盆等。污水排出管有 $\frac{P}{1}$ 至 $\frac{P}{12}$ 共 12 根，排水立管有 PL-1 至 PL-7 共 7 根。$\frac{P}{2}$、$\frac{P}{4}$、$\frac{P}{7}$、$\frac{P}{9}$、$\frac{P}{12}$ 没有接排水立管，即只承接、排泄首层的污水。$\frac{P}{5}$、$\frac{P}{6}$ 为管道竖井排水管道的排出管，其他排出管则只连接排水立管而没有连接排水横管，说明它们承接、排泄首层以上的污水。

2）系统图。先阅读给水系统图，图 16-14、图 16-15 所示是 $\frac{J}{1}$、$\frac{J}{2}$ 给水系统图，现在阅读 $\frac{J}{1}$ 给水系统图。对照平面图可知引入管 $DN40$ 穿过Ⓔ轴外墙引入室内，管道中心标高为 -1.500 m，在 -1.000 m 处有一 $DN40$ 的水平干管分别接至立管 JL-1、JL-2，立管 JL-1、JL-2 出一层地面后有阀门，在标高 0.300 m 处各接出一横支管，安装有阀门、水表，供水至卫生间的洗衣机、热水器、淋浴间、坐便器、洗脸盆等。另一给水系统是 $\frac{J}{2}$，在 -1.500 m 一根 $DN25$ 的引入管进入室内，接至 -1.000 m 处 $DN20$ 水平干管，之后是 JL-3、JL-4，在距楼面 300 mm 处接出横支管，同样安有阀门、水表，该支管向各层厨房洗菜盆上方的水龙头供水。由给水系统图还可以了解到各处的管径、标高等。

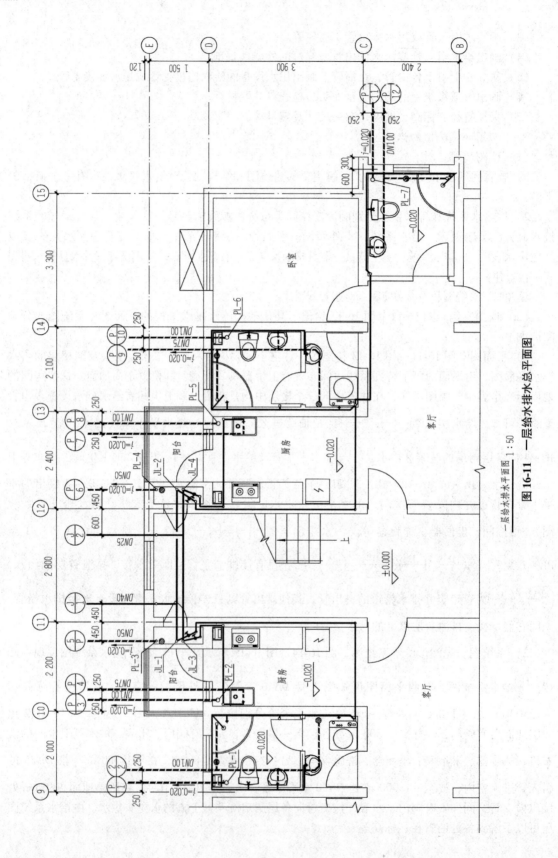

一层给水排水平面图 1:50

图16-11 一层给水排水总平面图

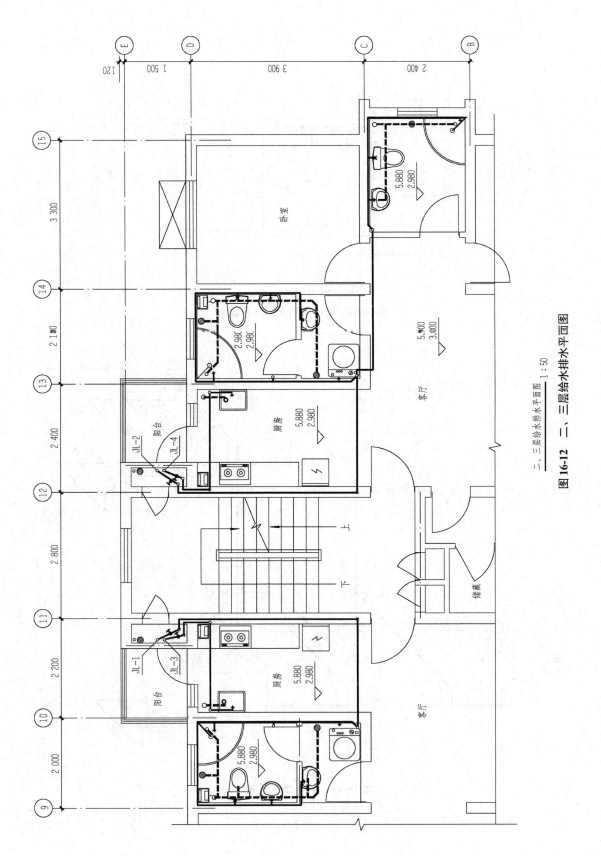

二、三层给水排水平面图 1:50

图 16-12　二、三层给水排水平面图

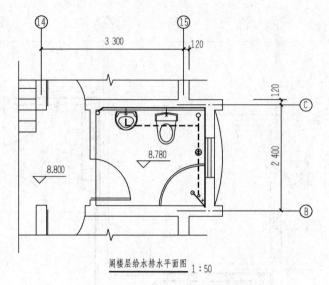

阁楼层给水排水平面图 1:50

图 16-13 阁楼层给水排水平面图

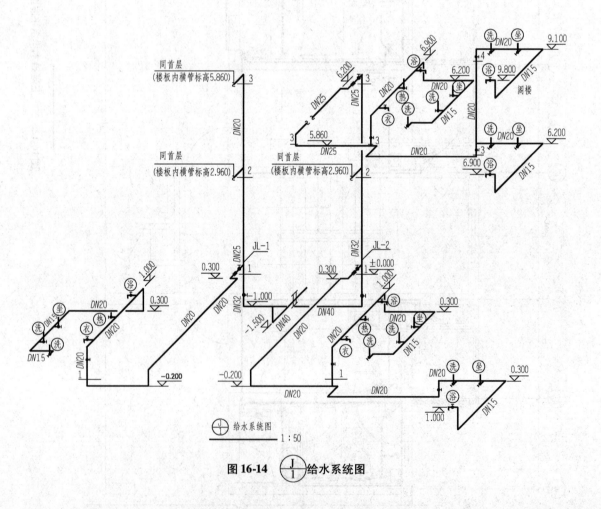

给水系统图 1:50

图 16-14 给水系统图

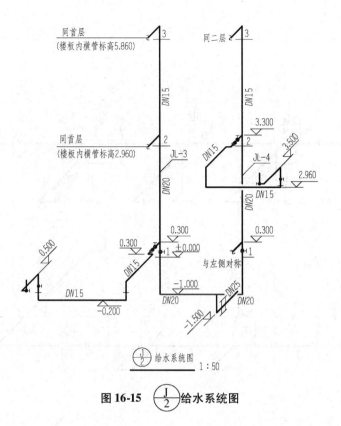

图 16-15 $\frac{J}{2}$ 给水系统图

再阅读排水系统图，图 16-16、图 16-17 所示为排水系统图，图中示出 7 个排水管道系统图，与已有管道系统对称的则省略。现仅阅读 $\frac{P}{10}$ 排水系统图，配合平面图可知该系统，在二、三层排水横管上可见地漏、洗脸盆、淋浴间的 S 形存水弯、坐便器排水支管等，横管管径有 DN50、DN100 两种，坡度 $i = 0.02$，各层排水横管基本相同。排水立管向上有出屋面的排气管，向下穿过楼面、进入地面在 -1.800 m 标高处转为 DN100 排出管。立管在一层、三层设有检查口。其他排水系统由读者自行阅读，注意每层中排水横管所接用水设备的排水管有何不同。

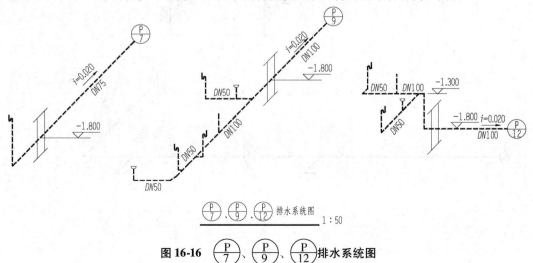

图 16-16 $\frac{P}{7}$、$\frac{P}{9}$、$\frac{P}{12}$ 排水系统图

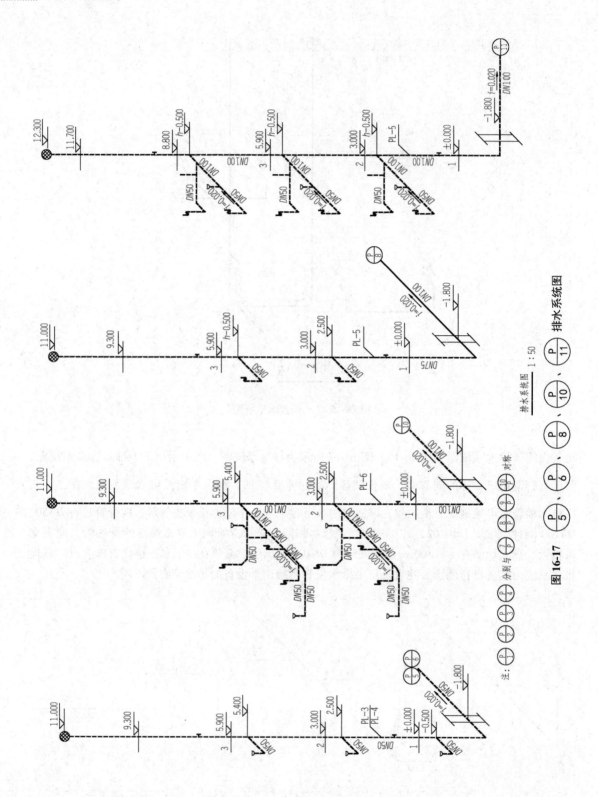

排水系统图 1:50

图 16-17

16.1.5　给水排水工程详图

无论是给水排水平面图、系统图，还是给水排水总平面图，都只是显示了管道系统的布置情况，至于卫生器具、设备的安装，管道的连接、敷设，还需绘制能供具体施工的安装详图。

详图要求详尽、具体、明确，视图完整，尺寸齐全，材料规格注写清楚，并附上必要说明。详图采用较大比例，可按前述规定选用。

当各种管道穿越基础、地下室、楼地面、屋面、梁和墙等建筑构件时，其所需预留孔洞和预埋件的位置及尺寸，均应在建筑结构施工图中明确表示；而管道穿越构件的具体做法需以安装详图表示，图 16-18 所示是管道穿墙的一种做法。

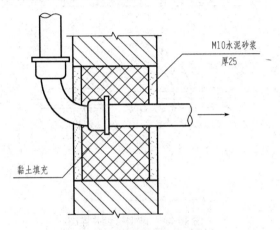

图 16-18　管道穿墙做法详图

一般常用的卫生器具及设备安装详图，可直接套用给水排水国家标准图集或有关的详图图集，而无须自行绘制。选用标准图时，只需在图例或说明中注明所采用图集的编号即可。对不能套用的则需自行绘制详图。现以洗脸盆、排水检查井设施详图为例供参阅，如图 16-19、图 16-20 所示。

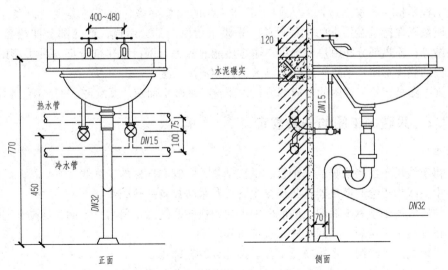

图 16-19　洗脸盆安装详图

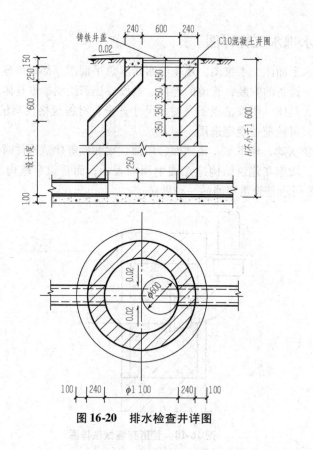

图 16-20   排水检查井详图

16.2   采暖施工图

16.2.1   概述

采暖工程是为了改善人们的生活和工作条件，或者满足生产工艺的环境要求而设置的。

采暖工程是指在冬季创造适宜人们生活和工作的温度环境，保持各类生产设备正常运转，保证产品质量以保持室温要求的工程设施。采暖工程由三部分组成，产热部分即热源，如锅炉房、热电站等；输热部分即由热源到用户输送热能的热力管网；散热部分即各种类型的散热器。按采暖工程的热媒不同，采暖一般分为热水采暖和蒸汽采暖。

采暖施工图是建筑工程图的组成部分，主要包括采暖平面图、系统图、剖面图、详图等。

16.2.2   采暖施工图的一般规定

1. 线型

（1）粗实线用于绘制采暖供水干管、供汽干管、立管和部件的轮廓线。

（2）中实线用于绘制散热器及其连接支管线和采暖设备的轮廓线。

（3）细实线用于绘制平面图、剖面图中土建构造轮廓线以及尺寸、图例、标高和引出线等。

（4）粗虚线用于绘制采暖回水管、凝结水管。

（5）中虚线用于绘制采暖管或设备被遮挡部分的轮廓线。

（6）细虚线用于绘制采暖地沟轮廓线、工艺设备被遮挡部分的轮廓线。

（7）单点长画线用于绘制设备和部件的中心线、定位轴线。

（8）双点长画线用于绘制工艺设备外轮廓线。

（9）折断线和波浪线同于建筑图。

2. 比例

绘图时应根据图样的用途和物体的复杂程度优先选用表 16-3 中常用比例，特殊情况下允许选用可用比例。

表 16-3　比　例

图名	常用比例	可用比例
总平面图	1∶500、1∶1 000	1∶300
剖面图	1∶50、1∶100、1∶150、1∶200	1∶300
局部放大图、管沟断面图	1∶50、1∶20、1∶50、1∶100	1∶30、1∶40、1∶50、1∶200
索引图、详图	1∶1、1∶2、1∶5、1∶10、1∶20	1∶3、1∶4、1∶15

3. 图例

采暖施工图常用图例（部分）见表 16-4。

表 16-4　采暖施工图常用图例

名称	图例	名称	图例
供热（汽）管		自动排气阀	
回（凝结）水管		散热器	
立管		手动排气阀	
流向		截止阀	
丝堵		闸阀	
固定支架		止回阀	或
水泵		安全阀	
疏水器		坡度及坡向	$i=0.003$　或　$i=0.003$

4. 制图基本规定

（1）对于图纸目录、设计施工说明、设备及主要材料表等，如单独成图时，其编号应排在其他图纸之前，编排顺序应为图纸目录、设计施工说明、设备及主要材料表等。

（2）图样需要的文字说明，宜以附注的形式放在该张图纸的右侧，并以阿拉伯数字编号。

（3）一张图纸内绘制几种图样时，图样应按平面图在下、剖面图在上、系统图和安装详图在右进行布置。如无剖面图时，可将系统图绘制在平面图的上方。

（4）图样的命名应能表达图样的内容。

16.2.3　采暖施工图的规定

1. 标高和坡度

（1）需要限定高度的管道，应标注相对标高。

（2）管道应标注管中心标高并应标注在管段的始端或末端。

（3）散热器宜标注底标高，同一层、同标高的散热器只标右端的一组。

（4）坡度宜用单面箭头表示，数字表示坡度，箭头表示坡向下方。

2. 管道转向、连接和交叉

管道转向、分支、交叉和跨越的画法如图 16-21 所示。

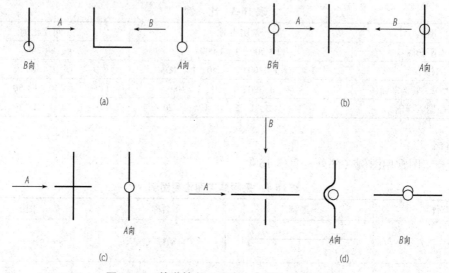

图 16-21　管道转向、分支、交叉、跨越的画法

（a）管道转向；（b）管道分支；（c）管道交叉；（d）管道跨越

3. 管径标注

（1）焊接钢管应用公称直径"DN"表示，如 $DN32$、$DN15$。无缝钢管应用外径×壁厚表示，如 $D114 \times 5$。

（2）管径尺寸标注的位置如下：

1）管径变径处。

2）水平管道的上方。

3）斜管道的斜上方。

4）竖向管道的左方。

5）当无法按上述位置标注时，可另找适当位置标注，但应用引出线示意该尺寸与管段的关系。

6）同一种管径的管道较多时，可不在图上标注管径尺寸，但应在附注中说明。

4. 编号

（1）采暖立管编号用阿拉伯数字表示，如图 16-22 所示。

（2）采暖入口编号用阿拉伯数字表示，R—代号，n—编号，如图 16-23 所示。

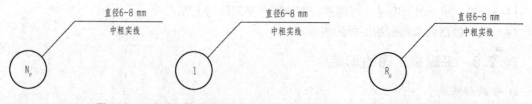

图 16-22　采暖立管编号画法　　　　　　**图 16-23　采暖入口编号画法**

16.2.4　室内采暖施工图

室内采暖工程包括采暖管道系统和散热设备。室内采暖施工图则分为平面图、系统图及详图。

1. 室内采暖平面图

（1）内容。室内采暖平面图是表示采暖管道及设备平面布置的图纸。主要内容如下：

1）散热器平面位置、规格、数量及其安装方式（明装或暗装）。

2）采暖管道系统的干管、立管、支管的平面位置和走向，立管编号和管道安装方式（明装或暗装）。

3）采暖干管上的阀门、固定支架、补偿器等的平面位置。

4）采暖系统有关设备如膨胀水箱、集气罐（热水采暖）、疏水器的平面位置和规格、型号以及设备连接管的平面布置。

5）热媒入口及入口地沟情况，热媒来源、流向及与室外热网的连接。

6）管道及设备安装所需的预留洞、预埋件、管沟等与土建施工的关系和要求。

（2）绘制。

1）多层房屋的管道平面图原则上应分层绘制，管道系统布置相同的楼层平面可绘制一个平面图。

2）用细线抄绘房屋平面图的主要部分，如房屋的墙身、柱、门窗洞、楼梯、台阶等主要构配件，其他如房屋细部和门窗代号等均可略去。底层平面图应画全轴线，楼层平面图可只画边界轴线。

3）绘制采暖设备平面图，散热器的规格及数量标注方法如下：

①柱式散热器只注数量。

②圆翼形散热器应注根数、排数，如 3×2，表示每排根数×排数。

③光管散热器应注管径、长度、排数，如 $D108×3\,000×4$，表示管径（mm）× 管长（mm）×排数。

④串片式散热器应注长度、排数，如 1.0×3，表示长度（m）×排数。

⑤ 散热器的规格、数量标注在本组散热器所靠外墙的外侧，远离外墙布置的散热器直接标注在散热器的上侧（横向放置）或右侧（竖向放置）。

4）管道类型以规定线型和图例绘出由干管、立管、支管组成的管道系统平面图。管道一律用单线绘制。

5）标注尺寸、标高，注写系统和立管编号以及有关图例、文字说明等。在底层平面图中注出轴线间尺寸，另外要标注室外地面的整平标高和各层楼面标高。管道及设备一般不必标注定位尺寸；必要时，以墙面和柱面为基准标出。采暖入口定位尺寸应标注由管中心至所邻墙面或轴线的距离。管道的长度在安装时以实测尺寸为依据，图中不予标注。

2. 室内采暖系统图

（1）内容。室内采暖系统图是根据各层采暖平面中管道及设备的平面位置和竖向标高，用正面斜等轴测或正等轴测投影法以单线绘制而成的。它表明自采暖入口至出口的室内采暖管网系统、散热设备、主要附件的空间位置和相互关系。该图注有管径、标高、坡度、立管编号、系统编号以及各种设备、部件在管道系统中的位置。把系统图与平面图对照阅读，可以了解整个室内采暖系统的全貌。

（2）绘制。

1）选择轴测类型，确定轴测方向。采暖系统图宜用正面斜等轴测或正等轴测投影法绘制，采暖系统图的轴向要与平面图的轴向一致，也即 OX 轴与平面图的长度方向一致，OY 轴与平面图的宽度方向一致。

2）确定绘图比例。系统图一般采用与相对应的平面图相同的比例绘制。当管道系统复杂时，也可放大比例绘制。当采取与平面图相同的比例时，水平的轴向尺寸可直接从平面图上量取，竖直的轴向尺寸可依据层高和设备安装高度量取。

3）按比例画出建筑楼层地面线。

4）绘制管道系统。采暖系统图中管道系统的编号应与底层采暖平面图中的系统索引符号的编号一致。采暖系统宜按管道系统分别绘制，这样可避免过多的管道重叠和交叉。采暖管道用粗实线，回水管道用粗虚线，设备及部件均用图例表示，并以中线、细线绘制。当管道过于集中无法画清楚时，可将某些管段断开，引出绘制，相应的断开处宜用相同的小写拉丁字母注明。

5）依散热器安装位置及高度画出各层散热器及散热器支管。

6）画出管道系统中的控制阀门、集气罐、补偿器、固定卡、疏水器等。

7）标注管径、标高等。管道系统中所有管段均需标注管径，当连续几段的管径都相同时，可仅注其两端管段的管径。凡横管均需注出（或说明）其坡度。注明管道及设备的标高，标明室内外地面和各层楼面的标高。柱式、圆翼形散热器的数量应注在散热器内；光管式、串片式散热器的规格、数量应注在散热器的上方。

8）室内采暖平面图和系统图应统一列出图例。

3. 室内采暖平面图与系统图的识读

识读室内采暖施工图需先熟悉图纸目录，了解设计说明，主要的建筑图（总平面图、平面图、立面图、剖面图以及有关的结构图），在此基础上将采暖平面图和系统图联系对照识读，同时辅以有关详图配合识读。

（1）熟悉图纸目录，了解设计说明。

1）熟悉图纸目录，从图纸目录中可知工程图样的种类和数量，包括所选用的标准图或其他工程图样，从而可粗略得知工程的概貌。

2）阅读设计和施工说明，了解有关气象资料、卫生标准、热负荷量、热指标等基本数据；采暖系统的形式、划分及编号；统一图例和自用图例符号的含义；图中未加说明或不够明确而需特别说明的一些内容；统一做法的说明和技术要求。

（2）室内采暖平面图的识读。

1）明确室内散热器的平面位置、规格、数量以及散热器的安装方式（明装、暗装或半暗装）。

2）了解水平干管的布置。识读时，需注意干管是敷设在最高层、中间层还是底层。在底层平面图上还会出现回水干管或凝结水干管（蒸汽采暖系统），识读时也要注意。此外，应搞清楚干管上的阀门、固定支架、补偿器等的位置、规格及安装要求等。

3）通过立管编号查清立管系统数量和位置。

4）了解采暖系统中，膨胀水箱、集气罐（热水采暖系统）、疏水器（蒸汽采暖系统）等设备的位置、规格以及设备管道的连接情况。

5）查明采暖入口及入口地沟或架空情况。采暖入口无节点详图时，采暖平面图中一般将入口装置的设备（如控制阀门、减压阀、除污器、疏水器、压力表、温度计等）表达清楚，并注明规格、热媒来源、流向等。若采暖入口装置采用标准图时，则可按注明的标准图号查阅标准图。当有采暖入口详图时，可按图中所注索引号查阅采暖入口详图。

（3）室内采暖系统图的识读。

1）按热媒的流向确认采暖管道系统的形式及干管与立管以及立管、支管与散热器之间连接情况，确认各管段的管径、坡度、坡向，水平管道和设备的标高以及立管编号等。

2）了解散热器的规格及数量。当采用柱形或翼形散热器时，要弄清散热器的规格与片数（以及带脚片数）；当为光滑管散热器时，要弄清其型号、管径、排数及长度；当采用其他采暖设备时，应弄清设备的构造和标高（底部或顶部）。

3）注意查清其他附件与设备在管道系统中的位置、规格及尺寸，并与平面图和材料表等加以核对。

4）查明采暖入口的设备、附件，仪表之间的关系，热媒来源、流向、坡向、标高、管径等。如有节点详图，要查明详图编号以便查阅。

（4）识读举例。图 16-24 ~ 图 16-26 所示为某住宅楼采暖工程施工图。它包括室内采暖平面图（在此仅给出首层）、系统图和详图。该工程的热媒为热水，由锅炉房通过室外埋地管道集中供热。供暖入口和回水出口位于楼梯间入口处，在 -1.500 m 标高穿过基础进入楼梯间，管径 DN50，然后出地面经热力箱再返入地面下至管道竖井。管径变为 DN40，供热立管分别在 1.200 m、3.000 m、5.700 m 标高处分出 DN32 供热干管接至户内分配器，由分配器引出 3 路支管，管径 DN20，敷设在地面下，分别向大卫生间和小卧室、厨房和小卫生间、客厅和大卧室供热。散热器为铝合金 LF-700-0.8 型，均明装在窗台之下。平面图中表明了散热器的布置状况及各组散热器的片数。由详图中的说明可知，由供热入口至分户热力计量表管材采用热镀锌钢管，支管采用铝塑复合管（耐温大于 95℃）。在管道系统上还有对夹式蝶阀、锁闭阀、平衡阀、过滤器、热计量表、自动排气阀等。供热干管采用 0.003 的坡度"抬头走"，回水干管采用 0.003 的坡度"低头走"。

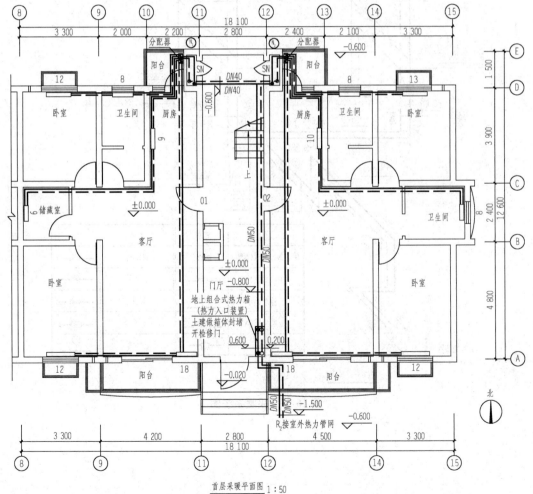

首层采暖平面图 1:50

图 16-24 采暖平面图

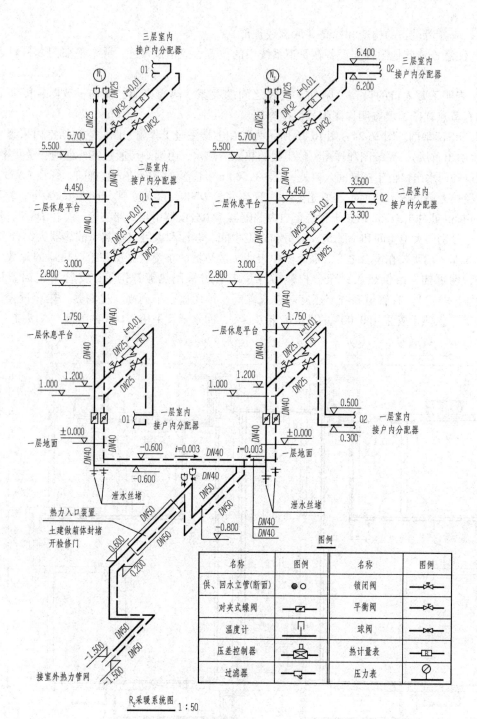

图 16-25　采暖系统图

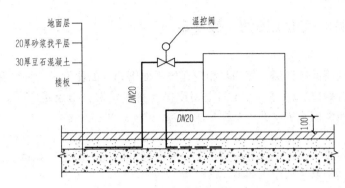

室内埋地管与散热器连接示意图

说明：散热器：选用铝合金LF-700-0.8型散热器，挂墙明装。

管材：由热力入口起至分户热量表选用热镀锌钢管；

支管材质为铝塑复合管（耐温大于95 ℃）。

图 16-26　采暖详图

16.3　建筑电气施工图

16.3.1　概述

　　房屋建筑都要安装许多电气设施，如照明、电视、通信、网络、消防控制、各种工业与民用的动力装置、控制设备及避雷装置等。电气工程或设施，都需要经过专门设计表达在图纸上，这些图纸就是电气施工图（也叫作电气安装图）。在房屋建筑施工图中，它与给水排水施工图、采暖通风施工图一起，列为设备施工图。电气施工图按"电施"编号。

　　上述各种电气设施，表达在图中，主要是两个方面的内容：一是供电、配电线路的规格与敷设方式；二是各类电气设施及配件的选型、规格及安装方式。而导线、各种电气设施及配件等本身，多数不是用其投影，而是用国家标准规定的图例、符号及文字，标绘在按比例绘制的建筑物各种投影图中（系统图除外），这是电气施工图的一个特点。

　　电气施工图常见的有以下几种：

　　（1）供电总平面图。在一个建筑小区（街坊）或厂区的总平面图中，表达变（配）电所的容量、位置，通向各用电建筑物的供电线路的走向、线型与数量、敷设方法，电线杆、路灯、接地等位置及做法的图。

　　（2）变、配电室的电力平面图。在变、配电室建筑平面图中，用与建筑图同一比例，绘出高低压开关柜、变压器、控制盘等设备的平面布置的图。

　　（3）室内电力平面图。在一幢建筑的平面图中，各种电力工程（如照明、动力、通信、广播、网络等）的线路走向、型号、数量、敷设位置及方法、配电箱、开关等设施位置的布置图。

　　（4）室内电力系统图。不是投影图，是用图例符号，示意性地概括说明整幢建筑的供电系统的来龙去脉的图。

　　（5）避雷平面图。在建筑屋顶平面图上，用图例符号画出避雷带、避雷网的敷设平面图。

　　（6）施工安装详图。用来详细表示电气设施安装方法及施工工艺要求的图，多选用通用电气设施标准图集。

16.3.2　有关电气施工图的一般规定

1. 绘图比例

一般各种电气的平面布置图，使用与相应建筑平面图相同的比例。此种情况下，如需确定电气设施安装的位置或导线长度时，可在图上用比例尺直接量取。与建筑图无直接联系的其他电气施工图，可任选比例或不按比例示意性绘制。

2. 图线使用

电气施工图的图线，其线宽应遵守建筑工程制图标准的统一规定（见第 1 章），其线型与统一规定基本相同。各种图线的使用如下：

（1）粗实线（b）和中粗实线（$0.7b$）：本专业设备之间电气通路连接线、本专业设备可见轮廓线、图形符号轮廓线。

（2）中粗实线（$0.7b$）和中实线（$0.5b$）：本专业设备可见轮廓线、图形符号轮廓线、方框线、建筑物可见轮廓线。

（3）虚线（$0.35b$）：事故照明线、直流配电线路、钢索或屏蔽等，以虚线的长短区分用途。

（4）单点长画线（$0.25b$）：控制及信号线。

（5）双点长画线（$0.25b$）：50 V 及以下电力、照明线路。

（6）中粗线（$0.5b$）：交流配电线路。

（7）细实线（$0.25b$）：建筑物的轮廓线。

3. 图例符号

建筑电气施工图中包含大量的电气符号。电气符号包括图形符号、电工设备文字符号和电工系统图的回路标号。

（1）图形符号。在电气工程的施工图中，常用的电气图形符号见表16-5。

（2）电工设备文字符号。电工设备文字符号是用来标明系统图和原理图中设备、装置、元（部）件及线路的名称、性能、作用、位置和安装方式的。

在电力平面图中标注的文字符号规定如下：

1）在配电线路上的标号格式：

$$a - b \ (c \times d + c \times d) \ e - f$$

式中　a——回路编号，一般用阿拉伯数字；

　　　b——导线型号；

　　　c——导线根数；

　　　d——导线截面；

　　　e——敷设方式及穿管管径；

　　　f——敷设部位。

表示常用导线型号的代号如下：

BX——铜芯橡皮绝缘线；

BV——铜芯聚氯乙烯绝缘线；

BLX——铝芯橡皮绝缘线；

BLV——铝芯聚氯乙烯绝缘线；

BBLX——铝芯玻璃丝橡皮绝缘线；

RVS——铜芯聚氯乙烯绝缘绞型软线；

RVB——铜芯聚氯乙烯绝缘平型软线；

BXF——铜芯氯丁橡皮绝缘线；

BLXF——铝芯氯丁橡皮绝缘线；

LJ——裸铝绞线。

表 16-5　电气图形符号

名称	图例	名称	图例
配电箱		暗装双极开关	
接地线		暗装三极开关	
熔断器		暗装四极开关	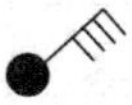
电度表	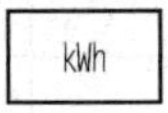 kWh	单极双控开关	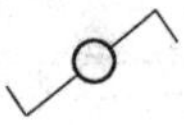
灯具的一般符号		单极拉线开关	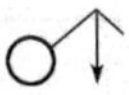
荧光灯一般符号		向上引线	
双管荧光灯	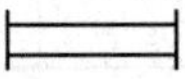	自下引来	
壁灯		向下引线	
吸顶灯		自下向上引线	
明装单相双极插座		向下并向上引线	
暗装单相双极插座		自上向下引线	
暗装单相三极插座		两根导线	
暗装三相四极插座		三根导线	
暗装单极开关	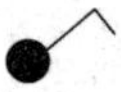	四根导线	
明装单极开关	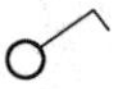	n 根导线	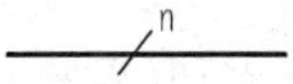

表达导线敷设方式的常见文字符号见表 16-6。

表 16-6　导线敷设方式的常见文字符号

文字符号	文字符号的意义	文字符号	文字符号的意义
RC	穿水煤气管敷设	FPC	穿聚氯乙烯半硬质管敷设
SC	穿焊接钢管敷设	KPC	穿聚氯乙烯塑料波纹电线管敷设
TC	穿电线管敷设	CP	穿金属软管敷设
PC	穿聚氯乙烯硬质管敷设	PCL	用塑料夹敷设

表达导线敷设部位的常见文字符号见表 16-7。

表 16-7　导线敷设部位的常见文字符号

文字符号	文字符号的意义	文字符号	文字符号的意义
CLE	沿柱或跨柱敷设	CLC	暗敷设在柱内
WE	沿墙面敷设	WC	暗敷设在墙内
CE	沿顶棚面或顶板面敷设	FC	暗敷设在地面内
ACE	在能进人的吊顶内敷设	CCC	暗敷设在顶板内
BC	暗敷设在梁内	ACC	暗敷设在不能进人的吊顶内

表达线路用途的常见文字符号见表 16-8。

表 16-8　线路用途的常见文字符号

文字符号	文字符号的意义	文字符号	文字符号的意义
WC	控制线路	WP	电力线路
WD	直流线路	WS	声道（广播）线路
WE	应急照明线路	WV	电视线路
WF	电话线路	WX	插座线路
WL	照明线路		

例如，在施工图中，某配电线路上标有这样的写法：

WL—2—BV（3×16＋1×10）PC32—FC，WL–2 表示照明第二回路，BV 是铜芯塑料导线，3 根 16 mm^2 加上 1 根 10 mm^2 截面的导线，PC 是穿聚氯乙烯硬质管敷设，4 根导线穿管径为 32 mm 的焊接钢，FC 是暗敷设在地面内。

2）照明灯具的表达方式：

$$a \times b \frac{c \times d}{e} f$$

式中　a——灯具数；

　　　b——型号；

　　　c——每盏灯的灯泡数或灯管数；

　　　d——灯泡容量（W）；

　　　e——安装高度（m）；

　　　f——安装方式。

表示灯具安装方式的代号如下：

CP——自在器线吊式；

CP_1——固定线吊式；

CP$_2$——防水线吊式；

Ch——链吊式；

P——管吊式；

W——壁装式；

S——吸顶式；

R——嵌入式；

CR——顶棚内安装。

一般灯具标注，常不写型号，如 $6\dfrac{40}{2.8}$Ch，表示 6 个灯具，每盏灯为一个灯泡或一个灯管，容量为 40 W，安装高度为 2.8 m，链吊式。吊灯的安装高度是指灯具底部与地面距离。

另外，常用电工及设备的文字符号，见表 16-9。

表 16-9　电气设备常用基本文字符号（部分）

文字符号	设备装置及元件	文字符号	设备装置及元件
C	电容器	R	电阻器
EL	照明灯	RP	电位器
FU	熔断器	SA	控制开关
KA	交流继电器	SB	按钮开关
L	电感器	SP	压力传感器
M	电动机	T	变压器
PA	电流表	TM	电力变压器
PJ	电能表	XP	插头
PV	电压表	XS	插座
QF	断路器		

16.3.3　电气照明施工图

1. 电气照明的一般知识

建筑物内部的电气照明，应由以下几部分组成：引向室内的供电线路（入户线）、照明配电箱、由配电箱引向灯具和插座的供电支线（配电线路）、灯具及插座的型号与布局等。

供电的线路电压，除特殊需要外，通常都采用 380/220 V 三相四线制供电系统。由市电网的用户配电变压器或变配电室的低压侧引出三根相线（或称火线，以 L$_1$、L$_2$、L$_3$ 表示）和一根零线（以 N 表示）。相线与相线之间的电压是 380 V，称为线电压；相线与零线之间的电压是 220 V，称为相电压。

根据照明用电量的大小不同，供电方式可采用 220 V 单相二线制（图 16-27）和 380/220 V 三相四线制（图 16-28）两种供电系统。一般小容量的照明负载（计算电流在 30 A 以下），可用 220 V 的单相二线制供电系统。对容量较大的照明负载（计算电流超过 30 A），常采用 380/220 V 三相四线制供电系统。采用三相四线制供电系统，可使各相线路的负载比较均衡。

给照明设施供电的照明配电箱，根据其外壳结构通常分为墙挂式（明装）和嵌入安装式（暗装）两种，进线一般为三相四线。出线（分支线）主要是单相多回路的，也有用三相四线或二相三线的。

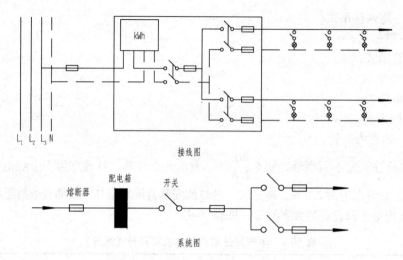

图 16-27　220 V 单相二线制供电系统

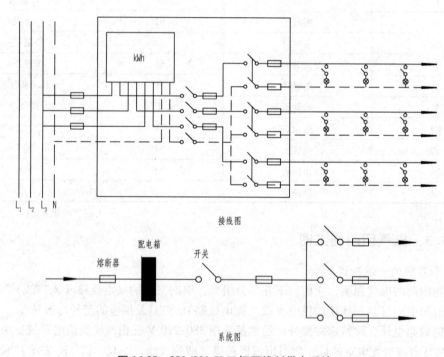

图 16-28　380/220 V 三相四线制供电系统

从图 16-27、图 16-28 中可以看到，电源经进户线进入室内，经过供电单位设置的总熔断丝盒后（或配电柜），进入配电箱，经配电箱分配成数条支路，分别引至室内各处的电灯、插座等用电设备上。配电箱对室内的用电进行总控制、保护、计量和分配。

配电箱内装有计量用电量的电能表、进行总控制的总开关和总保护熔断器（或限流及过压保护器）、各分支线的分开关和分路熔断器。由配电箱引出的数条分支线路，通过最短的路径，直接敷设到灯具和插座上，使用电设备器具尽可能均匀地分配在各支线上。每一支路的灯具和插座总数不应超过 20 个，负载电流不超过 15 A，支线长度不应超过下述范围：380/220 V 三相四线制为 70 m，220 V 单相二线制为 35 m。

室内照明线路的敷设方法，有明线敷设和暗线敷设两种。明线敷设是将导线沿着墙壁或顶棚的表面，架设在绝缘的支撑（槽板、瓷夹、瓷瓶、线卡）上。暗线敷设是导线穿入绝缘管或金属管内（管子预设在墙内、楼板内或顶棚内）。暗敷方式所用的绝缘导线，其绝缘强度不应低于 500 V 的交流电压，管内所穿导线总面积不应超过管孔面积的 40%，管内不允许有接头，同一管内的导线数量不超过 10 根。

灯开关分为明装式和暗装式两类，按构造分为单联、双联和三联开关。可以一只开关控制一盏灯，或两只开关在两处控制一盏灯（如楼梯间灯的上下控制），前两种开关称为单联开关，后一种开关称为双联开关。电气照明基本线路接线方式见表 16-10。

表 16-10 电气照明基本线路接线方式

接线图	电路图	线路接线方式及说明
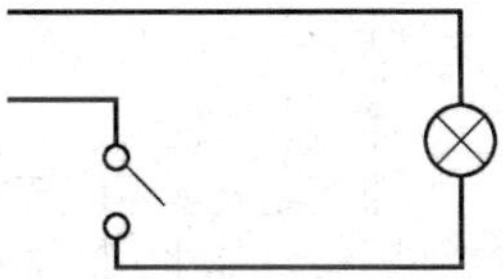		一只单联开关控制一盏灯，开关控制相线
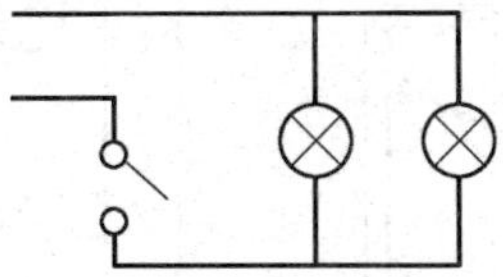	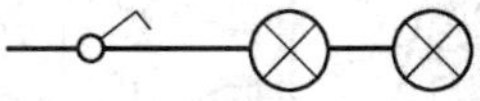	一只单联开关控制两盏灯或多盏灯，一只单联开关控制多盏灯时，要注意开关的容量应足够大
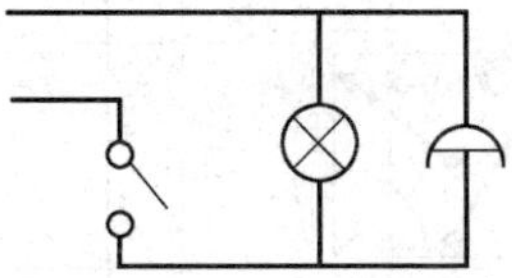	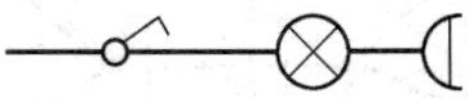	一只单联开关控制一盏灯及插座
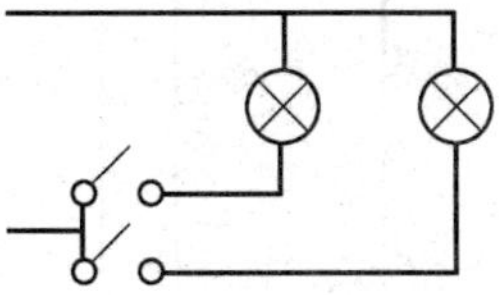		两只单联开关分别控制两盏灯
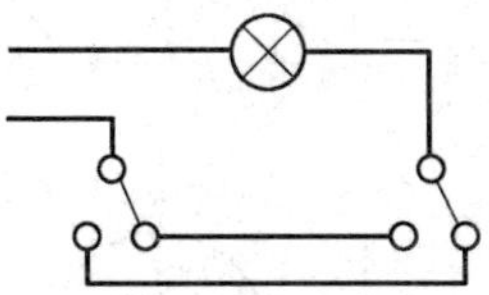		两只单联开关在两个地方控制一盏灯，如楼梯灯需楼上楼下同时控制，走廊灯需在走廊两端同时控制
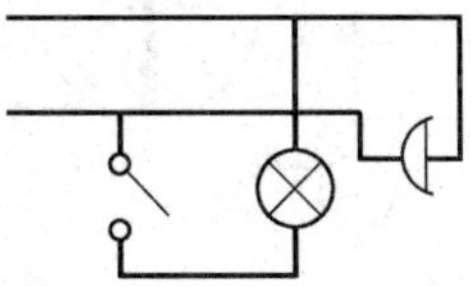		一只单联开关控制一盏灯但不控制插座

插座分为双极插座和三极插座，双极插座又分为双极两孔和双极三孔（其中一孔作接地极）两种，三极插座有三极三孔和三级四孔（其中一孔接地用）两种。插座也有明装和暗装之分。

在建筑平面图上根据灯具、开关和插座的位置进行布线，各线路用单线图表示，以短斜线或数字表明同一走向的导线根数。

2. 照明平面图

照明平面图就是在按一定比例绘制的建筑平面图上，标明电源（供电导线）的实际进线位置、规格、穿线管径，配电箱的位置，配电线路的走向、编号、敷设方式，配电线的规格、根数、穿线管径，开关、插座、照明器具的种类、型号、规格、安装方式、位置等。现以图16-29为例，说明照明平面图如何表达上述内容。

图16-29所示是住宅楼首层照明平面图，进户电缆在南侧由 – 1.4 m 深处穿 80 mm 的水煤气钢管过Ⓐ轴墙进入室内，至电缆换线箱 DZM（此段电缆由电力部门负责），由电缆换线箱随即接入配电箱 AL – 1（图中两箱画在一起），配电箱还接出一根线沿⑤轴至室外，注有"PE 线"字样，表示有一根接地保护线。

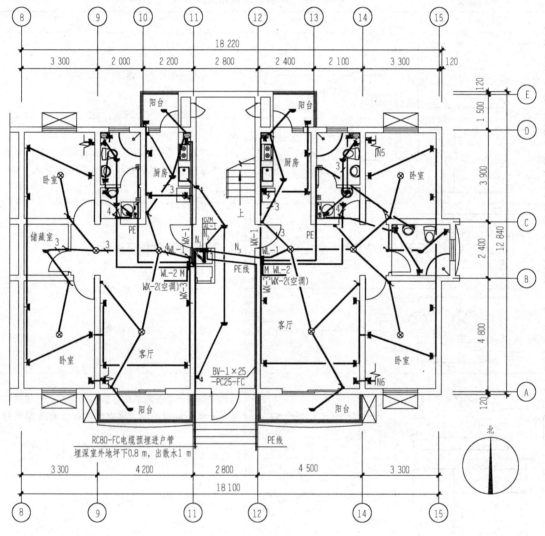

首层照明平面图 1:100

说明：
1. 本工程照明导线均采用 BV-500 V 型导线。
2. 表箱至户内开关箱导线为 BV-3×16-PC40-FC/CC。
3. 户内开关箱至照明负荷为 BV-2×2.5-PC25-FC/CC。
4. 至空调插座 BV-3×4-PC25-FC/CC。
5. 至卫生间等电位接线盒为 BV-1×4-PC25-FC/CC。

图 16-29 首层照明平面图

配电箱 AL－1 旁有向上引线的图形符号，表示有导线从配电箱引向上一层。本层从配电箱引出三个回路：N1 向左单元供电、N2 向楼梯间照明、N3 向右单元供电。引向住户室内的导线进入户内后接户内配电箱（图中注有 M），户内配电箱接出照明回路 WL－1、WL－2，插座回路 WX－1、WX－2、WX－3 和 PE 线，其中 WL－1 供客厅、卧室、厨房及阳台照明用电。WL－2 供卫生间照明及洗衣机、排风扇、热水器插座用电。WX－1 向厨房和阳台中的插座供电；WX－2 向空调插座供电（图中仅画出局部）；WX－3 向客厅、卧室的插座供电。PE 线连接卫生间的等电位插座。各回路的导线规格及敷设方式在图下注明，如户内开关箱至空调插座为 BV－3×4－PC25－FC/CC，即铜芯塑料绝缘线，3 根为 4 mm² 的截面，穿在直径为 25 mm 的聚氯乙烯硬质管内，沿地面、楼板暗敷设。房间的灯具有白炽灯和吸顶灯（均为临时照明用，由住户装修时选择灯具），每盏灯均由暗装单极开关控制。表 16-11 所示为该电气图使用的图例及器件的安装要求。

绘制照明平面图时应注意以下几点：

（1）对建筑部分只用细实线画出墙柱、门窗位置等。

（2）注写建筑物的定位轴线尺寸。

（3）绘图比例可与建筑平面图的比例相同。

（4）不必注明线路、灯具、插座的定位尺寸，具体位置施工时按有关规定确定。

表 16-11　照明平面图图例表

图例	名称	规格	安装位置	备注
	电度表箱		箱体下沿距地 1.8 m 暗装	规格见系统图
	户内配电箱	300×250×90	箱体下沿距地 1.8 m 暗装	
	DZM，电缆换线箱	320×500×160	箱体下沿距地 0.3 m 暗装	
⊗	吊线灯口（吸顶座灯口）	220V　40W	距地 2.5 m（吸顶安装）	
	吸顶座灯口	220V　40W	吸顶安装	户内
	红外线感应吸顶灯	220V　40W	吸顶安装	走道内
	安全型二三孔暗装插座	T426/10USL	面板底距地 0.35 m 暗装	
	空调插座	T15/15CS	面板底距地 2.0 m 暗装	带开关，起居室距地 0.35 m 暗装
	洗衣机插座	T15/10S＋T223DV	面板底距地 1.6 m 暗装	带开关防溅型
	电热水器插座	T426/15USL＋T223DV	面板底距地 1.8 m 暗装	防溅型

图例	名称	规格	安装位置	备注
⊻T	电吹风插座	T426/10USL + T223DV	面板底距地 1.4 m 暗装	防溅型
⊻F	厨房插座	T426/10US3	面板底距地 1.4 m 暗装	带开关
⊻B	电冰箱插座	T426/10US3	面板底距地 1.6 m 暗装	带开关
⊻C	抽油烟机插座	T426/10US3	面板底距地 1.8 m 暗装	带开关
⊻P	排气扇插座	T426U + T223DV	面板底距地 2.4 m 暗装	防溅型
↑t	延时触摸开关	TP31TS	面板底距地 1.4 m	
↗	暗装单极开关	TP32/1/2A	面板底距地 1.4 m	
↗	暗装双极开关	TP33/1/2A	面板底距地 1.4 m	
↗	暗装三极开关	TP33/1/2A	面板底距地 1.4 m	
◎	等电位接线盒	$125 \times 167 \times 82$	距室内地面 0.5 m 暗装	首层电源入户处
		$88 \times 88 \times 53$	距地 0.35 m 暗装	住宅卫生间内

（5）对电气设施平面布置相同的楼层，可用一个电气平面图表达，说明其适用层数。

（6）灯具开关的布置，要结合门的开户方向，安全方便。

3. 照明系统图

在照明平面图中，已清楚地表达了各层电气设备的水平及上下连接线路，对于平房或电气设备简单的建筑，只用照明平面图即可施工。而多层建筑或电气设备较多的整幢建筑的供配电状况，仅用照明平面图了解全貌，就比较困难。为此，一般情况下都要画照明系统图。

照明系统图要画出整个建筑物的配电系统和容量分配情况，所用的配电装置，配电线路所用导线的型号、截面、敷设方式，所用管径，总的设备容量等。

照明系统图用来表示总体供电系统的组成和连接方式，通常用粗实线表示。照明系统图通常不表明电气设备的具体安装位置，所以不是投影图，没有比例关系，主要表明整个工程的供电全貌和接线关系。

现以图 16-29 所示照明平面图相对应的住宅楼照明系统图（图 16-30）为例，说明照明系统图的图示内容和表达方法。

图中进户线缆由配电柜引出穿直径 50 mm 的水煤气钢管至电缆换线箱，再由电缆换线箱引出 380/220 V 三相四线制电源，BV – 500 V – 4×35 – PC50 – WC 表示用三根截面为 35 mm^2（相线）和一根截面为 35 mm^2（零线）的铜芯聚氯乙烯绝缘导线，穿在直径为 50 mm 的聚氯乙烯硬质管内，沿墙暗敷。导线接入干线 T 形接线箱后，除接至一层配电箱 AL – 1 外，还向二、三层引线。另有一根接地保护线（PE）从配电箱接出至室外接地。电表箱内有电能表，DD862a 是电能表的型号，10（40）A 表示工作电流为 10 A（短时允许最大电流 40 A）。电表后有一限流及过压保护开关（图上方表中所注），然后接至户内的分户配电箱 M。

干线T形接线箱	电能表箱		分户配电箱	
	电能表	限流及过压保护	容量	编号
	DD862a-10(40)A	C65N+DBG65-40A/2P （8 kW）		

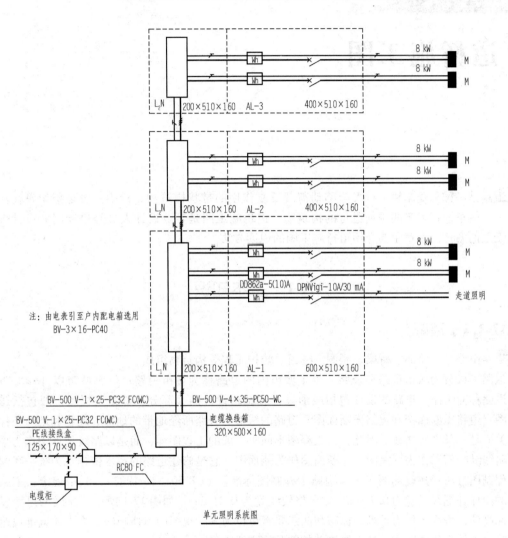

单元照明系统图

图 16-30 照明系统图

本章要点

（1）设备施工图（水施、暖施、电施）的基本知识和规定。

（2）给水排水施工图的形成、图示内容、特点、识读和绘制的方法步骤。

（3）采暖施工图的形成、图示内容、特点、识读和绘制的方法步骤。

（4）建筑电气照明施工图的形成、图示内容、特点、识读和绘制的方法步骤。

第17章

道桥施工图

道路是一种承受车辆、行人等移动荷载反复作用的带状构筑物。桥梁一般是指架设在江河湖海上，使车辆行人等能顺利通行的构筑物。道桥施工图是专业设计人员经过专门的设计表达在图纸上的图样。本章主要介绍道桥施工图的识读方法。

17.1 基本知识

17.1.1 道路

道路由路基、路面、桥梁、涵洞、隧道、防护工程等构筑物组成。

道路可以分为城市道路和公路。位于城市内的道路称为城市道路；位于城市以外和城市郊区的道路称为公路。道路的设计包括线形设计和结构设计两大部分。道路工程图一般包括道路平面图、道路纵断面图和道路横断面图。道路的线形与公路所经地带的地形、地物和地质条件密切相关，是一条空间曲线。因此，其工程图不同于一般的工程图样，而是以路线地形图作为平面图，路线纵断面图作为立面图、横断面图作为侧面图。它是修建道路的技术依据。为统一我国道路工程制图方法，建设部颁布了《道路工程制图标准》（GB 50162—1992），其中规定：道路工程图的图标外框线线宽为 0.7 mm，内分格线线宽为 0.25 mm，如图 17-1 所示。路线的尺寸以里程和标高计，里程单位为千米，标高和曲线要素单位为米。视图的习惯画法：当土体或锥坡遮挡视线时将土体看作透明体，被土体遮挡的部分用实线表示。

图 17-1 图标

道路工程图采用缩小的比例绘制。为了在图中清晰地反映不同地形及路线的变化情况，可采取不同的比例。常用比例见表17-1。

表17-1 道路工程图常用比例

图名	道路平面图		道路纵断面图		横断面图
	山岭区	平原地区和丘陵	山岭区	平原地区和丘陵	
常用比例	1：2 000	1：5 000 1：10 000	纵向		1：200 1：100 1：50
			1：2 000	1：5 000	
			竖向		
			1：200	1：500	
备注			竖向比纵向放大10倍		

因为道路工程图采用小比例绘制，地物在图中一般用规定的符号表示，见表17-2。

表17-2 道路平面图常用图例

名称	符号	名称	符号	名称	符号
路线中心线		桥梁	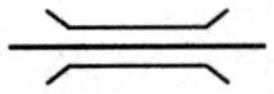	经济林	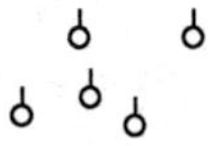
导线点		旱田	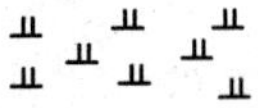	草地	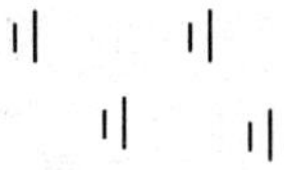
通信线		堤	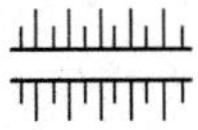	JD 编号	 JD编号
水准点	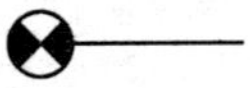	水田	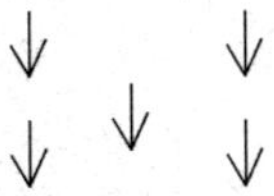	用材林	 松
房屋		菜地	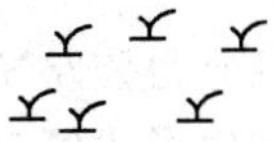	围墙	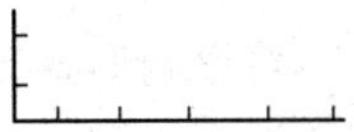
大车道	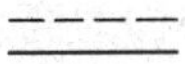	河流		坟地	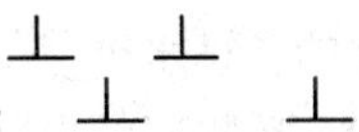
小路	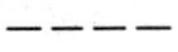	砂地	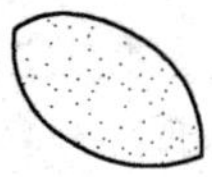	篱笆	
涵洞		铁路	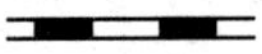	路堑	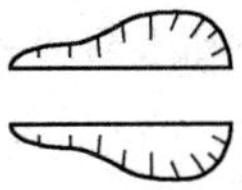

17.1.2　桥梁

桥梁是道路的重要组成部分，包括上部结构、下部结构和附属结构三个组成部分。上部结构是指梁和桥面；下部结构是指桥墩、桥台和基础，如图17-2所示；附属结构是指栏杆、灯柱和导流结构物。在桥梁两端连接路堤、支承上部结构，同时抵挡路堤土压力的建筑物称为桥台；位于多跨桥梁中部，两边都支承上部结构的建筑物称为桥墩，桥墩主要由基础、墩身和墩帽组成。一座桥梁桥台有两个，桥墩可以有多个或者没有。如果全桥只有一个孔，则只有两个桥台而没有桥墩。为了保护桥头填土，在桥台的两侧常做成石砌锥形护坡。

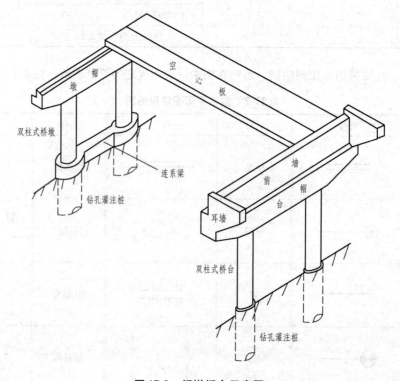

图 17-2　桥墩桥台示意图

桥梁的形式有很多，按其用途可分为公路桥、铁路桥、专用桥等；按使用材料可分为钢桥、钢筋混凝土桥、石桥和木桥等；按结构形式可分为梁桥、拱桥、斜拉桥、悬索桥等。其中，以钢筋混凝土梁结构在中小型桥梁结构中使用最为广泛。对于跨越河流的桥梁，河流中的水位是变化的，枯水季节的最低水位称为低水位，洪峰季节河流中的最高水位称为高水位。在桥梁设计中，按规定的设计洪水频率计算得到的高水位称为设计洪水位。设计洪水位上相邻两个桥墩或桥台之间的净距称为净跨径；对于梁式桥设计洪水位上相邻两个桥墩或桥台中心线之间的距离称为跨径；桥梁两端两个桥台的侧墙后端点之间的距离称为桥梁的全长。

完成一座桥梁的设计需要许多图纸。一套完整的桥梁工程图一般包括桥位平面图、桥位地质断面图、桥形布置图、构件结构图等。由于桥梁的下部结构大部分位于土中或水中，画图时常把土和水看成透明的，只画构件的投影；桥梁工程图采用小比例绘制，常用比例见表17-3。

表 17-3　桥梁工程图常用比例

图名	常用比例
桥位平面图	1：500、1：1 000、1：2 000
桥位地质断面图	纵向：1：500、1：1 000、1：2 000
桥形布置图	1：50、1：100、1：200、1：500
构件结构图	1：10、1：20、1：50
详图	1：3、1：4、1：5、1：10

17.1.3　涵洞

涵洞是公路工程中为宣泄地面水流而设置的横穿路基的小型排水构筑物。《公路工程技术标准》（JTG B01—2014）规定：构筑物的多孔跨径总长 <8 m，单孔跨径 <5 m（圆管涵和箱涵不论管径或跨径大小，孔数多少），均称为涵洞。各类涵洞都是由基础、洞身和洞口组成。洞身是位于路堤中间保证水流通过的结构物；洞口是位于洞身两端用以连接洞身和路堤边坡的结构物，分为进水口和出水口，包括端墙、翼墙或护坡、截水墙和缘石等部分，主要是保护涵洞基础和两侧路基免受冲刷，水流畅通。进、出水口常采用端墙式或翼墙式（俗称八字墙），如图 17-3 所示。

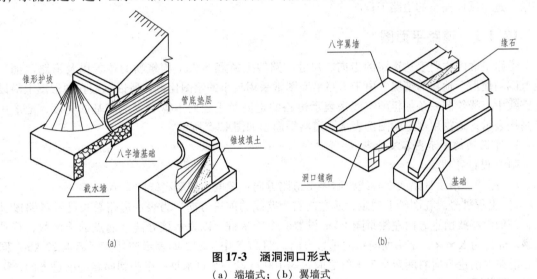

图 17-3　涵洞洞口形式
（a）端墙式；（b）翼墙式

涵洞的种类繁多，按建筑材料可分为石涵、混凝土涵洞、钢筋混凝土涵洞等；按构造形式可分为圆管涵、盖板涵、拱涵、箱涵等（图 17-4）；按断面形式可分为圆形涵、拱形涵、矩形涵等；按孔数可分为单孔、双孔和多孔等。在涵洞的习惯命名中，一般将涵洞的孔数和材料及构造形式同时标明，比如"单孔钢筋混凝土盖板涵"等。

涵洞工程图通常包括平、立、剖三视图以及构件详图。涵洞是沿水流方向的狭长构筑物，故以水流方向为纵向，以纵剖面图代替立面图，剖切平面通过顺水流方向的洞身轴线；画平面图时为了表达清楚，将洞口覆土看作透明体，常以水平投影图或半剖视图表达，剖切平面通常设在基础顶面处；侧面图也就是洞口立面图，若进出口形状不同，则两个洞口的侧面图都要画出，也可以采用各画一半合成的进出口立面图，需要时也可以增加横剖面图（或将侧面图画成半剖视图），剖切平面垂直于水流方向。涵洞比桥梁小，所以涵洞工程图采用的比例比桥梁工程图大。

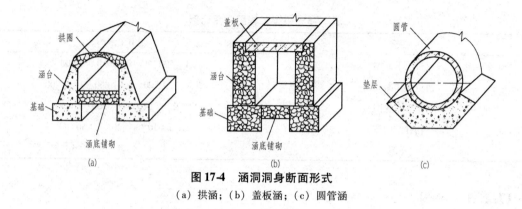

图 17-4　涵洞洞身断面形式

（a）拱涵；（b）盖板涵；（c）圆管涵

17.2　公路路线工程图

　　道路工程图一般包括道路平面图、道路纵断面图和道路横断面图。因为道路工程图所涉及的工程范围较大，图纸较多，可根据每张图纸的里程桩号，明确所表示路段。各路段都应先阅读平面图以了解道路走向、长度、里程和沿线地形、地物等，然后结合纵断面图和横断面图读懂各路段，进而读懂完整的道路工程图。

17.2.1　道路平面图

　　道路平面图主要表达道路的走向、尺寸、路线上桥涵等人工构筑物的位置以及道路两侧一定范围内地形、地物的情况。由于道路平面图常采用较小的绘图比例，所以一般在地形图上沿设计路线中心线绘制一条加粗的实线来表示道路的走向及里程而不需要表达路基的宽度，地形用等高线表示；地物用规定的图例表示。道路平面图如图 17-5 所示。

　　1. 平面图的图示内容及特点

　　（1）设计路线。

　　1）路线。沿设计路线中心线绘制表示道路方向；宽度为粗等高线的 2 倍。

　　2）里程桩号。在图纸上规定，从左向右为路线的前进方向。为表示道路总长度及各路段长度，一般沿路线前进方向左侧每隔 1 km 设置一个千米桩，以表示该处离开起点的千米数，符号为 ◑，标记为 K××，字头朝向路的垂直方向。图 17-5 中，K22 即表示该处离开起点 22 km；同时，沿路的前进方向右侧两个千米桩之间每隔 100 m 设一个百米桩，字头朝向路的前进方向，引出线与路线垂直。如图 17-5 中 JD$_3$ 附近的 8，即在 K21 公里桩后第 8 个百米桩，该点的里程为 21 km800 m，写作 K21 + 800。

　　3）水准点。沿路线每隔一定距离需要设水准点，作为测量周围标高的依据。用符号"⊗"表示。每个水准点要编号，并注明标高。例如 ⊗$\frac{BM39}{297.500}$，BM39 表示第 39 号水准点，其高程为 297.500 m。

　　4）平曲线。在道路转弯处应用曲线来连接，由于这种曲线是设在路的左右转弯处，故称为平曲线。最常见的较简单的平曲线为圆弧。用小圆圈标出每个转角点（路线上两相邻直线段的理论交点）的位置，并进行编号。图 17-5 中，JD$_3$ 表示第 3 号转角点，并应注出曲线的起点 ZY（直圆）、中点 QZ（曲中）和终点 YZ（圆直）。对带有缓和曲线的路线则需标出 ZH（直缓）、HY（缓圆）、YH（圆缓）、HZ（缓直）的位置。同时，在平面图的适当位置需要列出平曲线表，以更详细地表明各转角点的位置，相邻转角点的间距和平曲线的几何要素。这些要素的意义如

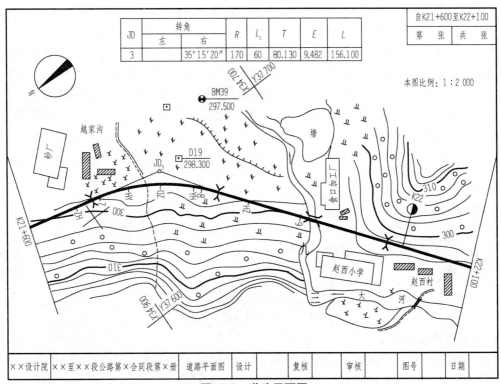

JD	转角		R	L_s	T	E	L
	左	右					
3		35°15′20″	170	60	80.130	9.482	156.100

自K21+600至K22+100

第　张　共　张

本图比例：1∶2 000

BM39
297.500

D19
298.300

越家沟

塘

310

K22

300

300

310

K21+600

K22+100

赵西小学

赵西村

三　大　河

××设计院	××至××段公路第×合同段第×册	道路平面图	设计		复核		审核		图号		日期	

图 17-5　道路平面图

图 17-6 所示，以交点 3 为例，$\alpha = 35°15′20″$，表示按路线前进方向右转 $\alpha = 35°15′20″$，转弯半径 $R = 170$ m，切线长度 $T = 80.130$ m，圆弧曲线的长度 $L = 156.100$ m，交点到圆弧曲线中点的距离，称为外距，用 E 表示，$E = 9.482$ m。

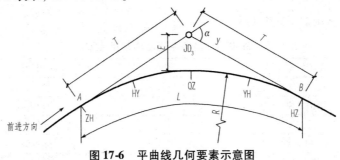

图 17-6　平曲线几何要素示意图

5）导线点。用以测量的导线点用符号 $\boxed{\bullet}\ \frac{224.329}{QI1\,095}$ 表示，QI1095 表示第 1095 号导线点，其标高为 224.329 m。

（2）地形地物。

1）比例。道路平面图一般采用较小的比例绘制，常用比例见表 17-1。

2）指北针。用以指示道路在该地区的方位和走向，同时为拼接图纸提供核对依据。

3）地形。地形采用等高线表示，并标明等高线的高程，字头朝向上坡方向。地势越陡，等高线越密；地势越平缓，等高线越稀。一般每隔 10 m 画一条粗的等高线，称为计曲线。

4）地物。统一用图例表示。可参阅有关标准，对于国家标准中没有列出的应予说明。表 17-2 所示为道路平面图常用的图例符号，其中稻谷和经济作物等符号的注写位置均应朝向正北方向，涵洞等工程构筑物除画出符号外，还应标出构筑物的里程桩号。

（3）其他。一般情况下公路都很长，不可能在同一张图纸上将整个路线平面图画出，这就需要将路线分段画在几张图纸上，路线宜在整数里程桩处断开，并在每张图纸中路线的起止处要画上与路线垂直的点画线作为接图线。在每张图的右上角要画一角标，角标内应注明该张图纸的序号和总张数。最后一张图纸的右下角还应画出图标。这样一来，按照每张图纸角标中的序号和接图线的位置，就可以将几张图纸拼接成一张完整的路线平面图。拼图时，每张图纸上的指北针也可用来校对方向，如图17-7所示。

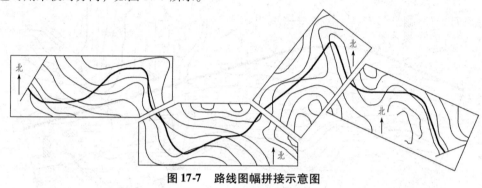

图 17-7　路线图幅拼接示意图

2. 平面图的绘制方法

（1）先画地形图，后画路中心线。路中心线应从桩号 0 + 000 起点开始顺道路前进方向画。

（2）等高线按先粗后细的步骤徒手画出，每条等高线的图线要光滑。

（3）画路中心线时先曲后直，两倍于计曲线的宽度。

（4）标注桩号和各种符号。平面图从左到右绘制，桩号左小右大；植物图例的方向应朝上或向北绘制。

3. 平面图中常用的线型

道路平面图中常用线型见表17-4。

表 17-4　道路平面图中常用线型

图示内容	采用的线型
规划红线	粗双点画线
用地界线	中粗点画线
设计路线	特粗实线 2b
道路中心线	细点画线
路基边缘线	粗实线
切线、引出线、原有道路边线、边坡线	细实线
等高线	计曲线为粗实线 b、其他细实线

17.2.2　道路纵断面图

道路纵断面图是沿道路中心线作一假想铅垂面进行剖切，并将剖切面展开成平面所得到的图形。它用以表达道路中心线处的地面起伏状况、地质情况和沿线桥涵等建筑物的概况等，如图17-8所示。

道路纵断面图主要包括图样和资料表两部分内容。图样画在图纸的上方，资料表放在图纸的下方，上下对齐布置。"

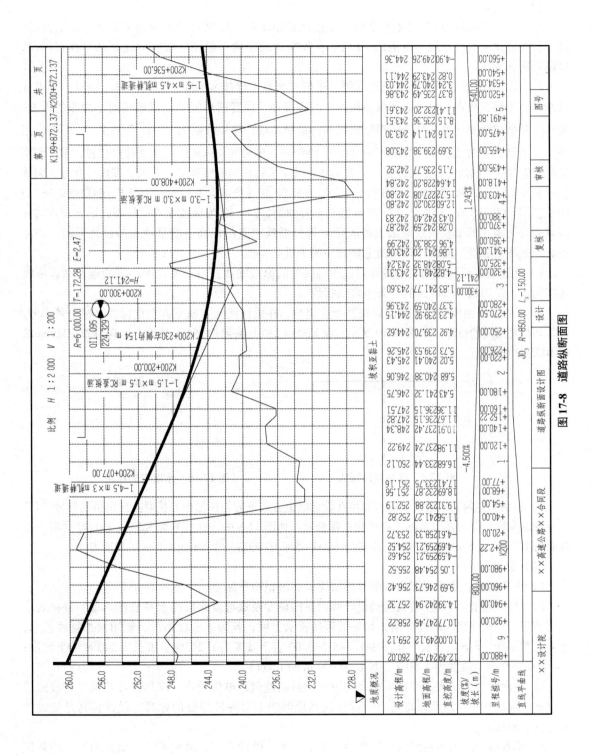

图17-8　道路纵断面图

1. 道路纵断面图的图示内容和特点

（1）图样。

1）比例。路线的标高之差与纵向长度相比是很小的。在纵断面图中为了清楚地表达高差，路线的竖向比例一般是纵向比例的 10 倍。在纵断面的左侧一般还应按竖向比例画出高程标尺，以便画图和读图。

2）设计线。设计线是按照道路等级，根据《公路工程技术标准》（JTG B01—2014）等设计出来的，用粗实线表示。在设计线不同坡度的连接处，设置圆形竖曲线以连接两个相邻的纵坡。竖曲线根据坡度变化情况分为凹形竖曲线和凸形竖曲线，符号分别为"$\lrcorner\lceil$"或者"$\lceil\lrcorner$"，用细实线绘制，竖曲线的画法如图 17-9 所示。绘制时，中央的长画线应对准变坡点位置，水平细实线两端应对准竖曲线的起点和终点，并在其水平线上方标出竖曲线要素的数值，即曲线半径、切线长度和外矢距。如图 17-8 所示，在桩号 K200 + 300.00 处（变坡点处）设有半径 $R = 6\,000.00$ m，切线长度 $T = 172.28$ m，外距 $E = 2.47$ m 的凸形竖曲线，241.12 为纵坡交点的标高，纵坡交点的标高减去外矢距（凹形竖曲线应加上外矢距）即竖曲线中点的标高，就是该点的设计标高。如在变坡点处不需要设竖曲线，则在图上该处注明不设。

3）地面线。地面线是表示设计路线中心线处的原地面线，由一系列中心桩的地面高程依次连接而成，是用细实线画出的一条不规则折线。

4）水准点。沿线所设水准点应按其所在里程，在设计线上方或下方引出标注，标出其编号、高程和相对路线的位置。如图 17-10 所示，在 K200 + 230 处右侧约 154 m 处设有标高为 224.329 m 的第 1095 号水准点。

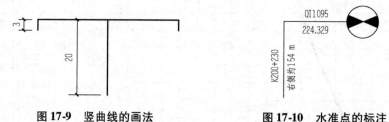

图 17-9　竖曲线的画法　　　　　图 17-10　水准点的标注

5）桥涵等建筑物。沿线上的桥涵可在设计线上方或下方与桥涵中心桩对正注出桥梁符号"Π"或者涵洞符号"○"及其名称、规格和里程桩号。如图 17-8 中，在桩号为 K200 + 200.00 处有一座截面为 1.5 m×1.5 m RC 盖板涵；在桩号 K200 + 536.00 处有一个 5 m×4.5 m 机耕通道。

（2）资料表。

1）地质概况。简要说明沿线的地质情况，如坡积粉质黏土。

2）坡度/坡长。坡度/坡长是指设计线的纵向坡度及该坡度路段的水平长度。每一分格表示一种坡度，对角线表示坡度方向，如先低后高表示上坡；若为无坡度路段，则用水平直线表示，上方写数字 0，下方注坡长。如图中 1.243/540.00 表示坡度为 1.243%，坡长为 540 m 的上坡段；−4.500/800 表示坡度为 4.50%，坡长为 800 m 的下坡段。

3）挖深和填高。表示原地形标高与设计标高的差值，单位为米。应与挖方及填方路段的桩号对齐。设计高程和地面标高是表示设计线和地形线上对齐桩号处的标高，设计标高是指设计线上各点的标高。

4）里程桩号。为各桩点的里程数值，单位为米。设计高程、地面高程、填高和挖深的数值的字底应对准相应的桩号。必要时可增设桩号。

5）平曲线。为道路平面图的示意图。直线路段用水平细实线表示；向左及向右转弯，分别用下凹及上凸的细实线表示，折线的起点和终点应对准里程桩号栏中曲线起点和终点的位置，并在下凹及上凸处注出相应参数，即交点编号、半径和偏角。如图 17-8 中 $JD_3\alpha = 35°15'20''$，$R = 850.00$ 表示第 3 转角点处偏角为 $\alpha = 35°15'20''$，半径为 $R = 850.00$ m 的右转弯曲线。

2. 道路纵断面图的绘制方法

道路纵断面图常常画在透明方格纸上，方格纸的格子纵横方向都是 1 mm，每 50 mm 处用粗线画出。绘图时宜画在方格纸的反面。纵断面图与路线平面图相同，也应从左到右按里程画出。

（1）画资料表中地质说明、地面标高、桩号及平曲线等；图样部分的左侧竖向标尺（第 1 张图）。

（2）根据每个桩号的地面标高画出地面线。

（3）画纵坡/坡度一项；设计标高一项。

（4）根据每个桩号的设计标高画出设计线。

（5）根据设计标高和地面标高计算出填、挖数据。

（6）标出水准点、竖曲线和桥涵等构筑物。

17.2.3　道路横断面图

1. 道路横断面图的图示内容和特点

道路横断面图是假想用一个垂直于道路中心线的铅垂面将道路剖切后得到的断面图。它是计算公路土石方量和路基施工的依据。沿道路路线一般每隔 20 m 和道路路线各中心桩处（千米桩、百米桩、曲线的起始和终点桩）画一个路基横断面图。横断面的形式包括填方路基（路堤）、挖方路基（路堑）和半填半挖路基。在图形下方应注出该断面处的里程桩号，路线中心线处的填方高度 H_T（地面中心至路基中心的高差）、填方面积 A_T 或挖方高度 H_W、挖方面积 A_W，也可在相应断面图的旁边列表标注，高度单位为 m，面积单位为 m^2，还应标出中心标高、边坡坡度等。道路横断面图的纵横方向采用相同比例，一般为 1:200、1:100、1:50。路基设计线用粗实线绘制，地面线用细实线绘制。断面的排列顺序为自下而上，由左向右，如图 17-11、图 17-12 所示。

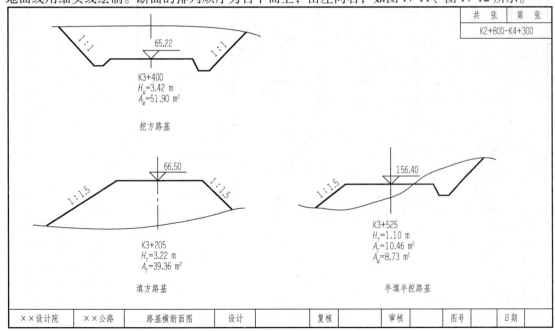

图 17-11　路基横断面图的画法

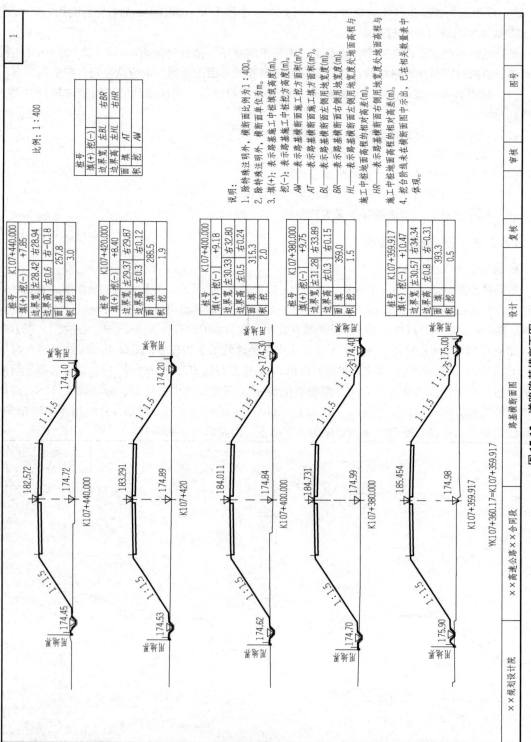

图 17-12　道路路基横断面图

2. 道路横断面图的绘制方法

（1）道路横断面图的布置顺序：按中心线桩号从下到上，从左到右绘制。

（2）原有地面线用细实线绘制，路面线（包括路肩线）、边坡线、护坡线、排水沟等用粗实线绘制。道路中线用细点画线表示。

（3）路基横断面常用透明方格纸绘制，既利于计算断面的填挖面积，又给施工放样带来方便。若用计算机绘制则很方便，可以不用方格纸。

（4）在每张图的右上角应有角标，注明图纸的序号和总张数。在最后一张图的右下角绘制图标。

17.3　桥梁工程图

17.3.1　桥位平面图

桥位平面图是桥梁及其附近区域的水平投影图。它主要表明桥的位置、桥位附近的地形地物、水准点、钻孔位置以及桥与路线的连接情况；不良工程地质现象的分布位置，如滑坡、断层等；桥位与河流的平面关系；桥位与公路路线的平面关系及桥梁的中心里程。桥位平面图中的地形、地物、水准点的表示方法与路线平面图相同。由于桥位平面图采用的比例比路线平面图的大，因此，可表示出路线的宽度。此时，道路中心线采用细点画线表示，路基边缘线采用粗实线表示，设计路线用粗实线表示，桥体用符号示意。

从图 17-13 中可以看出：该桥是位于 K0＋587.42 到 K0＋712.58 处，南北走向，为主线下穿分离立交桥，与主线上行线交叉桩号为 K87＋353.9。桥的起点桩号是 K0＋587.42，终点桩号是 K0＋712.58，中心桩号为 K0＋650.00。桥台两侧均设锥坡与道路的路堤相连。桥梁位于开发路的直线段上，道路两侧有居民区和大片农田，千米桩 K1 附近有一个水准点。图中还表示出了钻孔的位置（孔1、孔2、孔3、孔4）。

17.3.2　桥位地质断面图

桥位地质断面图（图 17-14）是沿桥梁中心线作铅垂剖面所得的断面图。它主要表达下列内容：钻孔桩号、钻孔深度、钻孔间距；设计水位、常水位、低水位的水位标高；桥位河床断面线；河床地层各分层土的类型和厚度等。桥位地质断面图可作为桥梁下部结构的布孔、埋置深度以及桥面中心最低标高确定的依据。为了清楚地表示河床断面及土层的深度变化状况，绘制桥位地质断面图时，竖向比例比水平比例放大数倍绘制。钻孔的位置和深度用粗实线表示，如 ZK_1 $\dfrac{574.10}{10.5}$ 表示第一号钻孔，钻孔的标高为 574.10 m，钻孔的深度为 10.5 m。河床断面线用粗折线表示。钻孔深度范围内的土层用细折线表示。在图的左侧应附有标尺，各图层的深度变化可由标尺确定。在断面图的下方应附有钻孔表，从表中可以了解到钻孔的里程桩号和两个钻孔之间的距离，以及孔口的标高和钻孔深度。此外，也可采用桥梁工程地质状况柱状表表达上述设计信息，如图 17-15 所示。

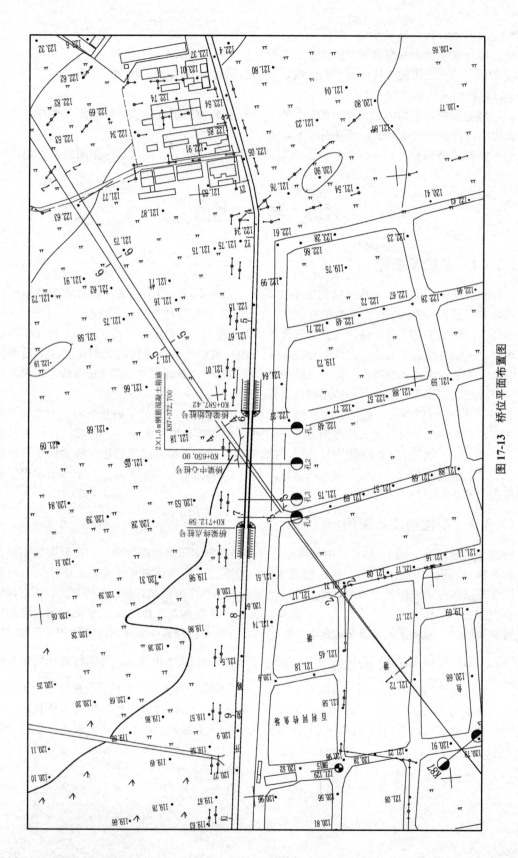

图17-13　桥位平面布置图

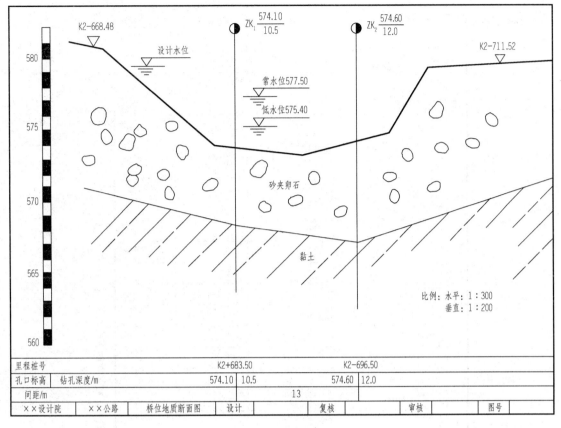

图 17-14 桥位地质断面图

里程桩号		K2+683.50		K2-696.50	
孔口标高 钻孔深度/m		574.10	10.5	574.60	12.0
间距/m			13		
××设计院	××公路	桥位地质断面图	设计	复核	审核	图号

17.3.3 桥型布置图

桥型布置图主要表明桥梁的形式、孔数、跨径、总体尺寸、各主要部分的相互位置及其里程和标高、总的技术说明等。此外，河床断面形状、常水位、设计水位以及地质断面情况等也都要在图中给出。图 17-16 所示为桥梁的总体布置图。它包括三个基本视图和一个资料表，一般都采用剖面图的形式。通常采用 1∶500～1∶50 比例绘制。图中尺寸除了标高用米作为单位以外，其余的均以厘米作为单位。图中线型，可见轮廓线用粗线，宽度为 b；河床线用更粗一些的线，宽度大于 b；尺寸线、中心线等用细线表示，其宽度约为 $0.25b$。

1. 立面图

立面图是用于表明桥的整体立面形状的投影图。与下面的资料表对应，资料表中应体现设计高程、坡度、坡长、地面高程以及桩号等内容。从图 17-16 中可以看出，该桥的下部结构共由三个桥墩和两个桥台组成。全桥共四个孔，桥从起点桩号起跨径组合为 24 m、35 m、35 m 和 24 m 的 PC 连续箱梁，桥的起止里程桩号分别为 K0＋587.42 和 K0＋712.58，全桥总长度为 125.16 m，考虑温度变化，共设二道伸缩缝。桥梁各部分的标高已在图中给出，作为桥梁施工定位的依据。

桥墩和桥台的基础都采用钻孔灌注桩，在资料表中给出各轴线的里程，桥台桩长为 33 m，桥墩桩长为 34 m。由于各桩沿长度方向直径没有变化，为了节省图幅，画图时可以将桩连同地质断面一起折断表示。图中还给出了一号钻孔的地质情况。在立面图的左侧设的标尺可以校核尺寸，方便读图时了解某点的里程和标高。

桥梁工程地质状况柱状表

| 钻孔号 ZK2 | 钻孔里程及位置 K166+115左8 | 孔口高程 94.74 | 钻孔深度 30.00 | 共 5孔 | 初见水位 4.40 | 稳定水位 3.60 | 钻孔完成日期 2006.03.21 |

层深自/m	层深至/m	层厚/m	层底高程/m	岩性描述（颜色、湿度、密实度、风化程度、颗粒成分、夹杂物、构造、结构）	允许承载力/kPa	极限摩阻力/kPa
0.00	0.20	0.20	94.54	人工填土，杂色，以碎石为主，湿		
0.20	3.90	3.70	90.84	粉质黏土，黑褐、灰色，湿，硬可塑状态	170	50
3.90	4.40	0.50	90.34	粉质黏土，灰色，湿，软可塑状态	130	40
4.40	5.80	1.40	88.94	砾砂，灰色，饱和，稍密状态，级配良好	200	70
5.80	8.90	3.10	85.84	黏土，灰黄色，湿，硬可塑状态	180	55
21.90	23.30	1.40	71.44	砾石，灰色，饱和，中密状态，级配良好	350	110
23.30	27.10	3.80	67.64	砾砂，灰色，饱和，中密状态，级配良好	300	90
27.10	30.00	2.90	64.74	粗砂，灰色，饱和，中密状态，级配良好	280	85

室内试验成果（取样深度/m，含水量/%，表观密度、干表观密度/（kN·m⁻³），相对密度，孔隙比，饱和度/%，天然液限/%，塑限/%，塑性指数，液性指数，筛分试验累计筛余百分含量/%，压缩性，力学指标）：

取样深度/m	含水量/%	表观密度	干表观密度	相对密度	孔隙比	饱和度/%	液限/%	塑限/%	塑性指数	液性指数	压缩系数/MPa⁻¹	压缩模量/MPa	抗压强度/MPa	抗剪内聚力/kPa	抗剪内摩擦角
3.00~3.20	20.7	20.60	17.07	2.70	0.582	96.0	27.2	16.6	10.6	0.39	0.11	14.39			
6.00~6.20	24.7	20.20	16.20	2.72	0.679	98.9	38.0	20.3	17.7	0.25	0.19	8.62			

筛分试验指标： >20, >2, >0.5, >0.25, >0.1, <0.1

野外标准贯入试验 N63.5，锤深度/m

钻孔柱状图 比例尺 1:150

K166+155.3大桥工程地质柱状图

| XX设计院 | 设计 | 复核 | 审核 | 图号 | 日期 |

图17-15 桥梁工程地质状况柱状表

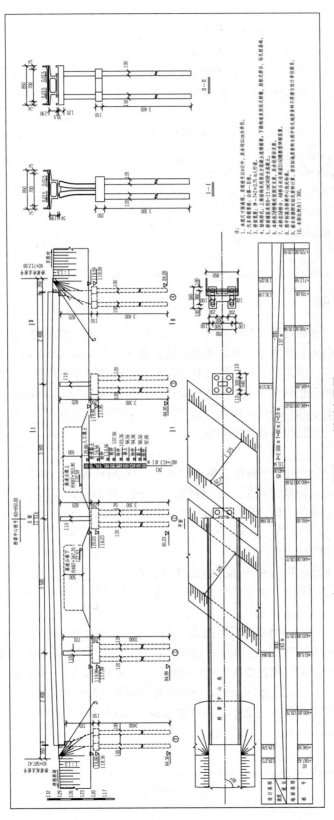

图 17-16　桥型布置图

2. 平面图

平面图采用从左到右分段揭层的画法表达，因此无须标注剖切位置。平面图的左半部分为桥梁的护栏及桥面部分的半平面图；在右半部分采用剖面画法，表达了桥墩和桥台平面尺寸及柱身与钻孔的位置。画出了 X 号桥墩和右侧桥台的平面位置和形状。在半平面图中显示出桥台两侧的锥形护坡和桥面上两边栏杆的布置情况。

3. 横剖面图

横剖面图是由 Ⅰ－Ⅰ 和 Ⅱ－Ⅱ 两个剖面组成。剖切位置在立面图中标注，Ⅰ－Ⅰ 剖面的剖切位置在两桥墩之间（从左向右看）。

4. 总体布置图的绘制

（1）布置和画出各投影图的基线或构件的中心线。

（2）画出各构件的主要轮廓线。

（3）画出各构件的细部。

（4）加深或上墨。

（5）画断面符号、标注尺寸和有关文字说明，并做复核。

17.3.4　构件图

在总体布置图中，桥梁各部分的构件是无法表达完整的，故只凭总体布置图无法进行施工。为此必须分别把各构件的形状大小及其钢筋布置完整地表达出来才能进行施工。

桥梁的构件图很多，这里只介绍桥墩和桥台的构造。构件图又包括构造图和结构图两种。只画构件形状，不表示内部钢筋布置的图称为构造图（当外形简单时可以省略）；主要表示钢筋的布置情况，同时可以表示简单外形的图称为结构图（非主要的轮廓线可以不画）。当桥台和桥墩的外形复杂时，需要分别给出其构造图和配筋图。

1. 桥台一般构造图

桥台构造如图 17-17 所示，由台帽（前墙和耳墙）、4 根柱身、4 个钢筋混凝土灌注桩组成。在桥台构造图中，有时候桥台的前后立面图都需要表达，其中桥台前面是指连接桥梁上部结构的一面或者桥台面对河流的一侧，桥台后面是指连接岸上路堤的一面。桥台桩径为 1 m，横向中心间距为 5 m，纵向中心间距为 3.6 m。

2. 桥墩一般构造图

桥墩图主要表达整体的形状和大小，包括基础和墩身的形状与尺寸、墩帽的基本形状和主要尺寸以及桥墩各部分的材料。由于桥墩的结构简单，一般采用三面投影图表达，必要时结合剖面图和断面图。

桥墩由墩帽、4 根立柱、4 个钢筋混凝土灌注桩和承台组成。图 17-18 绘制了桥墩的立面图、侧面图和 A－A、B－B 剖面图。该桥墩采用 C30 混凝土浇筑而成。桥墩桩径为 1.2 m。

阅读桥墩图的一般步骤：首先阅读标题栏和附注，了解桥墩类型、图样比例、尺寸单位和其他要求；通过对各图形间对应关系的分析，想象出桥墩各部分的形状和相对位置；然后阅读尺寸标注和材料标注明确桥墩各部分的大小、具体的定位关系和不同部分的材料；最后结合分析全图想象出桥墩的总体形状和大小。

3. 桩基础配筋图

钢筋混凝土桩的结构图是由立面图和断面图组成并绘有钢筋详图及钢筋数量表。由于桩的外形很简单，不需要绘制构造图，其外形可以在结构图中表达出来，如图 17-19 所示。

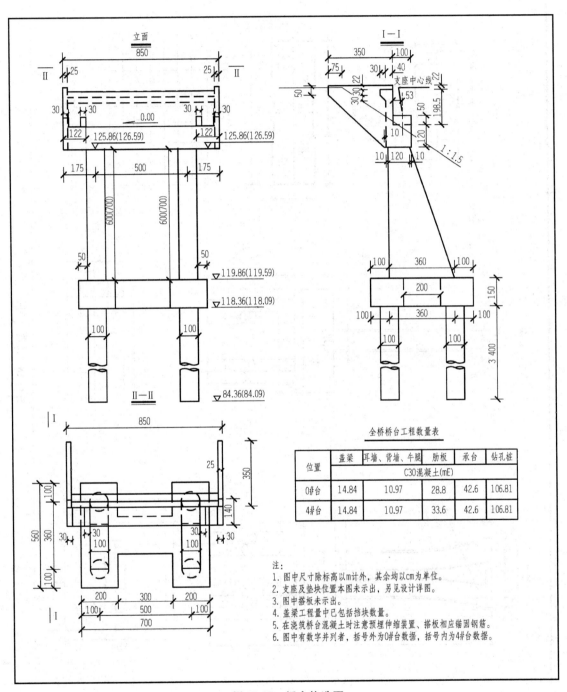

全桥桥台工程数量表

位置	盖梁	耳墙、背墙、牛腿	肋板	承台	钻孔桩
	C30混凝土(m³)				
0#台	14.84	10.97	28.8	42.6	106.81
4#台	14.84	10.97	33.6	42.6	106.81

注:
1. 图中尺寸除标高以m计外,其余均以cm为单位。
2. 支座及垫块位置本图未示出,另见设计详图。
3. 图中搭板未示出。
4. 盖梁工程量中已包括挡块数量。
5. 在浇筑桥台混凝土时注意预埋伸缩装置、搭板相应锚固钢筋。
6. 图中有数字并列者,括号外为0#台数据,括号内为4#台数据。

图 17-17　桥台构造图

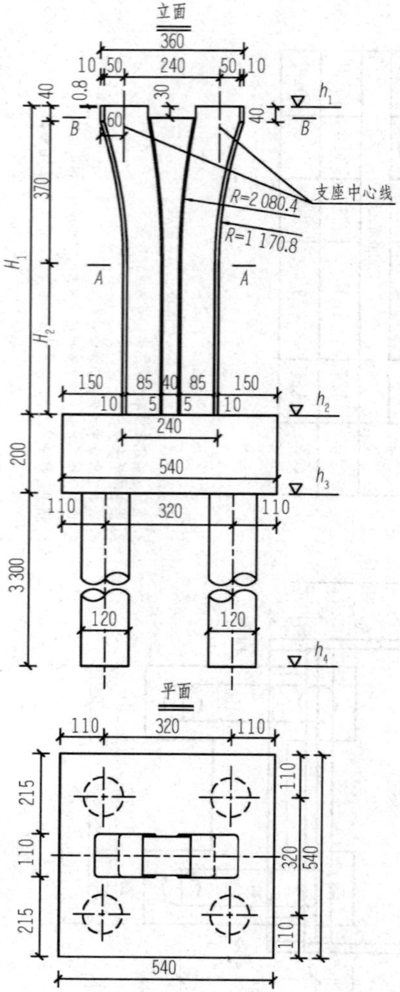

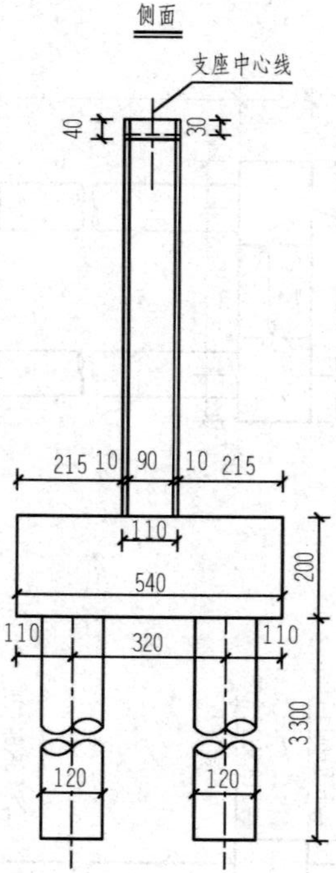

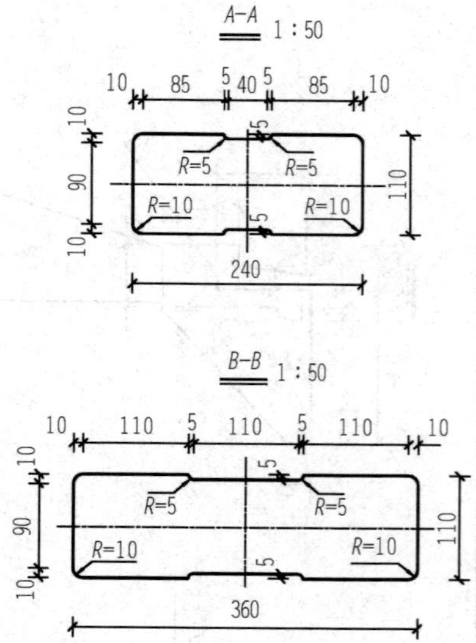

尺寸、桥高数值表（三个墩）

墩号	1#墩	2#墩	3#墩
H_1	770	820	820
H_2	360	410	410
h_1	127.69	128.23	128.15
h_2	119.99	120.03	119.95
h_3	117.99	118.03	117.95
h_4	84.99	85.03	84.95

注：
1. 本图尺寸均以cm为单位。
2. 桩长依据附近钻孔资料计算，若实际地质资料与《桥型布置图》中钻孔地质资料不符，请与设计单位联系。

全桥桥墩工程数量表（三个墩）

项目	材料	单位	数量
墩身	C30	m³	69.25
承台	C30	m³	174.96
钻孔桩	C30	m³	447.87

图 17-18 桥墩构造图

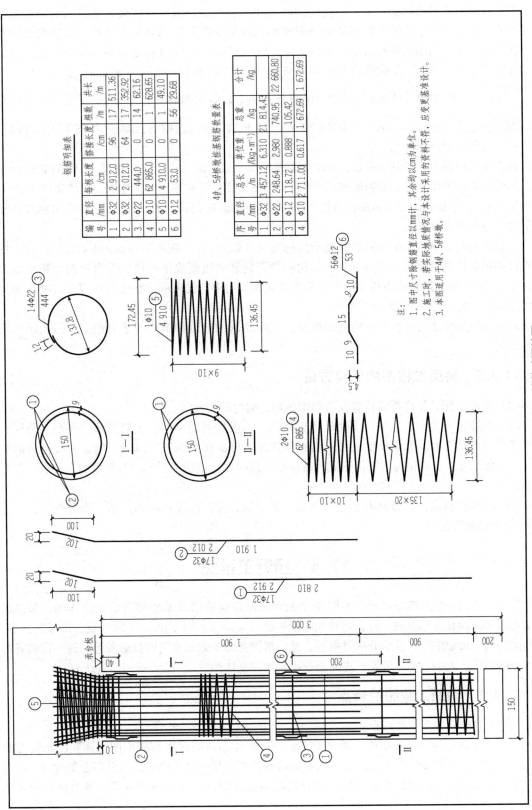

图 17-19　桩基础配筋图

钢筋明细表

编号	直径/mm	每根长度/cm	搭接长度/cm	根数	共长/m
1	Φ32	2 912.0	96	17	511.36
2	Φ32	2 012.0	64	17	352.92
3	Φ22	444.0	0	14	62.16
4	Φ10	62 865.0	0	1	628.65
5	Φ10	4 910.0	0	1	49.10
6	Φ12	53.0	0	56	29.68

4#、5#桥墩桩基钢筋数量表

序号	直径/mm	总长/m	单位重/(kg·m⁻¹)	总重/kg	合计/kg
1	Φ32	3 457.12	6.310	21 814.43	22 660.80
2	Φ22	248.64	2.980	740.95	
3	Φ12	118.72	0.888	105.42	
	Φ10	2 711.00	0.617	1 672.69	1 672.69

注：
1. 图中尺寸除钢筋直径以mm计，其余均以cm为单位。
2. 施工时，若实际地质情况与本设计采用的资料不符，应变更基准设计。
3. 本图适用于4#、5#桥墩。

在钢筋混凝土结构图中，常对不同类型和尺寸的钢筋加以编号并注明长度。钢筋的编号可以注写在引出线端部，在编号数字外画圆圈或标注在钢筋断面图的对应方格里。断面图中钢筋用小黑圆点表示，当钢筋重叠时用小圆圈表示，并在断面图的外侧有受力筋和架立钢筋的地方画出小方格，写出对应的钢筋编号；用于钢筋编号的圆圈直径为 4 ~ 8 mm，如图 17-19 中 "$\frac{14\Phi22}{444}$③" 表示 14 根直径为 22 mm 的 HRB335 级钢筋，每根钢筋长度为 444 cm。钢筋的编号有时习惯用在数字前冠以 N 字表示，如 14 N3 表示 14 根编号为 3 的钢筋，即 N3 等同于③，在同一张图纸上几种编号可以混用。

从图中可以看出，桩基加强筋 N3 设在主筋外侧，每 2 m 一道。定位钢筋 N6 每隔 2 m 设一组，每组 4 根均匀设于桩基加强筋 N3 周围。①号筋和②号筋在桩身向外弯折，在桩顶以下 19 m 的范围内布置 34 根纵向受力钢筋；自桩顶 19 m 以下，纵向钢筋截去一半，布置 17 根钢筋。④号筋和⑤号筋为螺旋箍筋。

在钢筋混凝土结构图中，钢筋混凝土结构物尺寸以 cm 计，钢筋和钢材的长度以 cm 计，钢筋直径和钢结构的断面尺寸以 mm 计。结构的外形轮廓线绘制成细实线，受力钢筋用粗实线表示，宽度为 b，构造筋比受力筋要细些，构件的轮廓线用中粗线表示，宽度为 $0.5b$。尺寸线等用细实线表示，宽度约为 $0.25b$。

以上介绍了桥梁的一些主要构件的画法，实际绘制构造图和结构图还有很多，但表示方法基本相同。

17.3.5　桥梁工程图的阅读方法

（1）看桥位图，了解桥梁位置及与周围地形、地物的关系。

（2）看桥形布置图，这是一个比较主要的图。一般先看立面图，了解桥形、孔数、跨径大小、墩台形式及树木、总体长度、河床断面等情况。再对照平面图、剖面图等，了解桥梁的宽度、人行道尺寸、上部结构的断面形式和数量等，同时要阅读图中说明，对桥梁的全貌有一个初步的认识。

（3）看构件构造图，分别看各构件（梁、板、墩、台、桩等）的构造图，看懂外形，弄清楚钢筋的布置情况。

17.4　涵洞工程图

涵洞一般用一张总图来表示，有时也单独画出洞口构造图或某些细节的构造详图。阅读涵洞工程图和阅读其他专业图一样，应首先阅读标题栏和附注，以了解涵洞的类型、孔径的大小、图样的比例、尺寸单位和各部分的材料等，然后根据各图形之间对应的投影关系，逐一读懂各组成部分的形状、大小和相对位置，进而想象出涵洞的整体形状。

17.4.1　涵洞工程图的特点

涵洞工程图有如下主要特点：

（1）表达涵洞构造的投影图，通常是平面图、立面图、剖面图和断面图。涵洞以水流方向为纵向。涵洞平面图相当于揭去路堤土而画出的洞口和洞身的水平投影，与纵剖面图对应，平面图也应画成半剖面图，剖切平面一般从洞身基础顶面剖切，在平面图中习惯上画出路基边缘线和示坡线。

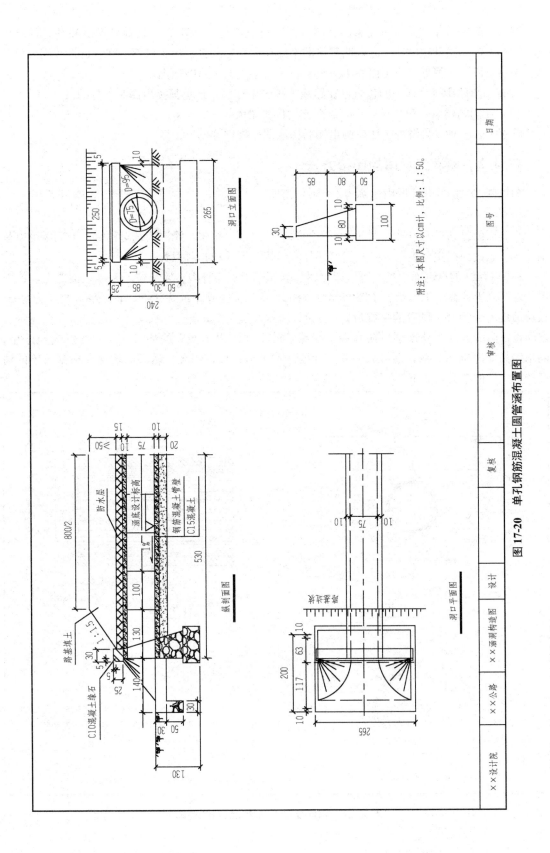

图17-20 单孔钢筋混凝土圆管管涵布置图

洞口正面图是涵洞洞口的投影图。洞身的不可见部分一般不画，只画出端墙和基础的轮廓线、锥形护坡和路基边缘线，并标明洞口的主要尺寸。如果进、出水口不一样，可将两侧洞口各画一半拼接成一个图形；也可以左半边画洞口，右半边画洞身断面图。

（2）一段路中每个涵洞的位置已在路线工程图中标明，这里只标出涵洞本身的尺寸。

（3）涵洞的体量一般比桥梁小，绘图比例比桥梁大。

除了上述三种投影图外，还应画出钢筋构造图等构件详图。

17.4.2　涵洞工程图的阅读方法

现以图 17-20 为例（图中比例为 1∶50）说明。

1. 纵剖面图

纵剖面图是通过洞身轴线剖开的，当涵洞进、出水口相同，涵洞两端对称时，纵剖面可以只画一半，纵剖面图主要表明洞身和洞口部分的形状、尺寸和相对位置。

在图 17-20 的纵剖面图中，可以读出圆管端部嵌于端墙身内，墙身位于基础顶面之上。缘石位于墙身之上，涵管上部给出了路基部分，路基填土厚度等于或大于 50 cm，路基宽度为 8 m，边坡坡度为 1∶1.5，圆管的纵坡为 1%（设计流水坡度），端节长 1.3 m，中节长 1 m，各洞身节之间设沉降缝，并在外面铺设防水层。在涵管的下面画出了涵管的垫层，为 C15 混凝土垫层，隔水墙高度为 80 m，洞口还可见端墙基础埋深和锥形护坡的情况，基础的埋深要根据具体的情况选择，本例中为 1.3 m。

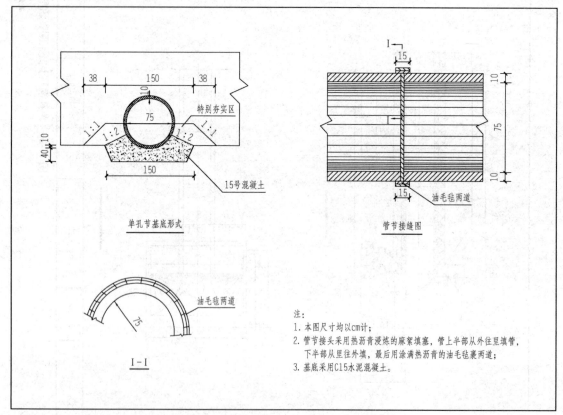

图 17-21　钢筋混凝土圆管涵涵身构造图

2. 平面图

涵洞平面图相当于揭去路堤填土而画出洞口和洞身的水平投影。与纵剖面图配合，平面图也画出一半，画出路基边缘线、示坡线、进出水口的形式和缘石的位置，并标明洞口处的重要尺寸。图中可见的轮廓线用粗实线表示。

3. 洞口立面图

侧立面图即洞口立面图，它主要表达洞口的缘石、锥形护坡、路基边缘线、端墙及其基础等的相对位置和尺寸。天然地面以下画虚线，洞身的不可见部分一般不画，从图 17-20 中可以读出圆管直径为 75 cm，壁厚为 10 cm，基础宽为 26.5 m。如果进、出水洞口形状不一样，可将两侧洞口各画一半拼成一个图形（一样时，也可以左半边画洞口，右半边画洞身断面图）。

4. 洞身断面图

洞身断面图实际上就是洞身的横断面图，给出了洞身的细部构造，包括管底垫层的构造和各部分尺寸，如图 17-21 所示。

本章要点

（1）道路、桥梁、涵洞工程图的图示内容、图示特点和阅读这些工程图的一般方法。

（2）路桥工程图的形成、图示方法和图示特点，运用投影原理，结合路桥工程图的图示方法和图示特点，阅读道路工程图、桥梁工程图和涵洞工程图，并且用图样来表达所设计的道路、桥梁和涵洞。

第 18 章

透视投影

当我们漫步在街道的时候，只要稍微留意一下就会发现如图 18-1 所示的现象：同样大小的物体，如路灯、树木、汽车等，处于近处的大，处于远处的小；物体间间隔相等的距离，近处的间隔大，远处的间隔小。当我们站在马路上向路的尽头望去的时候，发现道路会汇聚于远方一点。以上这些都是透视现象。

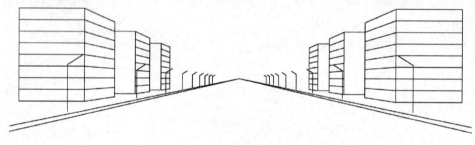

图 18-1　透视图

透视投影是用中心投影法将形体投射到投影面上，从而获得的一种较为接近视觉效果的单面投影图。

18.1　透视的基本知识

18.1.1　透视的形成

人眼看到的景象是在视网膜上成的像，照相机所拍摄下来的照片是在底片上成的像，这些都具有透视效果。透视的形成过程和景象在视网膜上成像的过程是基本一样的。

当我们用眼睛去看物体的时候，可以假想在眼睛（视点）和建筑物之间有一个透明的画面，看画面之后的一个点 A 的时候，会产生一条视线，即眼睛（视点）和 A 之间的连线，这条视线和画面相交的交点，即 A 在画面上的透视位置。

18.1.2　透视的基本术语

如图 18-2 所示，透视投影的基本术语如下：

基面——放置建筑物的平面，以字母 G 表示，一般以水平投影面 H 作为基面。

画面——绘制透视图的平面，用字母 P 表示，一般以垂直于基面的铅垂面作为画面，或者以倾斜于基面的平面作为画面（三点透视）。

基线——画面与基面的交线，在画面 P 上以字母 $g-g$ 表示基线，在基面 G 上以字母 $p-p$ 表示基线。

视点——眼睛所在的位置，即投影中心，以大写字母 S 表示。

站点——视点 S 在基面 G 上的正投影 s，相当于观看建筑物时人的站立点。

心点——视点 S 在画面 P 上的正投影，以 s^o 表示。

视平面——过视点 S 所作的水平面。

视平线——视平面与画面的交线，以 $h-h$ 表示，当画面为铅垂面时，心点 s^o 必定位于视平线 $h-h$ 上。

视高——视点 S 到基面 G 的距离，即人眼的高度 Ss。当画面为铅垂面时，站点与基面的距离即反映视高。

视距——视点 S 到画面 P 的距离 Ss^0，当画面为铅垂面时，站点与基线的距离即反映视距。

在图 18-2 中，空间点 A 与视点 S 的连线称为视线，视线 SA 与画面 P 的交点 A^0，就是空间点 A 的透视。a 是空间点 A 在基面 G 上的正投影，称为点 A 的基点（基投影、水平投影），基点 a 的透视 a^0，称为点 A 的基透视。

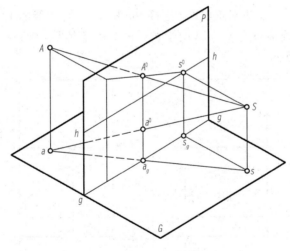

图 18-2　常用术语

18.2　透视图的画法

18.2.1　点的透视

点的透视就是通过该点的视线和画面的交点。点的基透视是过点的基投影的视线和画面的交点。如图 18-3 所示，以 V 面作为画面，图中阴影部分为过点 A 及其水平投影 a' 的连线的视线平面，这个视线平面和画面交于直线 A^0a^0。A^0 是点 A 的透视，a^0 点是 A 的水平投影 a' 的透视，即点 A 的基透视，点的透视 A^0 和点的基透视 a^0 位于一条铅垂线上。这是由于 Aa 是一条铅垂线，包含 Aa 以及视线 SA、sa 组成的视线平面为铅垂面，它和铅垂面的交线为铅垂线，即 A^0a^0 为铅垂线。即如果求得 a^0 的位置，一定位于 a_g 的正上方。

三角形平面 s^0aa_x 是视线平面的 V 面投影，直线 as 是视线平面的水平投影，a_g 是 A^0、a^0 的水平投影。从视点发出一条视线看点 A，求得过点 A 的视线和画面的交点（点 A 的透视）的方法称为视线法（建筑师法）。

作点 A 的透视过程：先作出 A 的基透视 a^0，A^0 位于正上方。为了求 a^0，需要先作出 a_g，作视线的水平投影，即 sa，和基线相交即 a_g，在画面上过 a_g 向上作图线，与视线的 V 面投影交点即 A^0 和 a^0。

在绘制透视图时，为了视图清晰，我们把画面和基面拆分开，但由于两个图具有长度方向的

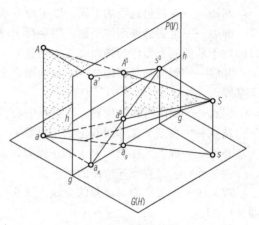

图 18-3　点的透视立体图

相对位置关系，故习惯上把基面放于上方，画面放于基面的正下方（或位置颠倒），这样方便在两个图中度量长度方向的尺寸。当绘制放大的透视图或图面受限制的时候，也可以把画面和基面分开放置，不必上下对正，但长度方向上的尺寸依然是相对应的。

如图 18-4（a）所示，已知点 A 的水平投影 a，以及 A 和 a 在画面（V 面）的投影位置 a' 和 a_x，求作点 A 的透视。

把画面和基面拆分开，上下对正放置。连接 s^0a' 和 s^0a_x，作视线的 V 面投影，A^0、a^0 位于这两条视线的投影线上，连接 sa 和 $p-p$ 线交于 a_g，过 a_g 作竖直线，与 s^0a'、s^0a_x 交于两点，即 A^0 和 a^0，如图 18-4（b）所示。

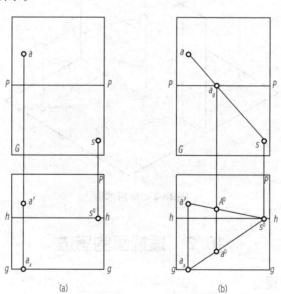

(a)　　　　　　(b)

图 18-4　点的透视作图

（a）已知条件；（b）作图过程

作图时可以把平面的边界省略。

18.2.2　直线的透视

1. 直线的透视、迹点和灭点

直线的透视是直线上所有点的透视的集合。如图 18-5 所示，由视点 S 引向直线 AB 上所有点的视线形成一个视线平面（图中阴影部分），它与画面的交线，即直线 AB 的透视，用字母 A^0B^0 表示。

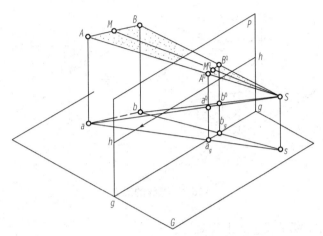

图 18-5　直线的透视

在特殊情况下，当直线的延长线通过视点 S 时，即过直线的视线平面是一条直线，直线的透视是一个点。

直线位于画面上，直线的透视就是它本身。

直线上的点透视后仍在直线的透视上。图 18-5 中 M 点在 AB 上并等分 AB，其透视 M^0 也在 A^0B^0 上，但需要注意的是，由于 BM 距离画面近，AM 距离画面远，透视具有近大远小的特点，透视后 $B^0M^0 > A^0M^0$。

直线和画面相交称为直线在画面上的迹点。如图 18-6 所示，直线 AB 向画面延

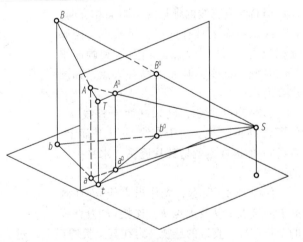

图 18-6　直线的迹点

长后，与画面交于 T 点，T 是 AB 的迹点。AB 的水平投影 ab 向画面延长后与画面交于 t，t 是 ab 的迹点，同时 t 也是 T 的水平投影。迹点在画面上，迹点的透视就是它本身。

直线上无限远点的透视，从视点发出一条视线看直线上无限远的点，这条视线和画面相交的交点即直线上无限远点的透视。如图 18-7 所示，由于这条视线是看直线上无限远的那个点，这条视线必然和直线平行。所以，作直线无限远点的透视方法是过视点引一条和直线平行的视线，这条视线和画面的交点就是直线无限远点的透视，这个点称为直线的灭点（消灭点）。直线的灭点用大写字母 F 表示，直线基透视的灭点用字母 f 表示，f 在 F 的正下方。

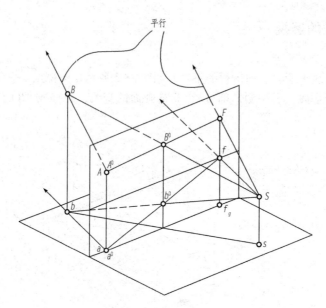

图 18-7　直线的灭点

水平线的灭点位于视平线上，上行直线的灭点在视平线上方，下行直线的灭点在视平线下方。

当直线或直线的延长线与画面相交时，该直线在画面上具有灭点，相互平行的画面相交线共用一个灭点。当直线和画面平行的时候，直线在画面上没有灭点，如图18-8 所示。

如图 18-9 所示，已知基面上直线 ab，作直线 ab 的透视。由于直线 ab 在基面上，直线 ab 的透视也就是其基透视（水平投影的透视）。

如图 18-10 所示，先作出直线 ab 在画面上的迹点 t 以及灭点 F，连接 tF 为直线

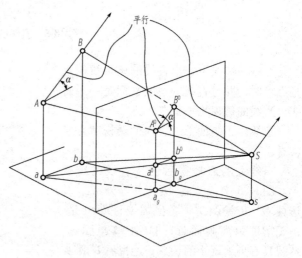

图 18-8　画面平行线没有灭点

的全长透视，直线的透视一定在其全长透视上，过 S 点与 a、b 连接，在基线上得到 a_g、b_g，过 a_g、b_g 向上作图线和全长透视相交，交点即 a^0、b^0，连接 a^0b^0 即直线 ab 的透视。注意，$p-p$ 线和 $g-g$ 线本是一条线，$p-p$ 线上的点和 $g-g$ 线上的点是对应的。

2. 铅垂线的透视

铅垂线的透视仍是铅垂线。

图 18-11 中的直线 AB 为一条铅垂线，作铅垂线的透视。首先作出其水平投影的透视（基透视），铅垂线两端点的透视在其基透视的正上方。

由于透视图具有近大远小的特点，画面后的铅垂线透视后长度减小，画面前的铅垂线透视后长度增大，而画面上的铅垂线透视就是其自身，长度保持不变。

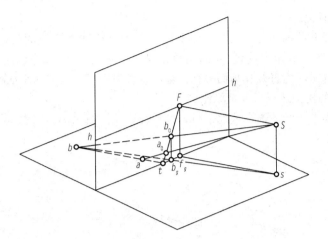

图 18-9　直线的透视

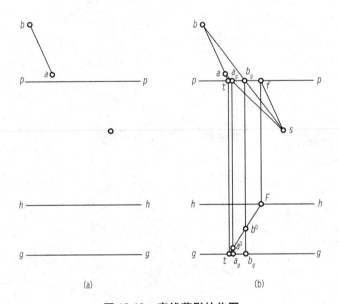

(a)　　　　　　　　　　　(b)

图 18-10　直线落影的作图

（a）已知条件；（b）作图过程

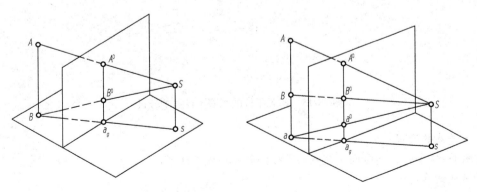

图 18-11　铅垂线的透视

3. 画面平行线的透视

由于画面平行线和画面平行，其在画面上没有灭点，透视后直线的角度保持原角度，如图 18-12 所示，透视 A^0B^0 的倾角和直线 AB 的倾角相等。画面平行线上的点分线段成的比例透视后保持原比例不变，这是因为直线和画面平行，整段直线透视后放大或缩小的程度是相同的。如图 18-12 中点 C 分 AB 的比例透视后保持原比例。

两条平行的画面平行线的透视彼此平行，且透视后保持原比例，如图 18-13 所示。

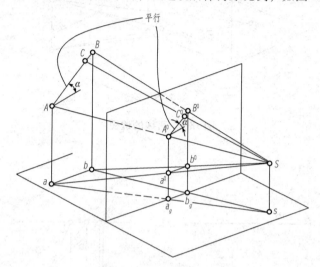

图 18-12　画面平行线的透视

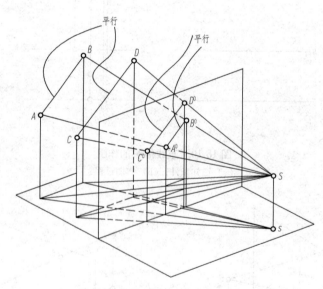

图 18-13　两条平行的画面平行线的透视

4. 水平线的透视

如图 18-14 所示，与画面相交的水平线的灭点在视平线上。

5. 透视的真高

如前所述，画面上的铅垂线透视长度不变，即反映铅垂线真实的高度。我们利用画面上的铅

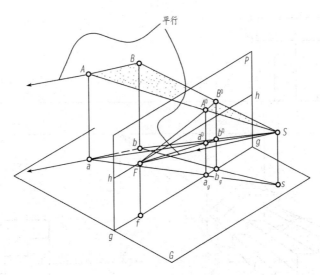

图 18-14 水平线的透视

垂线具有透视高度不变的特点解决透视高度的度量和确定问题。将画面上的铅垂线称为透视的真高线，用字母 TL 表示。

如图 18-15 所示，铅垂线 $a'a_x$ 位于画面上，具有真高，由于其为直线 Aa 的正面投影，其高度反映 A 点的真实高度。而 Aa 的透视高度为 A^0a^0，真高线和透视高度线的对应端点消失到灭点 s^0。通过前述知识，与画面相交的水平线的灭点在视平线上，两条平行线共用一个灭点，可以得到结论。两条和画面相交的平行线的透视交于同一个灭点，这两条透视线间的距离相等，即透视高度相等。

通过向共同的灭点消灭的方式，可以利用画面上的铅垂线确定出其他铅垂线的透视高度。

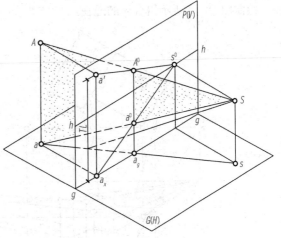

图 18-15 透视的真高

18.2.3 平面体的透视

如图 18-16 所示，已知台阶的 V 面、H 面投影，求作台阶的透视图。

使台阶的前立面在画面上，确定站点 s，并根据台阶立面图高度定出基线 $g-g$ 和视平线 $h-h$ 的位置。

因为台阶的前立面在画面上，故其透视与前立面自身重合。将立面图上的各点与主点 s^0 相连，即踏步及侧面上所有与画面垂直的棱线的全长透视。

利用视线交点法，依次画出台阶踏步各踢面和踏面的透视，由于踏步前后立面均为画面平行面，故前后立面的透视为相似图形。

台阶侧板的透视，可用同样的方法画出。透视图上能看见的轮廓线用粗实线画出，看不见的轮廓线不必画出。

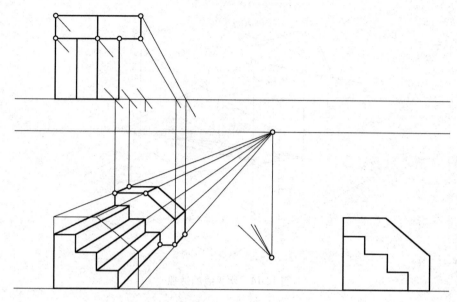

图 18-16　台阶的透视

绘制图 18-17 所示组合体的透视。

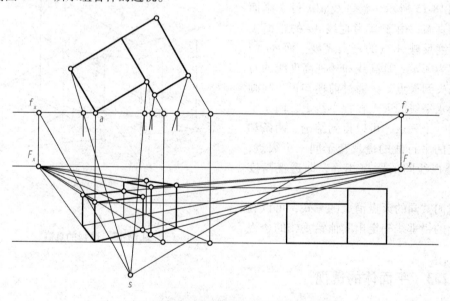

图 18-17　组合体的透视

如图 18-17 所示，已知视点 S，画面通过组合体一条棱线，且与组合体的正立面成一定角度。为了方便作图，在基面上将 $p-p$ 线画成水平位置，使组合体水平投影与 $p-p$ 线设成定角（$20° \sim 40°$）。在画面上，把组合体的正面投影画在右面。

组合体由左、右两个长方体组成，具有三组方向棱线、一组铅垂线、两组水平线。铅垂线因平行于画面，它们的透视仍为铅垂方向，而两组不同方向的水平线，则分别有不同的灭点。具体作图步骤如下：

（1）求作灭点 F_x 和 F_y。过 s 分别作直线平行于组合体的两组水平线，交 $p-p$ 线于 f_x 和 f_y，

过这两点引 $p-p$ 线垂线，在 $h-h$ 上得到灭点 F_x 和 F_y。

（2）作组合体基透视。利用灭点和视线交点法作出组合体的基透视。

（3）作高度透视图。因 a 位于基线上，故组合体过 a 的棱线位于画面上，其透视即其自身，高度不变，作出 a 点的真高线，分别向 F_x 和 F_y 消灭，定出其他点的真高。

（4）作出其他棱线的透视，将可见棱线加深。

如图 18-18 所示，作建筑物的室内透视图。

如图所示，给出了建筑物的平面图和剖面图，需画出建筑物的一点透视即室内透视图。

由平面图可以看出，室内正墙面与画面重合，室内长度方向、高度方向的图线均与画面平行。因宽度方向图线均与画面垂直，故相应透视均指向主点 s'。在画面前的门、柱等，其透视尺寸比平、剖面图所示实际尺寸要大；而画面后的部分，它们的透视尺寸要比实际尺寸小。门、柱等透视高度都是利用画面上的真高线确定的。

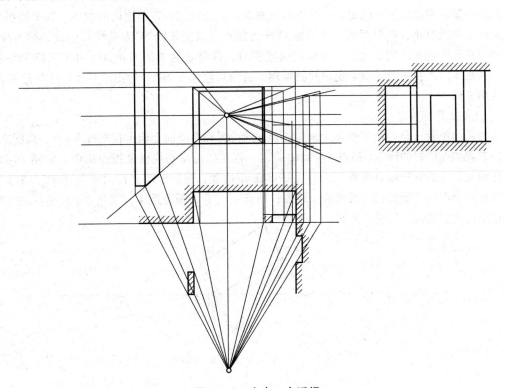

图 18-18　室内一点透视

18.3　透视图的分类和视点的选定

18.3.1　透视图的分类

按照灭点的不同，透视图可分为一点透视（一个灭点）、两点透视和三点透视。以一个长方体为例，一点透视是正对着长方体的立面观看，X 轴、Z 轴和画面平行，没有灭点，仍然保持原来水平和铅垂的方向，只有和画面垂直的 Y 轴在画面上有灭点，而且这个灭点就是心点 S^0，在视平线上。由于一点透视是正对着物体观看的，所以常用来绘制长廊，表达其深邃的效果，或者广场，表达其宏伟壮观的效果，街景透视图也常用一点透视来绘制。由于一点透视是正对着物体观看的，物体一组平面和画面平行，故又称为平行透视。

如果不是正对着物体观看，而是使物体保持 Z 轴竖直，把物体绕 Z 轴旋转一定角度，这时候除了物体的 Z 轴仍和画面平行没有灭点外，物体的 X 轴、Y 轴相对于画面都是倾斜的，在画面上左、右产生两个灭点，故称为两点透视。两点透视能反映物体的两个侧面，图面布局也更加灵活，在透视图中应用最多。

在两点透视的基础上，画面再倾斜于基面，物体的 Z 轴也相对于画面倾斜，这时候物体的三个轴向线在画面上都产生灭点，称为三点透视。三点透视常用来表达高大的建筑物从空中俯视或从地面仰视的效果。

18.3.2　视点的选定

人们在某一视点位置，固定朝一个方向观察时，只能看到一定范围内的物体，其中能够清晰地看到的范围则更小，这时形成一个以眼睛 S 为顶点，以主视线 Ss^0 为轴线的锥面，称为视锥，视锥的顶角称为视角，用 φ 表示。在绘制透视图时，视角 φ 通常控制在 $20°\sim60°$，以 $30°\sim40°$ 为佳。在画室内透视图时，由于受空间的限制，视角可稍大于 $60°$，但由于视角增大，透视图会产生变形失真。

1. 视点位置的确定

选择视点位置，包括在基面 H 上确定站点 s 的位置和在画面上确定视平线 $h–h$ 的高度。

（1）站点 s 位置的确定。站点 s 位置的确定，首先要考虑到应保证视角适中。如图 18-19 所示，在画面于建筑物的相对位置一定时，站点在 s_1 位置，视距较小，视角较大（$60°$ 左右），画出的透视图会产生变形失真，透视效果较差；站点 s_2 位置，视距适中，视角在 $30°$ 左右，这时相应透视图的真实感强，透视效果好。

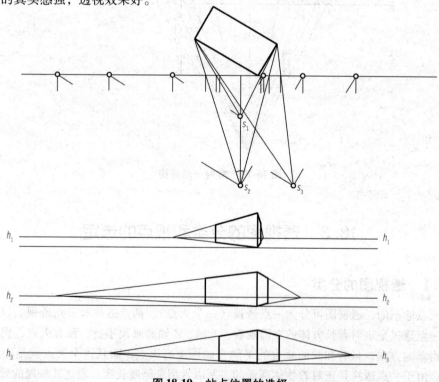

图 18-19　站点位置的选择

除了保证视角适中外，在确定站点位置时，还应考虑站点的左右位置对视图的影响。若站点在 s_3 位置，所画透视图侧立面过宽，透视效果欠佳。通常是主要立面的透视轮廓与侧立面的透视轮廓成 3：1 的比例，这样的透视图主次分明，立体感强，当主视线 Ss^0 的位置在视角的中间 1/3 范围内时，就可达到上述效果。

（2）视平线高度的确定。视点的高度即视平线的高度。视平线的高度对透视图的影响很大，通常取人的身高，如图 18-20（b）所示；有时为了使透视图表达建筑物全貌，将视平线适当提高，如图 18-20（a）所示，这种透视图称为俯视图；有时为了显示建筑物的底部，将视平线降到 $o'x'$ 轴之下，如图 18-20（c）所示，这种透视图称为仰视图；当视平线的高度与建筑物顶面同高时，该面的透视呈一直线，如图 18-20（d）所示，这时的透视图变形失真，效果最差；当视平线高度与建筑物底面同高时，底面的透视呈一直线，适宜绘制雄伟的建筑物。

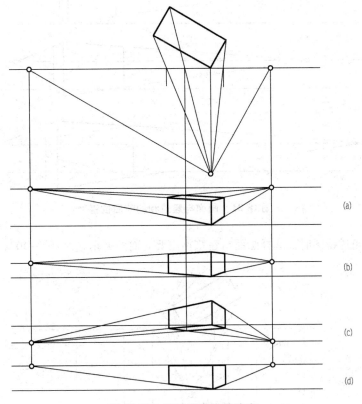

图 18-20　视平线高度的确定

2. 画面与建筑物的相对位置

（1）画面与建筑物的前后位置。画建筑物的平行透视时，为了作图方便，通常将画面与建筑物主要立面重合，在视点位置不变时，前后平移画面，所得的透视图形状不变，只是大小发生了改变。

在画成角透视时，一般使建筑物一角位于画面上，能反映真高便于作图，如图 18-21 所示。

（2）画面与建筑物的夹角。在画成角透视图时，建筑物主要立面与画面的夹角 θ 越小，该立面上水平线的灭点越远，透视图形变化平缓，轮廓宽阔；相反，夹角越大，则该立面上水平线的灭点越近，透视图形变化急剧，轮廓狭窄，如图 18-22 所示。根据这个规律，恰当地选择画面与建筑物的夹角，透视图中建筑物主要立面与侧立面的透视宽度之比就会比较接近真实宽度之

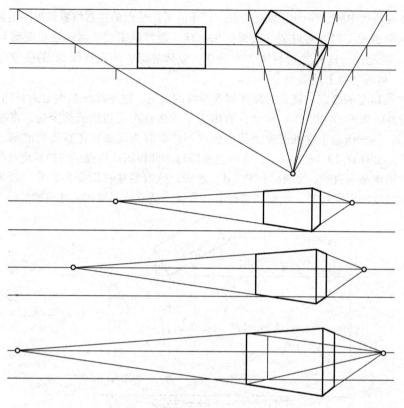

图 18-21　画面与建筑物的前后位置

比。通常绘制成角透视图时，选择画面与建筑物主要立面的夹角 θ 为 $20° \sim 40°$。

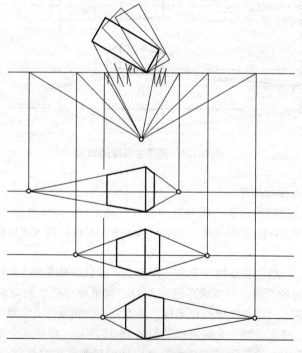

图 18-22　画面与建筑物的夹角

18.4　曲线、曲面的透视

18.4.1　曲线的透视

平面曲线的透视一般仍为曲线。如果平面曲线在画面上，其透视就是曲线本身；当曲线所在平面与画面平行时，其透视与该曲线相似，曲线在画面前透视后放大，曲线在画面后透视后缩小；当曲线所在平面通过视点时，该平面曲线的透视是一条直线。

作平面曲线透视的方法是在曲线上找到一系列足够确定曲线透视形状的点，把这些点的透视作出来，再用曲线光滑地把这些透视点连接起来，即得到曲线的透视。

绘制曲线透视时，经常使用网格法，即把曲线固定在一个由正方形（或矩形）组成的网格中，曲线不一定都通过网格的格点，如图 18-23 所示，先绘制出网格的透视，再按照曲线和网格格线的交点位置估定出各交点在透视网格中的位置，再用光滑曲线把这些点连接起来，就得到所求曲线的透视。

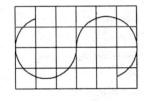
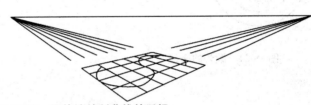

图 18-23　网格法绘制曲线的透视

18.4.2　圆的透视

1. 正平圆的透视

当圆面平行于画面时，其透视仍然是一个圆，只是因与画面距离不同而半径有变化。只要作出圆心的透视位置，并求出半径的透视长度即可画出正平圆的透视。

图 18-24 所示是一轴线垂直于画面的水平圆管的透视。圆管的前端面位于画面上，其透视就是它本身，后端面在画面之后，与画面平行，其透视仍为圆，但半径缩小。为此，先求出后端面圆心 C_2 的透视 C_2^0，并求出后端面两同心圆的水平半径的透视，然后分别以此为半径画圆，可得到后端面的透视。最后，作出圆管的轮廓素线，完成圆管的透视图。

2. 水平圆的透视

如图 18-25 所示，作紧贴着画面的位于基面上的水平圆的透视。

绘制水平圆的透视方法是八点法，即先作出水平圆的外切正方形，水平圆与外切正方形相切的 4 个切点以及和对角线相交的 4 个交点，作出这 8 个点的透视，然后用光滑曲线相连即水平圆的透视。

其中外切正方形透视的后边线 B^0C^0 是通过视线法得到 C^0 后确定的。

和对角线相交的 4 个点的透视 5^0、6^0、7^0、8^0，先在基面中定出 9、10 的位置，再在画面中定出 9^0、10^0 的相对位置，再确定这 4 个点的透视位置。

图 18-26 所示的水平圆透视作图中运用了对角线的灭点以及几何作图的方式定出对角线上四个点的透视。

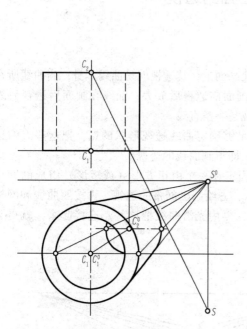

图 18-24　圆管的透视

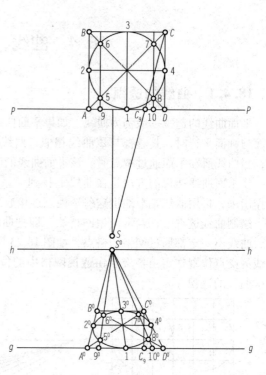

图 18-25　水平圆的透视（一）

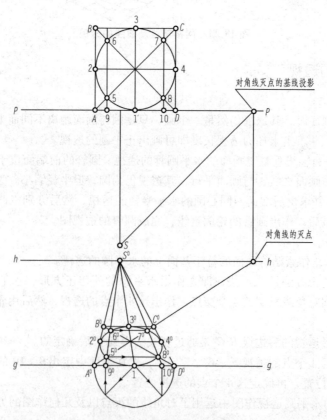

图 18-26　水平圆的透视（二）

在基面上作出对角线的灭点 $p-p$ 线投影位置，引到画面 $g-g$ 线上，过 A^0 向对角线的灭点作连线，画出过 A 点的对角线的透视。

9、10 两点位于水平线上，与画面平行，其分 AD 的比例透视后保持不变。在画面上以 A^0D^0 为直径画半圆，用几何作图的方式定出 $9^0 10^0$ 的位置。直线 56 和直线 78 是画面垂直线，灭点为心点 S^0，分别过 9^0、10^0 向 S^0 作连线，与过 A 的对角线交于 5^0、6^0，过 5^0、6^0 作水平线定出 7^0、8^0，用光滑的曲线把这八个点相连即得水平圆的透视。

注意，在 A^0D^0 上用半圆定 9^0、10^0 点的位置的过程属于几何作图，与透视无关，不具有透视特性，不需要向灭点消灭。

3. 铅垂圆的透视

作铅垂圆的透视方法和水平圆类似，在此不再赘述。

本章要点

（1）透视的形成和透视术语，透视的分类和视点的选定。

（2）绘制建筑形体的一点透视、两点透视的方法。

（3）绘制圆的透视方法。

参考文献

［1］中华人民共和国住房和城乡建设部 . GB/T 50001—2017 房屋建筑制图统一标准［S］. 北京：中国建筑工业出版社，2018.

［2］中华人民共和国住房和城乡建设部，中华人民共和国国家质量监督检验检疫总局 . GB/T 50103—2010 总图制图标准［S］. 北京：中国计划出版社，2011.

［3］中华人民共和国住房和城乡建设部，中华人民共和国国家质量监督检验检疫总局 . GB/T 50104—2010 建筑制图标准［S］. 北京：中国建筑工业出版社，2011.

［4］中华人民共和国住房和城乡建设部，中华人民共和国国家质量监督检验检疫总局 . GB/T 50105—2010 建筑结构制图标准［S］. 北京：中国建筑工业出版社，2011.

［5］中华人民共和国住房和城乡建设部，中华人民共和国国家质量监督检验检疫总局 . GB/T 50106—2010 建筑给水排水制图标准［S］. 北京：中国建筑工业出版社，2010.

［6］中华人民共和国住房和城乡建设部，中华人民共和国国家质量监督检验检疫总局 . GB/T 50114—2010 暖通空调制图标准［S］. 北京：中国建筑工业出版社，2011.

［7］中华人民共和国住房和城乡建设部 . GB/T 50786—2012 建筑电气制图标准［S］. 北京：中国建筑工业出版社，2012.

［8］中华人民共和国国家质量监督检验检疫总局，中华人民共和国建设部 . GB 50162—1992 道路工程制图标准［S］. 北京：中国标准出版社，1994.

［9］何斌，陈锦昌，王枫红 . 建筑制图［M］.7 版 . 北京：高等教育出版社，2014.

［10］何铭新，李怀健 . 土木工程制图［M］.4 版 . 武汉：武汉理工大学出版社，2015.

［11］刘继海 . 画法几何与土木工程制图［M］.4 版 . 武汉：华中科技大学出版社，2017.

［12］远方，王桂梅，刘继海 . 土木工程图读绘基础［M］.3 版 . 北京：高等教育出版社，2013.

［13］许松照 . 画法几何与阴影透视（下册）［M］.3 版 . 北京：中国建筑工业出版社，2006.